教育部人文社会科学研究青年基金项目"资源环境约束下的
中国海洋经济增长质量测算与提升路径研究"(18YJC790035)

中国海洋产业与
海洋生态环境耦合发展研究

Research on the Coupling Development between Marine Industry and
Marine Ecological Environment

苟露峰◎著

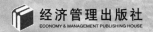

经济管理出版社
ECONOMY & MANAGEMENT PUBLISHING HOUSE

图书在版编目（CIP）数据

中国海洋产业与海洋生态环境耦合发展研究/苟露峰著. —北京：经济管理出版社，2019.6
ISBN 978 - 7 - 5096 - 6616 - 6

Ⅰ. ①中…　Ⅱ. ①苟…　Ⅲ. ①海洋开发—产业—关系—海洋环境—生态环境—研究
Ⅳ. ①P74②X145

中国版本图书馆 CIP 数据核字（2019）第 101455 号

组稿编辑：胡　茜
责任编辑：赵亚荣
责任印制：黄章平
责任校对：陈　颖

出版发行：经济管理出版社
　　　　　（北京市海淀区北蜂窝 8 号中雅大厦 A 座 11 层　100038）
网　　址：www. E-mp. com. cn
电　　话：（010）51915602
印　　刷：北京玺诚印务有限公司
经　　销：新华书店
开　　本：720mm×1000mm /16
印　　张：16. 25
字　　数：292 千字
版　　次：2019 年 8 月第 1 版　2019 年 8 月第 1 次印刷
书　　号：ISBN 978 - 7 - 5096 - 6616 - 6
定　　价：59. 00 元

前　言

　　海洋经济在迅速发展的同时，也带来海洋资源、能源、环境等方面的压力，实现海洋强国的发展战略需设法解决海洋经济发展与海洋资源、能源、环境之间的矛盾，实现海洋可持续发展。海洋产业是海洋经济存在和发展的基础，也是海洋经济发展的强劲动力，海洋产业结构演变的海洋生态环境响应是全球海洋经济发展过程中的客观规律，目前学术界也对这一研究领域给予了高度关注。在海洋强国的建设过程中，海洋产业结构的优化升级、海洋生态环境的不断改善是我国新时期海洋经济发展的重要选择，也是在新旧动能转换背景下实现海洋经济高质量发展的必然选择。然而，在海洋产业发展过程中，由于缺乏有效的协调合作机制，导致海洋生产要素流动不畅，海洋产业同构化现象严重，区域辐射效应较弱，从而影响了海洋环境资源的优化配置，海洋生态环境面临严峻考验。如何充分借鉴海洋发达国家海洋产业结构演变与海洋生态环境耦合发展的理论与实践经验，结合中国国情，建立海洋产业结构演变与海洋生态环境耦合发展的理论体系，架构海洋产业结构有序转变的海洋生态环境响应体系是我国学术界亟待解决的重要研究课题，本书的选题也是基于此背景而提出的。

　　本书基于系统论的角度，综合运用海洋经济学、生态经济学、制度经济学、产业经济学、系统动力学理论、突变理论、协同理论、耗散结构理论、产业共生理论等多领域学科，将海洋经济学、生态经济学、制度经济学、产业经济学理论结合起来共同构建海洋产业系统与海洋生态环境系统的耦合与协调发展理论基础，对海洋产业与海洋生态环境耦合发展的内在规律进行了研究，对于指导海洋产业发展模式和海洋生态环境发展模式的选择有重要意义，为实现海洋产业与海洋生态环境的协调发展提供决策参考。

　　本书在系统总结国内外研究进展的基础上，研究海洋产业与海洋生态环境耦合发展的互动关系和演化机理的内在规律，建立起一套数据易得、操作简便的海洋产业与海洋生态环境耦合发展定量测度指标体系和协调性判断标准，从整体意义上提出海洋产业与海洋生态环境耦合发展的优化路径。运用前述结果，以中国沿海 11 省份的时空数据进行应用研究，并据此针对性地提出海洋产业与海洋生态环境协调发展的对策建议。

关于海洋产业的研究属于比较"古老"的课题，而关于海洋产业结构有序转变的海洋生态环境响应的研究则是比较"新鲜"的话题。本书用系统论的思维，将海洋产业与海洋生态环境耦合在一起，对两者耦合发展的互动关系和演化机理的内在规律进行了研究，主要得出以下结论：

（1）海洋产业与海洋生态环境之间存在着互动演化关系：海洋资源禀赋与利用以及海洋生态环境本底是海洋产业发展的基础支撑，而海洋产业结构的发展演变是海洋生态环境演化的重要推动力，两者之间的互动演化作用构成了一个典型的开放系统。

（2）受海洋自然资源和海洋环境承载力约束，在特定的时间和条件下，海洋产业的发展遵循"S"型曲线的增长规律，有其自身的极限阈值。通过采取强有力的应对措施，如海洋产业发展模式转变以及海洋生态环境利用方式优化，使海洋产业发展对海洋生态环境水平演化的胁迫程度逐渐减弱，形成类似于环境库兹涅茨倒"U"型曲线的演化轨迹，也即通过海洋产业生态化，可以实现海洋产业结构的优化升级，最终实现海洋产业与海洋生态环境协调发展。

（3）基于协同论的思想和科学、完备、独立、动态的原则，构建起海洋产业与海洋生态环境耦合发展定量测度指标体系和脱钩判断标准，并以中国沿海 11 省份为例进行了时空分析。研究得出：2002 年以来山东省海洋产业发展势头良好，海洋生态环境水平小幅下降；海洋产业与海洋生态环境的耦合度呈现出逐年增大趋势，表明两者的耦合程度不断提高；同期海洋产业发展对海洋生态环境水平演变产生明显的胁迫影响，但胁迫程度逐渐减小。2002～2014 年中国海洋产业与海洋生态环境的脱钩指数测度结果为，弱脱钩状态占 55.56%，强脱钩状态占 27.78%，扩张负脱钩状态占 16.66%，海洋经济增长与生态环境之间以弱脱钩为主。其中，广东、山东、浙江、江苏、天津、福建、辽宁、河北海洋产业与海洋生态环境之间以弱脱钩为主；上海海洋产业与海洋生态环境之间以强脱钩为主；海南、广西海洋产业与海洋生态环境之间以扩张负脱钩为主，海洋经济增长对生态环境的依赖性仍然较强。2014 年脱钩显著的区域呈现空间集聚的态势，除广西、海南外，地区脱钩程度的差距逐渐缩小。

（4）海洋产业与海洋生态环境耦合发展的优化路径可以从以下层面考虑：宏

观层面要充分发挥政府政策引导作用；中观层面重点在于调动企业参与的积极性；微观层面则要重视倡导低碳消费理念及生活方式。海洋产业与海洋生态环境耦合发展优化对策可以从构建典型的海洋生态产业链、加大保护海洋生态环境力度、积极修复改善海洋生态环境、推进海洋管理模式机制创新以及夯实海洋生态环境安全调控等方面来考虑。

目　　录

第一章
绪　论

第一节　问题的提出

一、海洋经济地位的日益提升

海洋面积占地球表面积的 71%，广袤的海洋蕴含着富裕的资源，随着中国经济社会的不断发展、陆域资源的日益衰竭，陆域资源环境与人口增长、城市化进程、能源与资源消耗及全球气候变化之间的矛盾也不断激化。因此，海洋成为人类经济发展尤其是沿海国家和地区经济发展的第二发展空间，也是人类在地球上重要的能源和资源供应地。世界海洋经济在全球经济发展中的战略地位和作用日益凸显，沿海国家和地区的海洋经济发展更是异军突起，逐渐成为世界海洋经济发展的领导力量。21 世纪以来，沿海国家和地区相继制定符合自身国情的海洋经济发展战略规划，颁布各项优惠政策促进本国海洋经济的发展，新兴海洋产业的发展方兴未艾。谁在海洋开发领域占领制高点，谁就能在国际竞争中掌握主动权和话语权，这已经成为世界各国的发展共识。

海洋经济在世界经济中的比重逐渐增加，海洋经济正在成为世界经济新的增长点。20 世纪 60 年代，世界海洋产业总产值为 130 亿美元，到了 70 年代，海洋经济进入了高速发展阶段，每 10 年就翻一番：世界海洋产业总产值在 70 年代初是 1100 亿美元，80 年代初上升到 3400 亿美元，90 年代继续保持增长势头，海洋产业产值增至 8000 亿美元。进入 21 世纪，海洋产业更是实现了跨越式发展，总产值突破万亿美元：2000 年为 10000 亿美元，2002 年为 13000 亿美元，2005 年为 15000 亿美元，预测到 2020 年将达到 30000 亿~35000 亿美元，约占世界经济总产值的 10% ①。20 世纪 90 年代以来，世界海洋经济总产值平均每年以 11% 的增长速度发展，其中，美国、英国、日本、澳大利亚、法国、韩国六国的海洋经济总量占到世界海洋经济总量的 60% 左右，逐渐成为世界海洋经济发展的支柱力量。

二、海洋强国建设的战略诉求

现阶段，国际和国内形势状况不断发展变化，海洋发展问题逐渐成为社会各界关注的热点问题，中国也在中共十八大期间提出建设海洋强国的战略规划。2014 年 4 月，《中国海洋发展报告（2014）》（以下简称"报告"）正式发布，报告首次以建设海洋强国为主线，紧紧围绕党的十八大提出的战略部署和 2013 年政府工作报告的要求，重点强调海洋综合管理，开创性地对中国海洋事业发展的方方面面都进行了系统全面的阐述。在国家海洋委员会设立的基础上，海洋综合管理实现了实质性突破，海洋产业结构日趋合理，海洋资源得到科学使用，海洋生态环境不断得到改善和修复，从海洋综合管理的角度看，目前的中国海洋事业正处于历史上最好的发展时期。党的十九大报告提出中国特色社会主义进入了新时代，2017 年中央经济工作会议也认为我国经济发展进入了新时代，基本特征就是我国经济已由高速增长阶段转向高质量发展阶段。因此，重新审视和认真思考如何实现中国海洋经济长期可持续发展，提高海洋经济体系质量和效率，实现中国海洋经济发展从粗放型到集约型、从数量型向质量型的转变势在必行。

当前，合作与发展是当今海洋事务的主流。随着海洋事业的不断发展，国际社会充分重视并积极推进海洋事务发展，各沿海国家和地区围绕着保护海洋环境、应对海洋灾害、提高海洋科技、加强海洋对经济增长的支持作用、维持沿海社区生计等主题开展了广泛的合作，中国的涉海政策也随着发展的大趋势进行了调整和完善。面对海洋事业不断发展的新形势、新趋势，中国政府制定了一系列涉海政策，由国家海洋局牵头起草的海洋基本法也在制定中，国家对海洋从分散管理到综合统筹管理的整合工作在加速，为中国海洋事业的继往开来以及建设海洋强国战略目标的逐步实现奠定了政策和制度基础。

经过多年的高速增长，中国海洋经济规模不断壮大，2017 年全国海洋生产总值 77611 亿元，比 2016 年增长 6.9%，海洋生产总值占国内生产总值的比重达

---

① 温泉. 世界和我国海洋经济发展动态与趋势［R］. 上海海洋论坛，2007.

9.4%，接近 10%。在过去海洋经济的发展历程中，中国海洋产业结构完成了由海洋第一产业向海洋第二、第三产业的转型升级，海洋第二产业占海洋生产总值的比重由 2001 年的 43.6% 上升到 2017 年的 38.8%，2017 年海洋第三产业占海洋生产总值的比重达 56.6%，涉海就业人员增至 3657 万人。从区域海洋经济发展状况看，2017 年，环渤海地区海洋生产总值 24638 亿元，占全国海洋生产总值的比重为 31.7%，比上年回落了 0.8 个百分点；长江三角洲地区海洋生产总值 22952 亿元，占全国海洋生产总值的比重为 29.6%，比上年回落了 0.1 个百分点；珠江三角洲地区海洋生产总值 18156 亿元，占全国海洋生产总值的比重为 23.4%，比上年提高了 0.5 个百分点。经过高速发展阶段，中国海洋经济的增长速度已经开始放缓，正在进行由高速增长阶段向中高速阶段的转换，2017 年海洋领域供给侧结构性改革成效进一步显现，新旧动能转换加快，海洋经济活力、动力和潜力不断释放，增长质量不断提高。未来中国海洋经济发展的核心应关注提高海洋资源的可持续利用及海洋产业发展的核心竞争力，不断推进海洋产业结构调整和转型升级，实现海洋经济又好又快发展。

中国海洋资源储量极为丰富，开采前景广阔，但海洋资源开发利用存在着开采质量及开采效益低下等问题，阻碍着海洋经济的进一步发展。中国正处于改革开放不断深化、经济发展方式不断转变的重要战略时期，实现中国海洋资源可持续开发利用、推进海洋强国战略建设应从以下几个方面开展：首先是要转变传统粗放式的海洋经济发展模式，大力推动质量效益型的海洋经济发展模式，采用绿色、健康和高新技术等手段，助力海洋经济跨越发展。其次是要坚持海洋资源节约利用与污染物减少排放并行、海洋污染防治与生态修复并举的原则，大力推行循环利用型海洋开发方式，维护并恢复海洋天然的再生产能力。最后是要通过海洋高新技术，依靠科技进步创新生产能力，推行创新引领型海洋科技，突破制约海洋经济进一步发展与海洋生态环境保护的技术瓶颈，提升海洋经济的科技含量与竞争力。当前，社会主义生态文明建设正在如火如荼地进行，而海洋生态文明建设是社会主义生态文明建设不可或缺的一部分，具有广阔的发展前景和机遇。在新形势、新需求和新目标的驱动下，海洋生态文明建设应将重点放在如何推进绿色海洋经济的发展，实现海洋循环发展、低碳发展与生态发展，坚持节约与保护优先、自然生态恢复为主的原则，形成海洋资源的开发与环境保护并行的空间格局，优化海洋产业结构，推行健康生产、生活方式，从根本上扭转海洋生态环境日益恶化的趋势。

三、海洋生态环境问题日益严峻

值得欣喜的是，中国的海洋经济发展特别是沿海地区的海洋经济正在实现突破性发展，然而与此同时，海洋生态环境问题也日益突出，未来50年甚至更长时间内，生态与环境对海洋经济发展的瓶颈制约与胁迫影响将日益严峻。国家海洋局发布的《2017年中国海洋生态环境状况公报》（以下简称《公报》）显示，2017年我国海洋生态环境状况总体平稳，典型生态系统健康状况和生物多样性保持稳定，海洋功能区环境状况基本满足使用要求。但是，入海河流水质状况仍不容乐观，近岸局部海域污染依然严重，海洋环境风险依然突出（见表1-1）。《公报》显示，冬季、春季、夏季和秋季，近岸海域劣于第四类海水水质的海域面积分别占近岸海域的16%、14%、11%和15%；监测的河口、海湾、滩涂湿地、珊瑚礁、红树林和海草床等海洋生态系统中，4个海洋生态系统处于健康状态，14个处于亚健康状态，2个处于不健康状态；监测的371个陆源入海排污口中，工业排污口占29%，市政排污口占43%，排污河占24%，其他类排污口占4%。全年入海排污口达标排放次数占监测总次数的57%，比上年提高2个百分点。119个入海排污口全年各次监测均达标，76个入海排污口全年各次监测均超标，入海排污口邻近海域环境质量状况总体较差，90%以上无法满足所在海域海洋功能区的环境保护要求。

表1-1 2016年我国海域未达到第一类海水水质标准的各类海域面积

单位：平方公里

海区	季节	第二类水质海域面积	第三类水质海域面积	第四类水质海域面积	劣于第四类水质海域面积	合计
渤海	春季	11660	6670	2340	3050	23720
	夏季	9950	5690	3130	5000	23770
黄海	春季	7310	9980	5060	6420	28770
	夏季	12160	7440	3260	2530	25390
东海	春季	19510	17040	8590	27770	72910
	夏季	22740	8070	8060	21950	60820
南海	春季	6780	8730	1840	5190	22540
	夏季	4460	9820	3320	7940	25540
全海域	春季	45260	42420	17830	42430	147940
	夏季	49310	31020	17770	37420	135520

我国的渤海、黄海、东海和南海四大海域中，东海近岸海域水质最为恶劣，

国家海洋局东海分局发布的《2016年东海区海洋环境公报》显示，东海近岸局部海域的无机氮和活性磷酸盐超标现象严重，海洋环境状况不容客观（见表1-2）。监测结果显示，东海海域冬季、春季、夏季和秋季，东海区近岸海域劣于第四类海水水质标准的海域面积分别是38114平方公里、33658平方公里、24229平方公里和36119平方公里，分别占近岸海域的32%、28%、20%和30%，超标因子主要为无机氮和活性磷酸盐，局部海域化学需氧量、溶解氧、石油类和重金属超第一类海水水质标准。

表1-2 2016年东海区未达一类海水水质标准的海域面积

单位：平方公里

	水质等级	近岸海域	近岸以外海域	全海域
春季	第二类水质	17647	6108	23755
	第三类水质	22799	2843	25642
	第四类水质	12624	369	12993
	劣四类水质	33658	145	33803
	合计	86728	9465	96193
夏季	第二类水质	22902	10071	32973
	第三类水质	14620	53	14673
	第四类水质	11008	2	11010
	劣四类水质	24229	0	24229
	合计	72759	10126	82885
秋季	第二类水质	25790	—	—
	第三类水质	13279	—	—
	第四类水质	12791	—	—
	劣四类水质	36119	—	—
	合计	87979	—	—
冬季	第二类水质	19015	—	—
	第三类水质	18781	—	—
	第四类水质	23937	—	—
	劣四类水质	38114	—	—
	合计	99847	—	—

渤海是中国唯一半封闭型内海，海域面积约7.7万平方公里，由于其特殊的封闭式地形特征，海水的对外交换能力较弱，一旦发生污染，污染水体难以进行对外交换和实现自我净化，因此，渤海海域水体质量和生态环境较为恶劣。随着沿海城市化与临海产业的不断发展，环渤海地区已经成为中国经济发展的重点与热点区域，与此同时，对渤海海洋环境造成的压力不断增大，海域环境污染日益严重，渤海海域面临海洋资源开发与海洋环境保护的矛盾。"十二五"期间，渤

海的河流携带入海污染物年均总量为 85 万吨左右，主要污染物是无机氮、活性磷酸盐。《2016 年中国海洋环境状况公报》显示，2001～2015 年，渤海优良水质（符合一、二类海水标准）海域由 95.7% 下降到 78.3%，劣四类严重污染海域由 1.8% 增加至 5.2%。目前，渤海四类和劣四类水质海域已扩展到除辽东湾东岸以外的几乎全部近岸海域。环渤海地区近岸和近海生态系统受到不同程度的破坏，2016 年，6 个海洋生态监控区监测结果显示，渤海重要的河口和海湾生态系统均处于亚健康状态。此外，渤海海域赤潮灾害频发，2010～2015 年，渤海海域年均出现赤潮 9.8 次，累计发生面积 2021 平方公里。渤海滨海平原地区还是我国海水入侵、土壤盐渍化、海岸侵蚀等灾害的高发区。在海洋污染频发的冲击下，渤海海域生物多样性严重退化，已经出现了物种单一化的趋势，"海洋荒漠化"愈演愈烈。

黄海的情况比渤海和东海略好，但污染问题也很严峻（见表 1-3）。根据《2016 年南海区海洋环境状况公报》显示，南海区海水环境状况总体良好，近岸局部海域污染依然严重，主要污染物为无机氮、活性磷酸盐和石油类，冬季、春季、夏季和秋季不符合清洁海域的面积分别为 2.706 万平方公里、2.254 万平方公里、2.554 万平方公里和 2.487 万平方公里，严重污染海域的面积分别为 3970 平方公里、5190 平方公里、7940 平方公里和 4560 平方公里①。各季节严重污染海域主要分布在广东近岸的局部海域。

表 1-3　2013 年、2016 年四大海区近岸海域水质状况对比

单位：%

水质状况	渤海		黄海		东海		南海	
	2013 年	2016 年	2013 年	2016 年	2013 年	2016 年	2013 年	2016 年
一类	12.2	28.4	29.6	38.5	0.0	12.4	50.5	47.7
二类	51.0	44.4	55.6	50.6	30.5	31.9	40.8	40.2
三类	16.4	17.3	12.9	4.4	7.4	15.0	1.9	6.1
四类	14.3	4.9	1.9	5.5	12.6	3.5	1.0	0.0
劣四类	6.1	4.9	0.0	1.0	49.5	37.2	5.8	6.1

四、海洋经济引发海洋生态问题

尽管中国海洋经济的发展成果显著，但仍存在诸多问题，制约着海洋经济的

① 《2016 年南海区海洋环境状况公报》。

进一步发展。海域资源的衰退及海洋生态环境污染情况严重：海洋倾废、海洋溢油事故、陆域污染物、过度捕捞等沿海活动导致的海洋环境污染和生境破坏，严重威胁到海洋经济的可持续发展。至 2020 年，中国人口将控制在 14.5 亿以内，城市化率将达到 55%，2030 年，中国人口将超过 14.5 亿，城市化率达到 65%，2050 年，中国人口达到 15 亿，城市化率达到 70% 以上①。可以预见，中国未来 50 年，随着城市化进程的加快、人口的不断增长、产业结构的转变和消费方式的改变，中国的环境问题将日益突出和尖锐，生态环境问题成为未来经济可持续发展的瓶颈制约和胁迫因素。沿海经济活动对海洋环境质量的影响主要源于陆域污染物的排放，沿海活动的生产废水和生活污水主要通过河流、直接入海及混合入海等方式进入海洋，直接影响海洋水体质量。因此，为减少海洋经济活动对生态环境的影响，亟须转变现有的经济增长方式，改变传统粗放型的发展模式，避免污染海域的进一步扩大。

第二节 选题来源及意义

一、选题来源

中国海洋资源丰富，海洋面积占整个国土面积的 30% 以上，这为中国发展海洋产业提供了得天独厚的前提条件，尤其是改革开放以来，海洋经济实现了跨越式发展。1979 年，中国海洋产业总产值仅为 64 亿元；2000 年，中国海洋产业总产值为 4133.5 亿元，占国民生产总值比重不到 5%；2017 年，中国海洋生产总值 77611 亿元，比上年增长 6.9%，海洋生产总值占国内生产总值的 9.4%。中国海洋生产总值十几年增长了近 16 倍，中国海洋经济发展势头迅猛。十几年来，中国海洋产业的增长速度超过了中国国内生产总值的增长速度，海洋经济逐渐成为国民经济的重要支柱。作为中国重要的沿海省份，山东省海洋产业产值一直位于领先地位，2014 年，山东省的海洋产业总产值为 1.1288 亿元，仅次于广东省（1.323 亿元），占山东省产业总产值的 17.73%，占中国海洋产业总产值的

---

① 中国科学院生态与环境领域战略研究组. 中国至 2050 年生态与环境科技发展路线图 [M]. 北京：科学出版社，2010.

17.85%，海洋产业已经成为山东省经济发展的支撑产业，山东省蓝色产业的发展呈逐年递增的趋势，增长势头强劲。尤其是随着山东半岛蓝色经济区发展上升为国家战略，中国政府相继出台各种扶持政策和规划，为山东省海洋经济的发展提供了政策保障和资金支持。不仅如此，山东省自古以来就是海上贸易的主要通道，也是古代海上丝绸之路的起点之一，同时还是陆海两条丝绸之路的交汇点，在丝绸之路的起源和发展过程中占有重要位置，稳步推进"21世纪海上丝绸之路"建设，对于贯彻落实国家"一带一路"倡议意义深远。

然而，随着全球海洋经济的不断发展、人口数量的持续攀升、科学技术突飞猛进，人类利用和开发海洋的能力大大增强，这在推动海洋经济加速前进的同时，也引发了深重的海洋生态环境问题，从根本上制约着人类的生存和发展。长期无序、无节制地使用海洋资源、滥用海洋环境资源，造成海洋生态环境质量的持续恶化及生态环境的严重破坏，海洋经济的快速发展所引发的环境问题也引起了全球性关注。党的十八大对建设"海洋强国"提出了明确的战略部署，要求在发展海洋经济的同时，应做到海洋资源开发与环境保护并举，实现海洋经济的可持续发展，表明国家将"海洋生态安全"作为海洋强国建设的核心目标之一，已上升到国家政策与战略的高度，促使人们对海洋生态环境状况进行反思。

海洋产业结构是海洋产业发展的重要组成部分。早在20世纪60年代，学者们纷纷就产业结构与经济增长的关系进行了论证，研究得出，产业结构的变动能积极推动经济发展，是经济发展的内生性因素，这一结论对于海洋产业亦成立，海洋产业结构与海洋经济发展之间也有着千丝万缕的联系。依据产业结构与经济发展的相关理论，海洋产业结构的优化能极大促进海洋经济的发展，可以说，海洋产业结构是现代海洋经济存在与发展的基础，是海洋经济发展的重要支柱，也是海洋经济发展的动力。海洋产业结构的发展演变不仅影响着海洋经济的发展水平，而且对海洋生态环境等多方面也有着深刻的影响。产业生态学是一门研究产业系统和生态系统及它们同自然系统相互关系的综合型、跨学科研究，是研究可持续发展的科学。它是基于生态经济原理，基于生态规律、产业增长规律和系统工程的指导思想，实现海洋产业系统与海洋生态环境系统协调发展。产业生态是改变传统粗放型海洋经济增长模式的根本手段，也是发展节约型社会的要求。因此，优化海洋产业结构，使海洋产业发展"生态化"，促进海洋产业系统与海洋生态环境系统耦合协同发展，不仅是中国实现海洋经济可持续发展的必经途径，也是中国建设海洋强国的时代诉求。

二、选题意义

（一）理论意义

海洋产业与海洋生态环境的耦合发展问题已经成为全球关注的热点。面对全球日益严峻的海洋生态环境问题，加之我国正处于海洋经济转型、海洋产业结构优化与调整的关键阶段，如何正确处理海洋产业发展与海洋生态环境之间的关系显得尤为重要。本书正是基于这一基本国情，对海洋产业与海洋生态环境的耦合发展进行研究，旨在从理论和实践上对海洋产业和海洋生态环境的耦合发展机理进行分析，并测度、评价两者的耦合发展程度，以期实现海洋产业与海洋生态环境耦合协同发展。

丰富和拓展海洋产业与海洋生态环境耦合发展理论体系。本书的研究以系统论为指导思想，作为一种重要的哲学思想，系统论已被运用到多个领域，如社会、政治、经济、生态等系统，认识不同系统的特点和规律，并运用这些特点和规律改造、管理系统，使之存在与发展合乎人类目的需要。国内外已有学者开始运用系统理论与系统科学研究海洋生态经济的协调发展问题，并取得了一定的成就。本书基于前人的研究成果，从海洋产业与海洋生态环境耦合系统生成论与构成论两个角度，分析了海洋产业与海洋生态环境耦合发展的动态演化过程，并进一步构建了耦合协同发展的评价模型，力求丰富和拓展海洋产业与海洋生态环境耦合协同发展理论体系。

（二）应用价值

通过对海洋产业与海洋生态环境耦合发展规律的探索、研究和揭示，提出海洋产业与海洋生态环境耦合发展的优化路径，研究两者之间的交互发展关系，尤其是从海洋产业结构演变的角度分析海洋产业发展对海洋生态环境的影响及其评估，构建海洋产业结构有序转变的海洋生态环境响应体系，对于实现海洋经济增长与海洋生态环境协调、稳定和可持续发展等方面都有重要的现实意义。

第三节　国内外研究现状及进展

产业是人类利用资源和空间所进行的各类生产和服务活动。产业结构也被称为国民经济的部门结构，主要是指国民经济中各个产业部门之间以及各产业部门内部的构成关系，研究产业结构，主要是研究生产资料和生活资料两大部类之间的关系。产业结构不仅是人类经济活动与生态环境之间的连接纽带，也是生产角度上的"资源适配器"，运用到海洋产业结构中亦是如此。海洋产业结构的组合类型和强度在很大程度上决定了海洋经济效益、海洋自然资源利用效率以及对海洋生态环境本底的影响。从生态环境的角度讲，它是海洋环境资源的消耗和污染物产生的"控制体"，海洋生态环境的承载力直接制约着海洋产业及其发展方向。海洋产业结构演进指的是海洋产业在发展过程中，其结构和内容在数量和质量两个层面上的提升，产业结构本身从低级到高级的变化，不仅能直接影响到海洋经济的增长速度，还能对海洋生态环境和海洋资源的利用产生深刻影响，同时也关系到海洋生境健康与人们的生活质量。因此，针对海洋产业发展及其结构变化与海洋生态环境之间的演变机理及协调度评价，是对可持续发展、人海关系及全球变化区域响应的有益探讨，也是进一步调整优化海洋产业结构的前提，具有重要的社会意义和研究价值，也因此受到国内外学者的广泛关注。

一、海洋产业研究进展

（一）国内海洋产业结构研究进展

国内学者对海洋产业的研究日渐成熟，研究方法逐渐趋于运用现代管理学和经济学基本方法进行框架性分析，且定量分析研究有上升的趋势。在案例研究的区域选择上以省级区域居多，跨区域研究相对匮乏，需要对更宽泛或更具体区域的海洋产业进行研究。如学者们基于省级区域分析了辽宁、河北、天津、山东、江苏、上海、浙江、福建、广东、广西及海南沿海 11 省份的海洋产业资源现状、各自海洋产业在全国的地位、发展与结构特征，运用不同的定量计量方法得出沿海 11 省份综合实力水平较强的海洋产业部门，明确沿海各省份的主导海洋产业，并对今后的海洋产业布局提出了发展方向和关注重点。也有学者从市级区域对大连、潍坊、东营、烟台、青岛、宁波、深圳、厦门、湛江等城市的海洋产业空间布局及产业结构优化展开了分析，并提出了沿海城市的未来海洋产业发展方向及优先发展领域。

基于海洋产业结构的发展历程角度，张耀光（1995）对中国海洋经济的发展动态及发展阶段进行了定量测度，分析出中国海洋产业仍处于以依赖自然资源发展为主的初级阶段。王海英（2002）对未来中国海洋产业结构的演变阶段进行了预测，对海洋产业发展不同阶段的发展重点和发展模式提出了政策建议。陈可文（2003）认为，海洋产业结构正在由传统第一、第二、第三次产业结构的顺序向现代第三、第二、第一产业结构的顺序演变，且在海洋产业结构的演变过程中，科学技术更是起到了举足轻重的作用。张静等（2006）对海洋产业结构的发展阶段进行了阐述，并将海洋产业结构的演进过程划分为传统发展阶段、海洋第三与第一产业交替阶段、海洋产业迅速发展阶段及海洋产业高级发展阶段四个阶段。姜旭朝等（2008）对20世纪90年代以来国际上海洋产业演进最新进展情况进行了述评，为中国海洋产业的发展提供了经验借鉴。马仁锋等（2013）梳理了国内外研究海洋产业结构与布局的文献并对研究的增长规律进行了总结，随后基于海洋产业结构与布局情况，得出海洋产业结构和布局等前沿领域的探索与研究是未来海洋研究的重点。

基于海洋产业结构演进的特殊性，曹忠祥等（2005）对海洋产业的结构特征及演进规律进行了总结，指出海洋产业的发展演变具有从以传统产业为主的海洋第一产业发展到海洋第二产业，再从海洋第二产业发展到以滨海旅游业及海洋交通运输业为主的海洋第三产业的动态演进特征。姜旭朝等（2009）梳理了中华人民共和国成立以来中国海洋产业结构的发展历程和特点，对比分析了海洋三次产业对海洋经济的贡献，总结出海洋第一产业对海洋经济及国民经济的影响最大，其次是海洋第二、第三产业。朱坚真等（2010）对海洋产业演进路径特殊性表现进行了概括，认为传统的三次产业演进路径不适用于海洋产业领域并对原因进行了分析，进而从难易度和急切度入手，构建分析矩阵探讨了海洋产业发展的独特演进路径。伍业锋（2010）将海洋经济看作陆域经济向海洋的延伸，但同时提出现代海洋经济具有资源依赖型、技术资金密集型、高风险型和国家主导型等异于陆域经济的核心特征。宁凌等（2013）研究得出，沿海各省份之间海洋产业"三二一"的产业格局已经形成，但二产和三产差距较小，格局尚未稳定。狄乾斌等（2014）基于多部门经济模型及GOP海洋产业结构贡献度测算方法，分析了1997~2011年我国海洋产业结构变动对海洋经济增长的贡献的时空特征，研究得出海洋产业结构的变动与海洋经济增长具有显著的正相关关系且匹配关系合理。

对于不同区域海洋产业的分析，张耀光等（2009）和王丹等（2010）分别从不同角度对辽宁省海洋产业结构进行了研究，王丹应用PCA分析方法研究了辽宁省海洋经济产业功能结构，总结出海洋支柱产业地位稳定，主导、潜导双向转移的演变模式。李福柱等（2011）分析得出，山东半岛蓝区海洋产业结构演进存在产业间的异速增长和各地市间海洋产业异构化演进两大趋势，其实现路径为海洋规模经济与专业化分工的发展。王翠等（2013）从空间和时间两个维度上，进一步对山东省海洋产业结构进行细化评价分析。陈艳萍等（2014）构建了海洋产业综合实力评价指标体系，运用主成分分析法得出江苏海洋产业综合实力在中国内地 11 个沿海省份中排名第六，并分析出江苏省海洋产业薄弱点主要在于科技投入不足和海洋产业结构不合理。任玉琨（2009）、刘文新等（2007）针对目前资源型城市产业转型问题，通过高市场集中度条件下的油气资源城市产业转型的博弈模型分析，提出了资源型城市产业转型中政府的职责。毕岑岑等（2011）基于资源环境承载力情况对沿海城市产业结构的合理性进行了综合评价。

关于海洋产业结构未来的演进方向，郑贵斌（2004）认为，海洋新兴产业是海洋产业演进的方向。于谨凯等（2014）运用"三轴图"法对 2000~2012 年山东半岛蓝区海洋产业结构演进过程进行实证分析，得出 2000~2020 年蓝区海洋产业结构演进基本遵循右旋式演进模式。随着工业化进程的不断推进，海洋产业将实现由量变到质变的飞跃，实现由小到大、由简单到复杂、由低级向高级演进的突破发展，栾维新（2003）、韩增林（2003）、童兰等（2013）等学者均对这一观点表示了赞同。

总的来看，我国海洋产业发展存在的突出问题是自主创新能力不足且自然资源消耗较高，抑制了区域海洋产业升级和结构优化调整，新时期海洋产业的理论和政策研究应该更多关注资源供给和环境保护双重约束条件下的海洋产业结构升级，实现海洋产业升级、转移与减少资源消耗和实现可持续发展的协同发展。

（二）国外海洋产业结构研究进展

对于海洋产业的研究在 20 世纪 90 年代之前并不是全面进行的，研究重点仅限于海洋渔业、海洋油气业、海洋交通运输业等传统海洋产业。从目前已经取得的研究结果看，美国、加拿大、澳大利亚、英国、日本、韩国这些国家的海洋产业结构划分比较好，并且这些国家已经综合评价了海洋总体实力。美国海洋经济研究源于《海岸带管理法》的颁布实施，通过对 19 世纪 70 年代以来美国海洋经济的研究成果进行概述，得出美国海洋矿业是受 2007 年经济危机牵连最大的产业，这也是美国海洋经济在 2008~2010 年剧烈波动的主要原因。加拿大海洋和海洋经济主要是由捕捞渔业和海洋设备、机械、造船及相关政府采购合同驱动发展的，由于水产资源量的衰退和政府财政预算的缩减，渔业的基本经济结构发生改变，传统海洋渔业在逐渐衰退，水产养殖业随着全球水产品需求量的上升迅速崛起；海洋石油和天然气建设是影响加拿大海洋产业的主要经济动力之一。关于海洋产业的划分，澳大利亚统计局在 1991 年就出台《澳大利亚海洋结构统计框架》等相关文件并做出明确规定，文件中指出澳大利亚总计有 12 个海洋产业项目，主要包含商业性渔业、海洋娱乐业、海洋矿产勘探与开采、海洋油气业、海洋技术教育和培训及其他海洋产业项目。现阶段，英国海洋产业发展战略体现在《英国海洋产业战略框架》及《英国海洋产业增长战略》的发布，这为英国海洋产业的迅速发展奠定和提供了制度基础和组织保障。其中，作为英国第一个海洋产业增长战略，《英国海洋产业增长战略》整合了政府、企业及学术界等多方意见，该战略的实施也有望快速推动英国海洋产业的发展，战略规划到 2020 年实现海洋产业总产值 250 亿英镑。

2015 年 9 月 1 日，欧洲海洋局（European Marine Board）发布报告《钻得更深：21 世纪深海研究的关键挑战》（*Delving deeper：Critical challenges for 21st century deep-sea research*），提出未来深海研究的八大目标与相关关键行动领域（见表 1-4），并建议将这些目标与行动领域作为一个连贯的整体，构成欧洲整体框架的基础以支持深海活动的发展和支撑蓝色经济的增长。日本以"海洋立国"为发展目标，海洋产业也初具规模，日本海洋产业体系中海洋水产业、海洋交通运输业、海洋船舶工业等传统产业的发展已经较为成熟，而海洋资源开发关联产业、海洋信息开发关联产业、海洋生物资源关联产业以及海洋观光产业等逐渐成为日本海洋产业体系中的新兴产业。韩国海洋管理从最初的分散管理体制到 1996 年建立海洋水产部（MOMAF），再到 2008 年成立管理陆地与海洋事务的国土海洋部（MLTM）的发展轨迹，显现出韩国综合性、整体性的海洋国土意识，尤其是近年韩国重点发展海洋渔业、港口产业、海洋科技产业、海洋环保产业等具有相对竞争优势的海洋产业，突出了科技导向与绿色环保导向的海洋产业发展政策。

表 1-4 深海研究的八大目标与相关关键行动领域

目标	关键行动领域
加强深海系统的基础知识储备	（1）支持深海生态系统和更广泛的学科基础研究 （2）开发科学的和创新的深海资源管理模式 （3）为重要的深海点创建长期监测与观测项目和体系
评估深海的各种驱动力、压力和影响	（1）提高对自然和人为的驱动力、压力和影响的认识 （2）了解各方驱动力与压力的相互作用及累积影响 （3）为深海生态系统建立"优良环境状态" （4）调研深海目标资源的替代供应策略 （5）降低影响并启动区域范围的战略环境管理计划

续表

目标	关键行动领域
促进跨学科研究以应对深海的各种复杂挑战	（1）促进跨部门研究合作，例如企业与学术界、学术界与非政府组织等 （2）创建一个海洋的知识与创新团体（KIC） （3）在早期的职业研究人员的培训中嵌入跨学科的和以问题为导向的方法
为填补知识空白而创新资助机制	（1）将公共资金（欧盟项目和国家项目）用于基础研究以支撑可持续性研究和保护自然资产 （2）开发和部署创新的资助机制和持续资助来源用于研究与观测 （3）推进国际间协同绘制深海床
提升用于深海研究和观测的技术与基础设施	（1）提升并快速开发用于平台、传感器和实验研究的新技术 （2）开发利用多用途的深海平台 （3）改善当前计算能力与方法用于深海科学的物理和生物建模 （4）开发用于测量生物和生物地球化学参数的传感器 （5）支持企业与学术界在技术开发领域的合作
培养深海研究领域的人力资源	（1）促进并扩大在研究、政策与产业领域的培训和就业机会 （2）估计科技专家的需求
提升透明度、开放数据存取和深海资源的适当管理	（1）确保具有足够代表性的专业知识用于建立众多的法律和政策框架以解决深海资源引发的相关问题 （2）提高透明度和开放数据将作为深海管理的指导原则 （3）改善公共研究和企业之间的技术转移 （4）创建深海生态系统恢复协议
深海有关的文学著作将向全社会展示深海生态系统、商品和各种服务的重要价值	（1）加强交流和教育，利用海洋主题有关的文学著作，向学生和公众展示深海重要的社会价值 （2）在深海研究计划与项目中嵌入海洋文化

基于全球化合作与竞争的大环境，海洋产业集群研究的重点在于本土海洋产业集群的转型升级。Batty（2001）的研究重点在于海洋产业均衡与产业聚集，对不同地区的海洋产业结构在均衡度和聚集度上的不同进行了研究。Sylvie Chetty 等（2002）利用新西兰海洋产业作为案例分析，对新西兰海洋产业集群的深化和海洋产业国际竞争力的提升进行了研究。Mazzarol（2004）对海洋产业发展过程中出现的新理论进行了梳理，接着利用澳大利亚综合体的海洋产业网络数据分析得出，政府的支持能显著促进海洋产业的发展。Fabio（2003）将偏离份额模型（SSM）运用到海洋产业聚集的研究中，运用实证分析方法对海洋产业的聚集过程进行了充分的研究。

对于海洋产业结构和经济增长的关系研究，以 Fox（2003）为代表的学者对多个国家多个海洋经济部门进行研究，探讨政府部门的调控对英国海洋产业结构的影响。在对这一问题进行探讨的过程中，学者们的研究目标是一致的，但是研究采用的方法却风格迥异。Kwaka、Yoob 和 Chang（2000）三位学者采用的方法是一致的，而来自挪威的学者 Gabriel R. G. Benit 等（2003）首次尝试采用集群的方法，从产业部门的角度对海洋产业的部门进行了划分。M. Yeneder（2003）采用经济模型的方法，基于从 28 个 OECD 国家中收集到的数据，对海洋产业结构演变对海洋经济的影响进行了定量分析。韩国海洋产业结构的数据也为 Chang（1991）开展的海洋产业对经济增长的影响研究提供了支撑，学者们大多通过实证定量的方式证实海洋产业对经济增长的促进作用。Eagel、Herrera 和 Hoagland（2001）则对海洋产业与其他产业的相互关系进行了分析，如国际贸易和商业捕鲸、海洋产业与海洋生态环境等。

二、海洋生态环境研究进展

（一）国内海洋生态环境研究进展

生态环境是人类生存与发展的重要基础，生态环境保护的思想在 2000 多年前的先秦时期已经存在，《管子》一书中初步阐述了先秦知识分子对生态环境的认识、对生存土地的关怀及对自然资源保护的重视，体现了最早的人与自然和谐共处的发展理念。工业文明的发展加速了生态环境的恶化，在未来相当长的一段时间内，伴随着中国经济的高速发展，生态环境对社会经济的瓶颈约束和胁迫影响将日益严峻，对海洋经济的影响亦是如此。曾以为浩瀚的海洋以其自身强大的恢复能力，使人类对其束手无策，海洋自然资源也不会枯竭，然而大半个世纪后，过度捕捞、污染物排放、外来物种入侵及全球气候变暖等人为因素使海洋资源岌岌可危，因过度捕捞所引起的连锁反应也导致海洋生物多样性大幅衰退，若对这种现状继续视而不见，40 年后，人类将面临无鱼可捕的困境。

近年来，不断恶化的生态环境问题给海洋经济的发展带来了极大的阻碍，也逐渐引发了人们对海洋生态环境系统的思考，对海洋生态安全的研究也经历了从无到有、逐渐深入的过程。如杨金森（1999）从多个方面对中国海洋生态系统面临的严峻问题进行了研究，其中涉及海洋产业衰退、海洋生态环境恶化、沿海经济和社会受到的影响等。吴次方等（2005）认为，中国沿海城市的生态危机正随着经济发展和人口增长不断加重，表现在热岛效应、湿地减少、海平面上升、生物多样性退化、赤潮绿潮等海洋生态灾害频发等方面。阎克勤等（2010）采用多目标数学规划方法，构建海岸生态环境土地使用规划数学模式，利用多目标规划方法中的妥协规划法进行求解，以期实现自然生态环境与社会经济效益在海岸土地使用上的最佳平衡点。吴静宜等（2012）认为生态环境监测系统有其地区独特性，利用 SD 系统理论解构了生态安全内涵，评析了环境监测模型的特点。杨振姣等（2012）从非传统安全体系的视角，剖析了当今海洋生态安全的地位与意义。兰冬东等（2013）认为中国目前的海洋生态安全形势严峻，具体表现为赤潮等灾害频发、环境事故风险增大、外来物种入侵严重、生物多样性锐减等方面。曾庆丽（2013）总结借鉴了其他海洋发达国家生态安全的管理经验，结合我国实际情况，分别从横向和纵向两个维度对加强我国海洋生态安全管理提出了政策建议。此外，针对海洋生态安全立法存在的问题，学者们也加强了海洋生态安全立法研究，并完善对宪法、环境基本法的修订及对海洋生态安全管理立法空白的填补（Chien-Hsiung Wang，1989；张式军，2004；蔡先凤，2012；郭萍萍，2007；李凤宁，2011）。

在海洋生态环境系统评估研究方面，学者们也采用不同的方法对所研究的区域进行了实证分析。杨建强等（2003）采用结构功能指标模型，对莱州湾西部海域海洋生态系统健康状况进行了评价，得出研究海域健康程度一般，部分海域已达到较差状态。刘伟玲等（2008）利用生态足迹分析方法，计算出 2003～2005 年辽宁省及沿海六市的生态足迹均已超过海域生态承载力，且生态赤字呈逐渐增加态势。王晓红等（2009）对南海北部大陆架海洋生态系统演变历程进行了研究，运用统计软件分析得出，近 20 年的过度捕捞已导致研究海域生态系统和渔业资源的逐渐退化。齐涛等（2009）构建了用来分析海岸带生态安全响应力定量评估体系，并利用厦门海岸带的数据进行案例分析，发现厦门整体海洋生态环境影响力尚处于较为理想状态。胡通哲等（2012）综合运用不同层级的生物指标与环境状况指标，指出适用于台湾的合川环境状况分析方法，并以北港溪为例，了解合川环境恶化原因进而提出改善合川环境的建议。初建松（2012）在改进四大模块法（生产力、生态系统健康、社会经济与治理）的基础上，研究构建出海洋生态系统管理与评估指标体系。路文海等（2013）从产出效率、功能多样、生态文明和压力胁迫四个方面评价了 2010 年天津、福建、山东三个沿海地区的海洋生态健康状况。狄乾斌等（2014）基于 PSR 模型对中国海洋生态安全状况进行了评估，得出目前中国海洋生态安全状态一般。

此外，针对海洋生态环境系统问题的预警和修复研究也已出现。杜立斌等

（2009）在探讨海洋环境监测技术的发展趋势及对海洋灾害监测及预警系统的总体目标和需求分析的基础上，对比阐述了国内外区域性海洋灾害监测预警系统的研究进展情况，并对几个典型的综合监测预警系统进行了详细介绍。单宇等（2007）总结了国内外各种海洋生态监测方法，构建了海洋生态环境监测的指标体系，可以应用于近岸海洋环境质量的生态监测。褚晓琳（2008）针对中国近海渔业资源养护不力的现状，认为中国有必要将预警原则规定为中国海洋渔业资源管理的基本原则，并根据中国各海域的具体情况有针对性地适用预警原则。曾华璧（2008）指出，在当代环境政治理论中，生态现代化和生态国家理论是处理环境危机的重要机制，并以此为基础，探讨了台湾相关机构 50 年的环境治理。还有部分学者对海洋生态修复（李纯厚等，2006；姜欢欢等，2013；苟露峰等，2014），以及海水养殖业、海洋油气业、海洋运输业等海洋产业的安全进行评价并预警（殷克东等，2010；张耀光等，2003；于谨凯等，2011）。

（二）国外海洋生态环境研究进展

面对海洋生态环境日益恶化、海洋自然资源不断枯竭、海域生境持续下降的现实状况，当前已有不少国家和国际组织开展了海洋生态环境相关领域的海洋发展战略的研究工作。欧盟委员会（European Commission）2004 年制定的《环境技术行动计划》，旨在尽可能地减少人类活动对自然资源的胁迫，改善欧洲人民的生活环境。为应对全球气候变化和日益增长的资源环境压力，实现人类环境系统的可持续发展，英国自然环境研究委员会（NERC）于 2007 年制定了《关于行星的下一代科学：NERC 2007—2012 年战略规划》，这项规划将资助具有国际水平的环境变化和自然资源的长久利用问题，实现人与自然和谐共处。同时，英国生态与水文研究中心（CEH）也制定了相应的战略和管理政策，以减轻环境变化对生态系统、生态系统服务及人类的影响。新西兰研究科技部（Ministry of Research, Science and Technology）于 2007 年颁布《新西兰环境科学研究路线图》，该路线图涉及三个主题和全球环境变化、土地/水/海岸带、城市设计与灾害、生物安全、生物多样性和海洋系统六个环境研究领域，其中的"系统理解和综合"主题重点关注海岸带环境的淡水资源影响、对渔业管理的生态系统层次划分及对生物结构、社会经济发展层面的理解。韩国国家科学技术委员会于 2008 年 5 月推出了《第二次环保技术开发综合计划（2008—2012）》，这项由韩国 11 部委共同制订的计划旨在实现技术引领下的 21 世纪"生态乌托邦"，推动韩国绿色经济发展。美国海洋与大气管理局（NOAA）也将在生态系统水平上开展合理的渔业资源管理、沿海滩涂开发和海洋资源管理的决策支持工具与海平面变化对海岸带资源和生态系统影响的评估，构建更适宜的海岸带与海洋决策支撑工具，充分利用现有海洋资源，更好地管理海岸带与海洋自然资源，减少人类活动对海洋生态环境的影响，确保海洋的可持续发展能力，尽可能实现环境、经济与社会的协同发展。

在学术层面上，学者们也普遍认为人类必须重新定位人海关系，改变传统粗放式的海洋经济发展方式，以应对当前世界范围的海洋生态的持续发展威胁。Robert Costanza（1999，2007）指出，目前人类活动已经接近甚至超出海洋环境的承载阈值，亟须制定海洋可持续利用的战略规划，同时还提出，沿海海洋灾害对人类社会生产和生活造成了极大的影响，受利益驱动的人类经济体系正在破坏人类的可持续发展。Rebecca 等（2008）认为，海洋和海洋生物多样性正面临着巨大的威胁，并从跨国分析的视角对导致海洋物种多样性下降的原因展开分析，认为人口、经济和生态等是导致全球渔业资源不可持续的重要影响因素。J. T. Kildow 等（2010）指出，当前海洋生态环境存在诸多问题和矛盾，需要对不同海域和不同地区采取针对性的海洋生态修复政策。Á. Borja 等（2013）指出，目前已有地区的海洋生态环境治理带来的危害甚至超过原有的生态危机，提出在全球化经济危机背景下，更应注重海洋生态环境的监测，避免海洋生态治理带来的次级影响。

为进一步研究海洋生态环境恶化的程度与根源，在主张对海洋资源环境进行普及调查的同时，国外学者还重点对海洋生态系统的评估进行了研究，研究成果也不断丰富、细致。如 Garry W. McDonald 等（2004）对新西兰地区历年的生态足迹进行了计算与评价。S. G. Bolam 等（2006）则对英格兰和威尔士沿岸海域疏浚物处理对海洋生态环境的影响进行了全面的评估和分析。Vassallo 等（2006）将泥沙和底栖生物群落作为研究对象，从微观视角上分析评价了亚得里亚海南部沿海地区海洋生态系统的健康程度。Angel Borja 等（2008）则综合梳理了世界范围内有关河口和沿海生态系统评估的模型和方法。Val Day 等（2008）运用 GIS 统计软件对澳大利亚部分海域的生态环境分级进行了空间研究，这也为日后澳大利亚海域综合治理提供了支撑。T. A. Stojanovica 等（2013）则基于基本假设和哲学理论，综述了海洋可持续发展的概念和海洋评估模型的演进。

不仅如此，关于海洋生态环境的监测与预警的研究也呈递增的态势。如 Robert Costanza 等（1999）就从经济学视角重新审视了海洋生态、科学和政策之间的联系，分析了海洋生态环境的重要性及当前面临的严峻挑战，并据此提出了一系列海洋管理的重要原则。Biliana Cicin-Sain（2005）对沿海和海洋综合管理的问题从海洋保护区的视角进行了梳理，认为海洋生态安全管理应注重海洋保护区的重要作用。Y. C. Chang 等（2008）则构建了海岸带综合管理与决策的 SD 模型，认为海岸带系统是由社会经济、生态、环境和管理四个子系统构成，海岸带系统就是这四个子系统的协调统一，并利用垦丁珊瑚礁生态系统的稳定性对这个模型进行了验证。Eneko Garmendia 等（2010）认为应创新海洋管理方式，改变传统自上而下的行政管理方法，提出应整合不同领域的知识和方法，避免海洋管理过程中的价值冲突和不确定性，解决海洋资源的可持续利用问题。D. G. M. Miller 等（2013）的研究重点突出了环境监测、污染控制和专项治理在海洋生态安全领域的重要性。

三、海洋产业与海洋生态环境关系研究

（一）国内海洋产业结构与海洋生态环境关系研究

随着科学技术的发展和海洋自然科学研究的推进，永续发展已成为许多国家调和经济发展、环境保护与社会公平正义的原则，随着人们对海洋资源与海洋环境开发利用程度的不断提高，多样化的新兴海洋产业方兴未艾。从已有的研究资料来看，目前学者们对海洋产业与海洋生态环境关系的研究较少，学者们对产业结构演进的环境效应研究大致分为以下几种：

一是研究产业结构演进对生态环境的影响机理。部分学者认为，产业结构调整、经济规模扩大、技术创新与改革等因素是影响环境的直接原因（李文君等，2002；仇方道等，2013）。在经济发展过程中，产业结构的调整与变动是资源在产业间移动的影响因素，提高自然资源使用率、提升资源循环利用程度、降低单位产出的资源消耗能显著减少环境污染；反之，就会加剧环境污染程度，这也是产业结构演进与生态环境相互影响的原因。在三次产业发展过程中，第二产业尤其是重工业的发展，是建立在矿产资源和能源等不可再生环境资源大量消耗的基础上的，由于技术水平的局限和资源利用效率不高，导致资源的过度损耗和环境污染情况日益严重。

二是定量分析不同地域、不同发展时期产业结构演变对生态环境的影响情况。彭建等（2005）分别对不同种类的产业演进对生态环境的影响进行了实证分析，得出高污染产业如重工业等比例的下降对生态环境的改善有明显的正效应。

邓祥征等（2012）对西部生态脆弱区产业结构演进的环境污染风险进行了分析，认为在能源工业生产不断向西部转移的过程中，应加强产业结构优化升级带来的环境污染的监测和预警，这对于西部可持续发展有着关键的影响。董锁成等（2007）选择资源型城市为研究对象，对资源型城市产业结构演进对生态环境的影响进行了定量分析，得出高投入、低产出的产业结构及低层级、低效率的资源开发利用模式是导致资源型城市环境污染的重要影响因素。徐建进等（2011）利用台湾地区特殊的海洋环境与天然灾害产业数据，采用指数平滑法构建人力资源预测模型，对研究地区人力资源发展趋势进行了预测，研究得出该产业人员仍有较大的需求和发展空间。

三是研究资源与环境约束下的产业结构调整与优化路径。学者们从省级层面如江苏、湖南、新疆、青海等省份探讨了产业结构演变对生态环境的影响情况，研究得出，产业结构调整是资源进行合理配置的助推器，既能提高社会经济运行效率，也能有效控制污染排放，有利于生态环境保护和经济增长实现协同发展（王金楠等，1998）。在当前全球应对环境变化、节能减排的背景下，区域产业结构的优化调整就显得尤为重要（王菲等，2014）。已有的研究结果显示，将资源利用率提升和环境污染降低作为发展目标（王铮等，2013），遵循减量排放、循环利用和资源化的发展原则，通过技术升级改造和产业链延伸等手段，在多环节建立资源循环利用的新型产业体系（周建安等，2009），实现由资源耗费型向资源节约型的竞争力转变（苏伟等，2011），是区域产业结构在资源和环境双重约束下进行优化升级的必然路径和基本选择。王艳明等（2014）从耦合理论入手，以产业集聚理论、生态环境理论、系统科学理论为基础，探讨了山东半岛蓝色经济区海洋产业集聚系统与生态环境系统之间的耦合交互作用，得出研究区域仍处在初级协调发展阶段，但并未对海洋产业集聚与生态环境的耦合机理与演化机制进行深入研究。

（二）国外海洋产业结构与海洋生态环境关系研究

国外学者对于产业结构与生态环境的关系研究始于20世纪80年代，弗雷斯特（1984）在其《世界动态学》中，第一次提出产业环境的概念，他提出在产业结构进行调整转换的过程中，应充分考虑产业发展与环境保护的同等重要性。到20世纪90年代，Norgaad R.（1990）归纳出协调发展经典理论，提倡通过反馈循环实现经济增长与生态系统的协同发展。随后，英国经济学家 Boulding K.（1996）运用系统分析方法对经济发展与生态环境之间的关系进行研究，认为人类社会应倡导储备型、福利型和可持续型的经济增长方式，发展的目的是建立一种能循环利用各种物质的循环式经济体系，这种经济体系既不会造成自然资源的枯竭，又不会带来环境污染和生态破坏。

随着学者们对产业发展研究的不断延伸，Grossman 等（1995）利用东亚产业发展的案例提出工业化与环境污染作用关系的三阶段模型，分别是劳动密集型的轻工业阶段、资源密集型的重工业阶段和技术密集型的电子工业阶段，并分别总结了三个阶段环境污染程度的差别。赫尔曼·戴利（2001）认为在产业结构的优化调整过程中，应控制资源密集型为主的产业发展规模，鼓励污染较少或无污染的产业发展，以促进产业发展和环境保护的协同。Magnus Lindmark（2002）和 Markus Pasche（2002）研究得出，经济发展的不同阶段，不同类型的产业结构对生态环境的影响也不尽相同。Verbeke T. 等（2002）认为，导致环境污染的直接诱因有产业结构演进、经济规模扩大以及技术升级与改造等。Lindmark M.（2002）和 Pasche M.（2002）利用环境库兹涅茨曲线（EKC）研究其在经济发展中的作用，得出产业结构的调整是自然资源在产业间移动的重要影响因素，同时还深入探讨了产业结构演进与环境污染之间的关系。

四、现有研究成果述评

综述国内外的研究发现，构建指标体系评价海洋产业与海洋生态环境持续、协调发展的研究较多，而对于海洋产业与海洋生态环境耦合机理、耦合测度及耦合评估的研究相对较少。然而，耦合是海洋产业与海洋生态环境持续、协调发展的前提，没有海洋产业系统与海洋生态环境系统之间的耦合，海洋产业与海洋生态环境的持续、协调发展便是空谈。

首先，在研究方法的选择上，国外相关研究绝大多数是基于实际调研的数据进行的统计和实证分析，通过构建指标体系或综合加成测算其价值，研究结果具有较强的说服力和可信性。国内研究在开始阶段采用的是思辨的分析方法，前期注重概念的归纳演绎、阐述和论证，后期才逐渐开始注重人口、经济和生态环境的统计分析。

其次，对海洋产业与海洋生态环境的关系研究较多地停留在对系统要素构成、结构及功能的定性分析，很少涉及对系统内在机制、运行机理和相互作用机制的探讨。当前，国内外研究分析海洋产业系统与海洋生态环境系统的构成要素、结构和功能的占据主流地位，而针对海洋产业系统与海洋生态环境系统间的耦合机理、相互作用及制约机制等关系的研究寥寥。

最后，理论和实践的对接不理想，相互割裂的现象相对严重。综述国外研究成果，其对产业发展和生态环境的理论研究能恰当地运用到实践操作中，相比之下，我国关于产业发展和生态环境协调发展的研究始终存在着理论与实践不匹配的问题，一方面是理论研究不能恰当解释实际存在的问题，另一方面是经理论研究得出的思想和方法未能运用于指导实践。因此，密切结合海洋发展实际的综合性研究亟待加强，如综合考虑海洋主导产业、海洋资源存量与环境承载力、海洋物种多样性保护、海洋基础设施建设、海洋管理制度创新及政策设计等，展开对海洋产业与海洋生态环境耦合发展的深入研究。

第四节　研究内容和拟解决的关键问题

一、研究内容

第一章为绪论部分。总体上阐述问题提出的背景、选题意义和来源、国内外研究现状及进展、研究的主要内容和拟解决的关键问题、创新点、研究方法及技术路线。从海洋产业发展研究进展、海洋生态环境研究进展及海洋产业与海洋生态环境关系研究三个视角对海洋产业和海洋生态环境耦合发展的相关研究进行综合阐述。在分情况综述的基础上，对国内外研究成果进行了总结归纳，指出目前国内外研究中存在的问题。

第二章为海洋产业与海洋生态环境耦合的基础理论。明确界定了本书研究的海洋产业、海洋产业结构、海洋生态环境及耦合等相关概念，并基于环境属性对我国海洋产业进行重分类研究，运用产业结构相关理论、生态经济系统理论、外部性理论、协同学理论及共生组织理论等追溯了耦合及协同等概念的形成、内涵的深化及外延的扩展，总结了耦合研究中的方法论指导，即系统论、控制论、自组织理论、复合生态系统生态控制理论等系统科学理论体系。

第三章为海洋产业与海洋生态环境耦合发展的静态分析。首先确定海洋产业与海洋生态环境耦合关系，继而从耦合系统协同发展的定义、特征、条件及目标等方面阐述海洋产业与海洋生态环境耦合的内涵；其次从耦合的构成分析、要素分析及特征分析角度解构海洋产业与海洋生态环境耦合的结构；最后从三个方面阐述海洋产业与海洋生态环境耦合的效应，即海洋产业发展对海洋生态环境的胁迫效应、海洋生态环境对海洋产业结构演进的约束效应及海洋产业与海洋生态环境的耦合效应。

第四章为海洋产业与海洋生态环境耦合发展的动态演化研究。从耗散结构理论模型构建及耦合熵变模型的建立、竞合关系模型的采用及逻辑斯蒂方程的引入与海洋生态—产业安全的共生耦合发展演化三个角度开展海洋产业与海洋生态环境的动态演化论述。解析耗散结构理论及其形成条件，引入耦合熵的概念，建立海洋产业与海洋生态环境耦合发展熵变模型。运用逻辑斯蒂曲线方程将海洋产业与海洋生态环境耦合阶段划分为倒退型、循环型、停滞型和组合逻辑斯蒂曲线增长型，运用一般动态均衡模型，基于竞合关系模型探讨海洋产业与海洋生态环境在耦合协同演化过程中的交互关系。最后阐述海洋生态产业链形成的耗散结构分析，验证海洋生态产业链形成的机理模型。

第五章为海洋产业与海洋生态环境耦合发展评价。首先，分别对海洋产业和海洋生态环境的发展状况进行评估：从时间和空间两个维度对海洋产业结构的发展状态进行分析，深入探讨海洋产业结构演进过程；随后对海洋生态环境的发展现状及发展趋势进行定量测度，运用 TOPSIS 对海洋生态环境承载力进行测度，接着利用 BP 神经网络模型辨识海洋生态环境发展阶段。其次，构建两大系统耦合发展的评价体系，对海洋产业系统与海洋生态环境系统的耦合发展综合效度进行时空定量判断，并且基于海洋产业与海洋生态环境"脱钩"的内涵，利用改进的 Tapio 脱钩模型研究中国海洋产业与海洋生态环境脱钩关系的时空格局演变规律。最后，针对上述耦合发展的测度分析结果，判定目前海洋产业与海洋生态环境耦合发展阶段及存在的问题，为接下来的耦合机制构建奠定基础。

第六章为海洋产业与海洋生态环境耦合发展的优化机制构建。首先，明确耦合发展优化机制构建思路，从构建原则、组成结构及运行流程几个角度展开讨论；其次，从动力机制、创新机制及保障机制三个方面构建海洋产业与海洋生态环境耦合发展优化机制；最后，尝试运用海洋生态—产业共生模型分析其促进耦合发展的作用机制，包括共生模型对海洋产业结构的优化促进作用、对海洋生态环境的改善作用及对耦合发展的协调推动作用。

第七章为海洋产业与海洋生态环境耦合发展优化路径与对策。基于耦合系统协同发展的规律认识，从宏观政府战略层面、中观企业实施层面和微观利益相关者层面三个角度阐述了海洋产业与海洋生态环境耦合发展的路径选择，并提出耦合协同发展的优化对策。

第八章为结语。重在总结梳理本书的重要结论，指出本书研究的不足和下一步的研究重点和规划。

二、拟解决的关键问题

（1）海洋生态—产业共生耦合测度模型构想，主要有海洋生态—产业共生模型构建、海洋生态—产业共生模型的基本指数测算、海洋生态—产业复合系统共生协调水平测算和基于耦合共生关系的海洋生态安全分析，以期为海洋产业与海洋生态环境共生发展提供指导。

（2）海洋产业与海洋生态环境耦合发展的时空定量判定，主要构建海洋产业与海洋生态环境耦合发展的时空评价指标体系，确定海洋产业与海洋生态环境耦合发展的评价指标权重，评价海洋产业与海洋生态环境耦合发展的综合效度等。

（3）海洋产业与海洋生态环境耦合发展优化机制构建，主要从宏观政府政策制定与实施战略层面、中观相关企业参与实施层面及微观利益相关者路径选择等方面探讨提出海洋产业与海洋生态环境耦合发展的对策建议。

第五节　主要创新点

本书在已有的研究成果上，尝试从以下几点进行探索创新：

（1）定量评价海洋生态系统安全，使研究结论更加科学可信。由于我国海洋生态系统安全研究起步较晚，研究力量及基础条件有限，与其他领域生态系统安全研究相比，尚未形成系统的理论体系与研究范式，且已有的海洋生态安全研究多以定性分析为主，缺乏定量判断，导致理论研究成果说服性不强。为此，本书在综合分析海洋生态系统内涵的基础上，以系统论、控制论、协同论、耗散结构论等多种理论与方法为指导，构建出基于 BP 神经网络的海洋生态安全评价模型，对山东省海洋生态安全状况进行评估，剖析山东省海洋生态安全发展态势及存在的问题，不仅在研究方法上实现了一定突破，使研究结论更加科学、客观，而且调整了前人固有的研究逻辑，使研究结论更加全面，也更具实际意义。

（2）运用多种模型和方法研究海洋产业系统与海洋生态环境系统相互作用关系，弥补已有研究方法单一的问题。在明确海洋产业系统与海洋生态环境系统动态相互作用关系基础上，结合多年时序数据与空间数据，综合运用耦合模型、耦合协调度模型以及脱钩理论和方法，系统测算并深入分析中国海洋产业与海洋生态环境耦合发展所处的阶段，同时综合运用熵权法和集对分析法（SPA）测算出沿海地区的协调发展类型，并将中国海洋经济可持续发展协调能力划分为三个层次，利用改进的 Tapio 脱钩模型研究了中国海洋产业与生态环境脱钩关系的时空格局演变规律，随后，依据所得结论构建出海洋产业与海洋生态环境耦合发展机制和实现路径，完善了原有研究方法浅显的缺陷，使研究结论更具客观性与科学性，提出的优化路径及政策也更具可操作性与实际意义。

（3）尝试构建海洋生态—产业共生耦合模型，为海洋产业与海洋生态环境实现共生发展提供依据。基于海洋产业与海洋生态环境耦合发展存在的问题，提出海洋生态—产业共生耦合测度模型构想，构建海洋生态—产业共生耦合模型，测算出海洋生态—产业共生模型的基本指数，分析出海洋生态—产业复合系统共生协调水平测度，并基于耦合共生关系，对海洋生态安全进行分析，能够在较大程度上丰富海洋生态—产业共生研究内容，填补研究空白，给海洋生态—产业共生耦合发展带来更多启示，使研究成果具有一定前瞻性和可行性。

第六节　研究方法及技术路线

一、研究方法

由于本书研究内容属于边缘性的交叉学科，研究过程涉及海洋经济学、生态经济学、制度经济学、环境经济学、产业经济学、地理学科、生物学科等诸多领域，需要借鉴多门学科领域的相关研究方法。

（1）以多学科理论和技术为支撑开展研究。综合运用海洋经济学、生态经济学、制度经济学、产业经济学、系统动力学理论、突变理论、协同理论、耗散结构理论、产业共生理论等多领域学科，将海洋经济学、生态经济学、制度经济学、产业经济学理论结合起来共同构建海洋产业系统与海洋生态环境系统的耦合与协调发展理论基础；而系统动力学理论、突变理论、协同理论、耗散结构理论、产业共生理论等学科领域理论则为海洋产业系统与海洋生态环境系统耦合发展的要素、结构与功能及其演化机理提供了理论支撑。

（2）文献查阅与实地调研相结合。首先采用广泛阅读参考文献的方法，对前人已有的研究成果进行梳理总结，在了解并掌握海洋产业、海洋生态环境、海洋经济社会发展与环境协调、系统耦合演化机理与耦合机制等相关问题的研究动态和前沿基础上，对沿海省份海洋产业结构、海洋资源、海洋环境及海洋生态整体运行情况进行实地调研，尤其是对山东半岛蓝色经济区的调研更加翔实。对当前海洋生态环境系统状态给海洋经济发展带来的阻碍和影响进行实地考察，同时调研国家海洋局以及沿海省份已经出台的系列海洋生态环境政策措施，掌握海洋产业、生态、环境、经济等发展状况和思路，获取一手资料。

（3）定量研究和定性分析相结合。对海洋产业与海洋生态环境耦合研究从规范性的定性分析和实证性的定量分析两个方面展开，定性分析了海洋产业与海洋生态环境耦合系统的关系、要素构成、结构特征及功能等方面，综合采用逻辑斯蒂方程模型、熵变模型、耗散结构模型及竞合关系模型等系统学方法对海洋产业和海洋生态环境耦合演化机理进行了量的演进分析，同时结合人工神经网络方法（BP神经网络）、耦合度和耦合协调度等模型方法对山东省海洋产业系统和海洋生态环境系统耦合协同发展从质和量两个角度进行了剖析和评价。

（4）实证研究和规范研究相结合。规范分析研究的重点在于确定是非标准，并基于确定的标准去衡量、评价海洋产业系统、海洋生态环境系统运行状态，讨论其运行"应该是什么"。实证分析研究的重点在于对问题进行客观评价和测算，不掺杂是非等价值判断和主观因素，讨论的是"现实是什么"。本书对海洋产业系统与海洋生态环境系统耦合发展问题进行了规范研究，对山东省海洋产业系统与海洋生态环境系统耦合发展过程中出现的问题，及耦合协同程度等问题开展了实证分析，同时，将规范分析和实证分析方法贯穿于书中各章节，实现了战略定位、现状分析和标准设定的综合统筹。

（5）整体性和局部性相结合的方法。本书分析研究综合运用系统论、系统工程理论和方法，将海洋产业系统和海洋生态环境系统看作海洋产业与海洋生态环境耦合系统的两大子系统，强调子系统要适应母系统发展要求，局部发展要服从整体发展的思路，即海洋产业子系统和海洋生态环境子系统要动态适应海洋产业与海洋生态环境耦合系统演进与协同发展，实现研究的整体性和局部性相结合。

二、技术路线

本书的技术路线如图 1 - 1 所示。

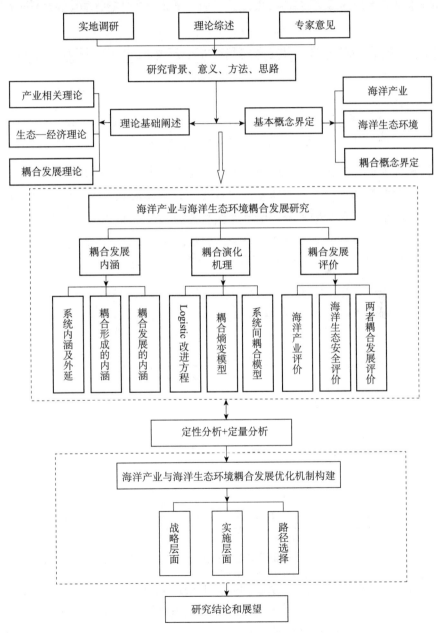

图 1 - 1　本书研究技术路线

第二章
海洋产业与海洋生态环境耦合的基础理论

第一节 基本概念界定

一、海洋产业的概念界定

（一）海洋产业与海洋产业结构的基本内涵

世界主要的海洋国家为满足自身国家海洋战略发展和规划的要求，对渗透于本国国民经济的海洋产业进行了较为系统的统计和研究。目前，各国海洋产业的定义基本类似，主要是基于海洋资源的利用情况进行的分类，但具体内容存在一定的出入，归类标准和产业体系仍存在较大差异（见表 2－1、表 2－2）。

表 2－1 世界主要海洋国家海洋产业分类及构成

海洋国家	产业分类依据	具体内容
美国	《国民经济统计标准产业代码》	海洋工程建筑、海洋生物资源（海洋捕捞、海产品养殖、海产品加工）、海洋矿产、海洋娱乐与旅游、海上运输业、船舶制造与修理业及其他海洋产业活动
	《全国海洋经济计划》	海洋能源和矿产、海洋生物资源、滨海旅游与娱乐、海岸带房地产、海洋交通运输、船舶制造、海上建筑业、海洋科学研究和技术开发活动
加拿大	《北美行业分类体系》	海洋渔业、海洋油气开采业、海洋采石和砂矿业、鱼类和海产品加工业、海洋船舶修造业、海洋仪器和设备制造业、海洋油气提炼加工业、海洋建筑业、海洋交通运输业、沿海旅游业、管道运输业、仓储业、通信业、批发零售业、经营部门的服务业及非经营部门的服务业等

海洋国家	产业分类依据	具体内容
加拿大	《加拿大海洋战略（COS）》	海洋渔业、海洋运输业和船舶制造业、海洋国防业、游船、旅游和娱乐业、石油和天然气业、海底矿床开采业、环境保护业、涉海制造和服务业及其相关产业活动
澳大利亚	《澳大利亚海洋产业统计框架》	商业性渔业、海洋娱乐业、海运业、船舶制造和修理、海洋工程、海上油气、海洋矿产勘探和开发、沿海工程、科学与技术、高科技海洋设备、海洋产业科学与技术教育和培训服务、海洋生物技术、海洋公共管理
	《海洋产业发展战略》	海洋资源开发产业、海洋系统设计与制造、海洋运营与航行、海洋仪器与服务四大类
	《澳大利亚海洋产业的经济贡献：1995—2003 年》	海洋旅游业、海洋石油和天然气业、海洋渔业和海产品加工业、海洋运输业、海洋船舶制造业、海港工业
法国	《2009 年法国海洋经济数据》	滨海旅游业、海产品产业、船舶制造业、海洋和内陆船舶运输、砂石开采、海洋电力、海事活动、海底电缆、海洋油气服务业、银行金融、法国海军和公益海洋研究12 个产业
	《法国海洋经济数据（第四版）》	海洋水产品业、海砂开采业、船舶修造业、海上石油天然气业、能源与发电业、海洋土木工程业、海底电缆业、滨海旅游业、港口与航运业、海洋金融服务业、海军、涉海公益服务业、沿岸和海洋环境保护、海洋科学研究14 类
英国	《产业活动标准产业代码》	海洋渔业、海洋矿产、海洋制造、海洋工程建筑、海洋运输与通信、商业服务与保险、海洋管理、海洋教育与科学研究及其他服务业，内容涵盖现有海洋产业类型，同时还有海事保险与金融、海洋污染防治
	《英国海洋经济活动指标》、《经济活动标准产业分类》（1992 版）	海洋渔业、海洋油气业、海洋采矿业、船舶修造业、海洋可再生能源业、海洋建筑业与工程、航运业、港口服务业、航行与安全、海底电缆、商务服务、许可经营和租赁业、研究和开发、海洋环境业、海洋国防装备业、休闲娱乐业、海洋装备业、海洋教育业
新西兰	《新西兰海洋经济（1997—2002 年）》	海洋矿业、捕捞养殖业、航运业、海洋旅游娱乐业、海洋服务业、制造业、海洋建筑业、研究与教育业、政府和国防部门九大产业
日本	《海洋基本法》	海洋产业分为三类：A 类产业主要是发生在海上的产业活动，也包括发生在水中、海底和底土的活动，如渔业、航运业、油气开发等；B 类产业主要是为 A 类产业提供产品和服务的产业活动，如造船、电子产品制造等；C 类产业的产品是由 A 类产业提供的，并将其转化为自己的产品和服务，如水产品加工、海洋贸易活动等

表2-2　中国海洋产业分类及构成

海洋国家	产业分类依据	具体内容
中国	《海洋经济统计分类与代码》	海洋农/林/渔业、海洋采掘业、海洋制造业、海洋电力和海水利用、海洋工程建筑业、海洋地质勘查业、海洋交通运输业、海事保险业、海洋社会服务业、滨海旅游业、海洋信息咨询服务业、海上体育业、海洋教育和文化艺术业、海洋科学研究与综合技术服务业、国家海洋管理机构
	《全国海洋经济发展规划纲要》	海洋渔业（海洋捕捞业、海水养殖业、水产品精深加工业、海洋渔业资源增殖业以及与海洋渔业有关的第三产业）、海洋交通运输业、海洋油气业、滨海旅游业、海洋船舶工业、海盐及海洋化工业、海水利用业和海洋生物医药业
	《中国海洋21世纪议程》	海洋交通运输业、滨海旅游业、海洋渔业、海洋油气业、海水直接利用、海洋药物业、海洋服务业、海盐业、海水淡化、海洋能利用、滨海砂矿业、滩涂种植业、海水化学资源利用（重水、铀、钾、溴、镁等）、深海采矿业、海底隧道、海上人工岛、跨海桥梁、海上机场、海上城市
	《中国海洋经济统计公报》	海洋渔业、海洋油气业、海洋矿业、海洋盐业、海洋化工业、海洋生物医药业、海洋电力业、海水利用业、海洋船舶工业、海洋工程建筑业、海洋交通运输业、滨海旅游业等
	《中国海洋统计年鉴》	海洋渔业、海洋油气业、海洋矿业、海洋盐业、海洋化工业、海洋生物医药业、海洋电力业、海水利用业、海洋船舶工业、海洋工程建筑业、海洋交通运输业、滨海旅游等主要海洋产业及海洋科研教育管理服务业

　　据《中国海洋统计年鉴》的官方定义，海洋产业指的是开发、利用和保护海洋所进行的一系列生产和服务工作。随着人类开发利用海洋能力的不断提升，海洋产业也由传统的海洋渔业、海洋盐业及海洋交通运输业等基础产业发展演变到目前较为成熟的海洋产业，更有海水淡化、海洋生物医药业、海水综合利用、深海采矿及海洋空间利用等新兴海洋产业方兴未艾。

　　"结构"指的是组成整体的各个部分的存在状态和排列方式，在自然科学领域中的研究应用较多，直到20世纪40年代才逐渐形成"产业结构"这一定义，并提出产业结构用于阐述产业内部的相互关系及产业之间的关联关系。随着对产业经济研究的不断拓展和深入，产业结构的理论体系也逐渐发展成熟。与陆地产业结构一样，海洋产业结构的优化也是海洋生产要素合理配置和协调发展的结果，《中国海洋统计年鉴》将中国海洋产业结构划分如下（见表2-3）：

表 2 - 3　传统海洋产业分类

分类	主要内容	具体解释
海洋第一产业	海洋渔业	包括海水养殖、海洋捕捞、海洋渔业服务业和海洋水产品加工等活动
海洋第二产业	海洋油气业	海洋中勘探、开采、输送、加工原油和天然气的生产活动
	海洋矿业	包括滨海砂矿、海滨土砂石、海滨地热与煤矿及深海矿物等的采选活动
	海洋盐业	是指利用海水生产以氯化钠为主要成分的盐产品活动,包括采盐和盐加工
	海洋船舶工业	是指以金属或非金属为主要材料,制造海洋船舶、海上固定及浮动装置的活动,以及对海洋船舶的修理及拆卸活动
	海洋化工业	包括海盐化工、海水化工、海藻化工及海洋石油化工的化工产品生产活动
	海洋生物医药业	是指以海洋生物为原料或提取有效成分,进行海洋药品与海洋保健品的生产加工及制造活动
	海洋工程建筑业	是指在海上、海底和海岸所进行的用于海洋生产、交通、娱乐、防护等用途的建筑工程施工及其准备活动
	海洋电力业	是指在沿海地区利用海洋能、海洋风能进行的电力生产活动,不包括沿海地区的火力发电和核力发电
	海水利用业	是指对海水的直接利用和海水淡化活动,包括利用海水进行淡水生产和将海水应用于工业冷却用水和城市生活用水等,不包括海水化学资源综合利用活动
海洋第三产业	海洋交通运输业	是指以船舶为主要工具从事海洋运输及为海洋运输提供服务的活动
	滨海旅游业	是指以海岸带、海岛及海洋各种自然景观、人文景观为依托的旅游经营、服务活动,主要包括海洋观光、休闲娱乐等

上述传统海洋产业分类沿用了产业分类的一般规律,是以调整海洋产业结构和比例,追求海洋经济效益最大化为目的,并未考虑对海洋资源的消耗和对海域生态环境的影响。因此,传统的海洋产业分类方法掩盖了海洋产业的环境属性,即对海洋环境的破坏程度及对海洋环境质量的需求程度,也无法揭示不同的区域发展对不同环境属性的海洋产业的选择和发展差异。虽然有学者提出传统三次产业演进路径不适用于海洋产业,并指出海洋三次产业演进规律具有其独特的发展规律(朱坚真和孙鹏,2010),但也忽略了海洋产业演进过程中的环境问题。

(二)传统海洋产业分类法下的海洋生态环境评价

不同类型的海洋产业在其发展过程中,从海洋环境中吸取所需要的资源、释放出各种产品和废弃物,对海洋生态环境产生不同的压力或胁迫。因此,下面基于我国海洋产业发展的实际情况，在传统海洋产业分类的框架内研究海洋三次产业对海洋生态环境的影响。

（1）海洋第一产业对海洋生态环境的影响。海洋第一产业主要是指海洋渔业、海洋渔业服务业及相关产业，其中的海洋渔业主要包括海水养殖、海洋捕捞及海洋渔业服务业等活动。海洋第一产业对生态环境影响的不利方面在于海洋渔业的不合理利用：

1）海水养殖业。海水养殖业具有巨大的发展潜力和广阔的发展空间，具有起步晚、基础薄弱的特点，其快速发展的同时也带来种种问题。饵料的过量投放、有机肥料的施加及养殖生物排泄物和残骸构成了水中有机物来源的主体，其分解过程不仅消耗水中的溶解氧，还会产生大量以氨氮为主要成分的产物，易引发邻近海域水体富营养化或水质恶化；养殖过程中化学药品的大量使用，包括各种消毒剂、抗生素、激素等，通过食物链的层层富集，对人们的健康带来隐患；水体污染导致养殖生物中毒事件时有发生，降低海洋生态系统的生物多样性。

2）海洋捕捞业。过度捕捞、捕捞渔具选择随意性大、捕捞结构失调、重要栖息地破坏及海域环境污染等问题导致部分地区鱼类资源枯竭，鱼类繁殖过程受破坏，降低海洋生态系统的稳定性。海水养殖过程中饵料过量投放引发的养殖水体富营养化，导致赤潮等海洋生态灾害频发，不合理的海水养殖还会对海洋生物多样性等造成危害；过度捕捞使我国部分海域的原始渔业资源严重破坏，资源结构和组成严重恶化，渔业资源濒临枯竭，鱼类的繁殖过程受破坏，降低海洋生态系统的稳定性。总的来看，海洋第一产业对生态环境的不良影响非常大。

（2）海洋第二产业对海洋生态环境的影响。海洋第二产业是指海洋渔业中的海洋水产品加工、海洋油气业、海洋矿业、海洋盐业、海洋化工业、海洋生物医药业、海洋电力业、海洋船舶业、海洋工程建筑业及海洋相关产业中属于第二产业范畴的部门。海洋第二产业的生产特点决定其能耗、物耗水平以及入海污染物的产生及排放程度要远高于海洋第一产业和第三产业。海洋第二产业的迅速发展，特别是海洋油气业、海洋矿业等产业的发展，主要是通过消耗大量能源和矿产等不可再生资源来实现的，由其产生的污染物对海洋生态环境形成胁迫效应，当超过海洋环境承载力时，必将导致海洋生态环境日趋恶化。

在海洋第二产业内部，由于各行业资源使用种类、工艺流程和资源密集度都存在较大差异，对海洋生态环境的影响程度也不尽相同。通常情况下，资源密集型行业的能耗、物耗和污染要大于劳动密集型或技术密集型行业。以山东省为例，海洋第二产业中的海洋油气业、海洋矿业、海洋盐业及海洋化工等属于资源密集型行业，是以大量消耗矿产、能源等不可再生资源为代价，工业污染物作为行业生产在所难免的附属产物，长期积累对海洋生态环境形成的胁迫效应不可小觑；海洋生物医药、海洋工程建筑等属于能耗及污染水平中等或较低的行业，海洋水产品加工及海洋船舶工业等加工制造业属于能耗水平较低的行业。但目前，我国主要海洋产业产值构成中，资源密集型行业仍占有较高的比重，海洋工业重型化特征较为明显，加剧了对海洋生态环境的胁迫。

（3）海洋第三产业对海洋生态环境的影响。海洋第三产业是指除海洋第一、第二产业以外的其他行业，包括海洋交通运输业、滨海旅游业、海洋科研教育管理服务业及其他海洋相关产业。海洋第三产业对环境的影响相对于海洋第一、第二产业是比较小的，海洋第三产业对环境资源的依赖性相对较小，但海洋交通运输业、滨海旅游业等行业的发展仍对海洋环境质量有直接影响，若管理不当也会对环境产生有害影响，甚至导致一些天然景观的消失。目前，我国对海洋生态环境影响最大的第三产业是滨海旅游业，滨海旅游业的发展对旅游资源要素和海洋生态环境系统都有不利影响，而滨海旅游产业也最有条件和优势培育成海洋优势产业。近年来，滨海旅游开发势头强劲，游客旅游消费需求也不断上升，因此，培育滨海旅游业等海洋优势产业、保持海洋生态环境系统的良性循环是中国海洋经济实现可持续发展的首要选择。

（三）基于环境属性的海洋产业重分类

传统海洋产业分类方法不能反映海洋产业对生态环境的影响程度，以致人类对海洋环境的索取超过其承载能力，造成严重的生态危机，威胁海洋经济的可持续发展。因此，从新的角度探讨海洋产业分类标准，基于环境属性选取"产业环境需求"和"产业环境胁迫"两个指标对海洋产业进行重新划分，以便更好地揭示区域发展对不同环境属性的海洋产业选择情况，实现海洋产业和生态环境的协调发展。"环境需求"是指海洋产业对海洋生态环境的质量高低的要求；"环境胁迫"是指海洋产业对海洋生态环境的破坏程度。

（1）产业环境需求。研究表明，人们对周围生态环境质量的需求与其受教育程度、收入水平等因素呈显著的正相关，根据人力资本理论，按照学历计算各个产业的相对收入水平作为产业的环境需求的替代指标，表示为：

$$Edu_{it} = \sum_{i=1}^{7} \sum_{t=1}^{40} ELP_{it} (1 + a)_i^n \qquad (2-1)$$

其中，ELP_{it} 为行业 i 学历水平从业人员的比重，且 $i = 1, 2, \cdots, 7$；t 为从业人员的一般工作年限，且 $t = 1, 2, \cdots, 40$；$(1 + a)_n^n$ 为根据明瑟教育收益率 a 计算的 i 学历从业人员的收益水平，且 a 取值为 10%；n 为 i 学历从业人员的受教育年限，且 $n = 1, 2, \cdots, 21$。结合各行业平均收入和学历收益率，基于海洋产业的环境需求可将海洋产业划分为高需求行业（HD）和低需求行业（LD）。

（2）产业环境胁迫。按照可持续发展的要求，利用 2001～2012 年时间序列数据，选取各产业单位产值资源消耗强度和污染排放强度作为依据，对海洋产业进行重新划分，分析了近年来中国海洋产业与生态化实现程度的动态变化过程。根据我国海洋产业部门的实际情况和数据的可得性，选取单位产值资源消耗强度、单位产值工业废水排放量和单位产值工业固体废弃物产生量等指标，在一个特定的时间截面上，将海洋产业部门划分为低污染行业（LP）、中污染行业（MP）和高污染行业（HP），为通过调整海洋产业结构降低能源消耗和控制环境污染提供依据。

（3）基于环境属性的海洋产业划分结果。把各个行业的产业环境需求划分为高需求和低需求两部分，同时也把各个行业的产业环境胁迫按照单位产值工业废水排放量、单位产值工业固体废弃物排放量划分为高污染、中污染和低污染三部分，将产业环境需求和产业环境胁迫组合，形成二维矩阵，对海洋产业类型进行重新划分，可得到 2×3 矩阵，划分为 6 个区（见表 2-4）。以下 6 种海洋产业类型划分是在当前经济技术水平和发展水平下进行的，随着科技的进步、海洋产业技术含量的增加、资源利用水平及生产过程的日益完善，各类海洋产业的资源消耗强度和污染排放强度也会随之发生变化，因而，基于环境属性的海洋产业类型的划分是相对的，在不同条件不同时期是可相互转化的。

表 2-4　新的海洋产业类型及行业

类型	海洋产业
低需求低污染（LD-LP）	海洋捕捞业、海洋工程建筑业、低端涉海服务业
低需求中污染（LD-MP）	海洋船舶制造业、采盐及盐加工、海洋水产品加工业
低需求高污染（LD-HP）	海滨砂矿、海洋非金属矿物制造
高需求高污染（HD-HP）	海洋电力供应、海洋石油加工、海水化工、海藻加工
高需求中污染（HD-MP）	海水养殖业、滨海旅游业、涉海电子及通信业
高需求低污染（HD-LP）	海洋生物医药、海洋保健品加工、海洋交通运输业、海洋信息服务业、海洋保险和涉海保障、海洋社会团体及国际组织、海水利用业、海洋科学研究、海洋教育文化传播、海洋环境保护和环境监测预报、海洋地质勘查业

研究数据主要来源于 2002～2013 年《中国统计年鉴》、《中国海洋统计年鉴》、《中国环境统计年鉴》、《中国海洋经济统计公报》、《海域使用管理公报》、《中国海洋发展报告》、《中国海洋环境质量公报》、《中国海洋灾害公报》、《中国海平面公报》、国家海洋局网站、中国科技部网站、国家统计局网站及地方统计局网站等，部分较难获得的数据由笔者根据资料整理而得。为了认清不同类型的海洋产业对海洋环境需求、环境胁迫程度的历史过程，按照上述行业重新分类依据，运用 2001～2012 年截面数据，统计出新的分类标准下我国海洋产业变动情况（见图 2-1）。

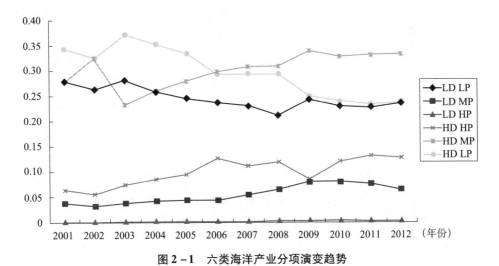

图 2-1 六类海洋产业分项演变趋势

统计结果表明，各类海洋产业在海洋经济中所占的比例处于动态变化之中，不同海洋产业的比重代表了不同的海洋经济结构，图 2-1 反映了我国近 12 年来按照环境属性划分的海洋产业变动情况。在新的海洋产业分类标准下，首先是 HD-MP 海洋产业占主导地位，HD-LP 和 LD-LP 海洋产业分别居第二、第三位，这三类海洋产业产值占比均超过 20%；随后是 HD-HP 和 LD-MP，位居最后的 LD-HP 海洋产业产值占比不到 0.3%。根据上述海洋产业演化规律，目前我国的海洋产业结构不利于可持续发展目标的实现，应对其进行调整和优化。2001～2012 年我国 HD-HP 海洋产业产值占比呈波动上升趋势，由 2001 年的 6.31% 上升到 2012 年的 12.67%，实现加倍增长；HD-MP 海洋产业产值占比由 27.8% 上升到 33.28%，跃居榜首且上升势头强劲；LD-MP 海洋产业和 LD-HP 海洋产业上升趋势缓慢，2012 年海洋产业产值占比分别为 6.49% 和 0.22%。LD-LP 海洋产业和 HD-LP 海洋产业均呈现下滑趋势，其中 HD-LP 海洋产业产值占比由最初的

34.32%下降至23.76%，位于HD-MP海洋产业产值占比之后，表明我国的海洋产业环境胁迫压力不断上升，海洋资源和环境压力持续加大。

从产业环境胁迫情况来看（见图2-2），2001～2012年我国海洋产业的演进情况不容乐观，LP海洋产业产值比重呈下降趋势，由2001年的62.19%下降到2012年的47.35%，下降趋势明显；MP和HP海洋产业占比均呈上升趋势，其中HP海洋产业产值占比更是实现加倍增长，MP海洋产业占比上升8.3个百分点，涨幅达26.34%。从产业环境需求情况来看（见图2-3），LD和HD海洋产业发展趋势平稳，HD海洋产业占主导优势，产值占比近70%，高需求的海洋产业有着广阔的发展空间。

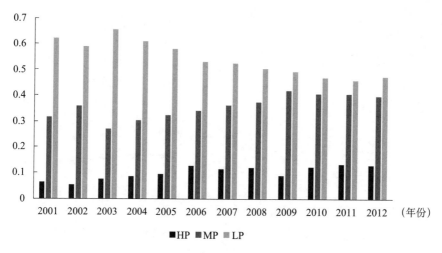

图2-2 产业环境胁迫情况

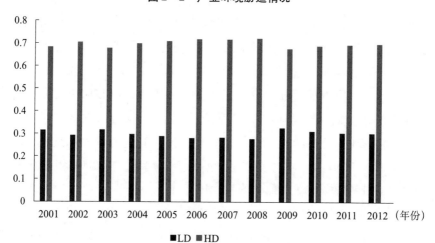

图2-3 产业环境需求情况

结合上述分析，得出以下结论：

（1）限制、改造低需求高污染的海洋产业。海滨砂矿、海洋非金属矿物制造等高污染排放的海洋产业严重影响海洋资源环境的承载力，且对该类海洋产业的需求相对较低，应适度限制其规模和数量，将开发重点放在内涵的挖掘上，依托高新技术对其进行更新改造，提高能源和资源的利用效率，降低对海洋环境的破坏程度，提高单位产品的附加值。

（2）鼓励、扶持高需求低污染的海洋产业。高需求低污染的海洋产业符合可持续发展的要求，是实现海洋产业结构和生态环境协调发展的方向和最终目标，所以应积极鼓励和扶持。要以高技术含量、高产品附加值、高市场竞争力为目标，大力培育海洋信息服务业、海洋保险和涉海保障、海水利用业、海洋科学研究、海洋教育文化传播、海洋环境保护、海洋地质勘查业等海洋产业，不断完善政策、资金、技术和人才等方面的条件，为该类海洋产业创造良好的生长空间。

（3）严格规划管理高需求高污染的海洋产业。充分重视高需求高污染海洋产业对海洋生态环境造成的压力，大力推行清洁生产技术。海洋电力供应、海洋油气、海洋化工等产业属于基础产业，同时也是能耗大户，对该类产业应从原料选择、工业革新到提升管理等方面，降低产业能耗和物耗，减少产业废弃物的排放，控制和削减环境负荷，提升海洋经济的运行质量。

（4）适度发展高需求中污染的海洋产业。海水养殖业、滨海旅游业、涉海电子及通信业是新兴海洋产业，对这类高需求中污染的海洋产业应注重海洋产业结构调整和技术改造同步推进，在满足海洋经济发展需求的同时，通过采用最新的海洋环境保护技术、生产工艺等，降低这些海洋产业的环境压力。如海水养殖业要向低耗、少污转变，采用高效、低残留的养殖新产品，最大程度提高海洋产品的附加值，提升产品的市场竞争力。

（5）稳步推进低需求低污染的海洋产业。海洋捕捞业、海洋工程建筑业和低端涉海服务业等海洋产业的发展趋势较为平稳，对这类低需求低污染海洋产业应注重提高其产品附加值，使其向着高需求低污染海洋产业发展，促进海洋产业结构的升级调整，同时，在发展过程中还应注重产业发展与生态环境协调发展，避免加重其对生态环境的胁迫。

（6）控制发展低需求中污染的海洋产业。对低需求中污染海洋产业的发展应引起足够重视，分析得出这类海洋产业 2001～2012 年产值占比翻了一番，应避免其向高污染海洋产业发展，同时充分利用国内外两种资源、两个市场，有选择性地发展建设国外生产基地，对新建企业进行海洋环境影响质量评价，严把质量关，全面做好规划，同时加强企业管理，建设生态产业链，加强海洋资源的综合利用效率，增加企业产品种类，实现废弃物资源化。

二、海洋生态环境的概念界定

"生态环境"一词的出现频率很高，但目前学者对其内涵的定义并不统一。生态学意义上的"生态环境"是以人类为中心，强调在一定的时间和空间范围内，运用生态系统理论揭示生态学的基本原理，并以此为基础进行解构和理解的环境概念。在这种定义下，主体对象的环境是由生态系统各个因素加和构成，其中，主体对象与其相关的生态系统之间的联系属于多学科研究范畴，涵盖系统论、生态学和环境科学等多学科知识，典型的主要有三种：生活环境、自然环境与人工环境。三者的不同之处在于：生活环境是人工环境的一种，人工环境是人类以生态学规律和原理构筑的生产和生活环境。自然环境是指生态学意义上的、系统的结构和功能未受到外界干扰、未被影响和改变的生态环境，因此，完全意义上的自然环境在现代几乎是不存在的。自然环境按受影响程度的大小分为：部分受影响的自然环境、几乎未受影响的自然环境和完全未受影响的自然环境。以海洋生态系统结构和功能的改变来阐述和界定海洋生态环境的变化，海洋生态系统中缺少任一要素，都将引起海洋生态环境状态发生变化。若某一功能完全丧失，也就是海洋生态环境的恶化，则会引起海洋生态系统正反馈的自组织震荡，致使海洋出现水体富营养化等水生态环境恶化的表征现象，海洋生态环境陷入恶性循环之中。

总的来看，对"生态环境"的认识可分为两种：一种认为"生态环境"不能合用，而应替换为"生态"与"环境"，"生态"指的是生物与环境之间的相互关系，从其涵盖的范围上讲，"生态"包括生物、环境及生物与环境的关系三个要素。按照国际通用准则，在恰当的地方采用"环境""生态系统""环境保护"等说法。另一种主张"生态环境"可以继续使用，但对其具体内涵还未形成一致的结论，如：部分学者认为"生态环境"是"生态和环境"的并列结构，"生态"和"环境"有其各自的内涵，这种观点在解释生态学与环境学发展日益成熟的今天，"生态环境"一词使用频率有增无减上显得苍白无力；也有将"生态环境"理解为"生态"或"环境"，当某事物或者某问题既涉及生态又涉及环境时，或分不清是生态还是环境问题时，就用"生态环境"，如生态环境问题或某区域生态环境，这也是中国语言的微妙所在；也有学者认为"生态环境"是一个偏正结构，即从语言学的角度分析，"环境"是个多义词，一般需要加上其他语言成分，"生态"是用来修饰"环境"的定语，是生物和影响生物生存和发展的外界关系的总称；还有学者从自然因素的角度将"生态环境"定义为"自然环境"，认为生态环境就是生态系统，是和人类关系最密切的那部分自然环境，属于环境研究的范畴，这种提法违背了生态系统是各成分之间通过物质循环和能量流动而相互联系起来的有机整体；比较合理的定义是从生态学角度进行的界定，将"生态环境"定义为由各种关系构成的环境，并与相联系的特定主体在特定的关系空间相互作用，这个定义在科研和管理上都易于理解。

本书认为，生态环境即指在一定的环境和空间条件下，以特定的生物体（包括人类）为中心，多元复合生态系统内生物自身、生物与外部环境之间相互作用、相互影响，不断进行能量流动和物质交换的总和，强调生态系统的整体性和协同进化。海洋生态环境作为生态环境的一种特殊类型，是海洋生物存在和发展的基本条件，海洋生物的生存发展依赖于海洋生态环境，海洋生态环境又反过来影响海洋生物的繁衍生息。研究将海洋生态环境定义为：包括人在内的生命有机体的环境，同时也是海洋生物赖以生存和发展的各种环境因素的总和。良好的海洋生态环境是海洋生物得以生存和繁育的重要条件，而海洋生态环境的失衡极易破坏海洋生物资源的多样性和海洋生态系统的平衡。那么，接下来的问题是，"海洋生态环境"是否与"海洋自然环境"等义呢？人们通常将"海洋自然环境"理解为不包括人类在内的，即人与"海洋自然环境"是两个不同的独立客体，与此相反，"海洋生态环境"是包括人类在内的，是海洋生物和影响海洋生物生存与发展的一切外部条件的总和。因此，是否包括人类在内便成为区别"海洋生态环境"与"海洋自然环境"概念的关键所在。

海洋生态环境不同于单一的环境因子，是生命在有限的时空范围内所依存的各种物质条件与生态过程的功能性整合，具有自身的特殊性。从生态环境的自然属性和功能属性考虑，海洋生态环境主要有以下特点：

（1）整体性和区域性。海洋生态环境的整体性，是指海洋生态环境的各个组成部分或要素构成一个完整的系统，因此也可以称作系统性。系统内的各个环境要素之间相互影响、相互作用。海洋生态环境的区域性，是指海洋生态环境的区域差异，不同地理位置不同海域的生态环境有其独特的属性。海洋生态环境的整体性和区域性这个特点，可以使人类选择一条开发、改变、破坏等利用自然资源和保护海洋生态环境的道路。海洋生态环境要素之间的有机联系，使海洋生态环境的整体性、完整性和组成要素之间密切联系，任一海域内的某一要素发生变化，均有可能对邻近海域或其他要素产生直接或者间接的影响。当外界的环境变化程度超过海域承载力时，就会直接影响海洋生态系统的循环，从而导致海洋生态环境的破坏。

（2）变动性和稳定性。海洋生态环境的变动性，是指在自然和人为因素的作用下，生态环境的内部结构和外在形态自始至终处于动态变化中。海洋生态环境的稳定性，是指生态环境系统自身具有一定的调节能力和恢复能力，只要人类的活动对生态环境的影响不超过海洋环境的净化和修复能力，海洋生态环境就能依靠自身的调节能力将这些消极影响逐渐消除，直至恢复其原始状态，保证海洋生态环境结构和功能的稳定。

（3）生态环境的容纳性。全球海洋的容积为 1.37×10^9 立方公里，占地球总水量的97%以上。海洋作为一个环境系统，其内部发生着各种类型和尺度的海水运动或波动，这也是海洋污染物运输的重要动力所在。海洋生态系统对排入其中的海洋污染物，能通过自身的物理、化学和生物的净化作用，将污染物的浓度逐渐降低直至消除。但海洋的净化能力存在一定的局限性，超过海洋生态系统的净化能力必将引起海洋生态环境的退化。

三、耦合的概念界定

耦合是指两个或两个以上的形式或系统之间的相互影响、彼此作用的关系，最初是被应用在物理学领域，现在逐渐延伸到各个领域研究中。从物理学的角度来讲，典型的解释有单摆耦合，即两个单摆之间通过弹簧连接，则两者的摆动就相互影响，此起彼伏。进一步将耦合的概念延伸到系统中，假设研究系统 A 与系统 B 的关系，就可以将系统 A 与系统 B 各自的耦合因素相互作用、彼此影响的现象解释为 A-B 耦合。从耦合的定义分析看，耦合的作用结果或者是积极的促进作用（正向耦合）或者是消极的抑制作用（逆向耦合），为了研究的实际需要，通常我们研究其积极的促进作用，也就是正向耦合作用。此处研究的海洋生态系统的耦合发展也是实现海洋生态系统从无序到有序、从局部到整体的过程，不单是海洋生态系统内部各要素之间的正向耦合，更是要促进系统各要素的协同、促进发展，因此，系统耦合是整个海洋生态系统全方位的提升和优化。

由于学科研究的不同需要，耦合的概念逐渐被应用到环境经济学、生态经济学、产业经济学、地理学、农业经济学、区域经济学等不同领域。近年来，耦合的概念在自然和经济社会领域被定义为：两个及两个以上的系统，通过系统之间原有的某种因果关系相互作用整合形成一个全新的系统，也就是通常所说的"系统耦合"（System Coupling）的概念。在系统耦合过程中，会产生一系列错综复杂的变换，其中主要就是系统自身的影响因素在系统耦合过程中进行的信息、能量和物质等的循环和流动过程。系统耦合通常会产生两种结果：一种是改变原有系统之间相互独立、各自运作的发展模式，打破系统间相互割裂的局面，通过系统之间的有效耦合形成新的有机主体；另一种是通过系统耦合，能将不同系统的功能结构与运行机制进行有机整合，形成新的功能结构和运行机制，产生"1 + 1 > 2"的耦合效果。

与系统耦合有着一体两面关系的是系统相悖。两者的共同之处在于系统耦合与系统相悖均是在生态系统内的生态位、时间和空间三个维度上起作用。不同之处在于：系统耦合也称为良性耦合，指的是系统要素之间相互促进、密切配合，使系统的结构得以优化、功能得以加强，系统整体向着更加有序的方向发展；系统相悖也称为恶性耦合，指的是系统要素之间相互干扰、彼此抑制，使系统的结构错乱、功能削弱，系统整体趋向于无序状态的逆向发展。系统耦合产生的正耦合作用或正耦合效应能有效促进系统结构与环境条件之间的协调发展，而系统相悖产生的逆耦合效应则与之相反。因此，系统耦合形成的新的有机主体能有效弥补原系统自身运行机制和功能结构的不足，通过调节和缓解系统间的矛盾，构建一种和谐发展局面，实现原有系统之间协同发展的目标。

在系统耦合中，还有两个比较重要的概念是"协调"和"协调度"。协调是指两种或两种以上相互关联的系统或系统要素之间相互协作、相互促进的一种良性循环趋势。协调是耦合的一种高级状态，也可以说是良性的系统耦合。协调度则体现了系统从无序走向有序的趋势，或者说是衡量系统之间或者系统内部各要素协调作用的程度，是定量判断协调状况好坏程度的指标。协调度与耦合度又存在一定的区别：协调度指的是系统之间相互作用的良性耦合程度，体现着系统间协调状况的优劣程度；而耦合度则不分优劣，用来描述系统内部或系统各要素之间相互影响程度的强弱，也可以理解为系统之间的密切关系程度，也就是相互依赖程度。从协同学的角度上看，协调度和耦合度决定着系统在临界状态的走势情况，或者说决定着系统从无序走向有序的趋势。

需要说明的一点是，耦合（Coupling）与复合（Composition）的概念是有区别的。耦合的前提是各子系统之间存在较为密切的关系，且这种关系通常发生在耦合系统形成过程中；而复合是指混合、合成，与耦合系统的本质区别在于，复合系统在其形成过程中，各子系统之间不一定发生着密切的功能或结构关系。海洋产业与海洋生态环境这两个子系统是相互影响、相互关联的，两大子系统形成的系统即是耦合系统，该耦合系统是通过各自构成要素、结构和功能相互作用的，这种耦合关系是各种非线性关系的总和。理想情况下的耦合状态是指海洋产业与海洋生态环境两大子系统形成良性互动，构成新的有机整体，提高耦合系统的整体运行效果，这种状态也称为高水平耦合状态。

系统科学观点与协同思想及理论应用于海洋产业与海洋生态环境的关系分析中，可以得出两者具有交互、耦合的关系。

第二节　海洋产业与海洋生态环境耦合的理论依据

一、产业结构相关理论

随着人类财富的不断积累，产业结构理论也随之不断发展和完善。总的来说，产业结构理论主要包括产业结构演变理论和产业结构调整理论。

（一）产业结构演变理论

（1）配第—克拉克理论。根据配第—克拉克理论，劳动力的发展演变会随着经济水平的提升而变化，最初是由第一产业逐渐流向第二产业，当经济水平发展到一定程度时，劳动力便会流向第三产业。此外，配第—克拉克定理还可通过对一个国家时间序列数据的对比和不同国家横截面数据的对比，判断一个国家产业结构所处的阶段及特点，由此制定合理的产业政策。另外，其还能对一国未来的就业前景进行预测，从而制定相应的劳动就业政策。

（2）库兹涅茨理论。部门的生产产值比重与劳动力投入比重的比例关系就是比较劳动生产率，这一概念能综合反映出该部门在国民经济中的贡献率大小。库兹涅茨产值结构标准如表 2 - 5 所示。

表 2 - 5　库兹涅茨的产值结构标准（1975 年）

行业名称	人均国民生产总值的基准水平（1958 年，美元）				
	70	150	300	500	1000
农业	48.4	36.8	26.4	18.76	11.7
工业和制造业	20.6	26.3	33.0	40.9	48.4

续表

行业名称	人均国民生产总值的基准水平（1958 年，美元）				
	70	150	300	500	1000
制造业	9.3	13.6	18.2	23.4	29.6
建筑业	4.1	4.2	5.0	6.1	6.6
商业服务业	31.0	36.9	40.6	40.4	39.9

（3）钱纳里理论。第二次世界大战以后，钱纳里利用发展中国家建立了多国模型，基于回归方程建立了市场占有率模型，并以此为基础提出了标准产业结构。依据人均国民生产总值，钱纳里将经济发展过程划分为三个阶段六个时期，以此来解释从不发达经济到成熟工业经济的发展历程（见表 2-6 至表 2-9）。钱纳里同时指出，从任一发展阶段向更高级发展阶段的跃迁都是依靠产业结构的推动来实现的。

表 2-6　钱纳里工业化阶段理论

初期产业	第一阶段	不发达经济阶段，产业结构以农业为主，没有或极少有现代工业，生产力水平很低
	第二阶段	工业化初期阶段，产业结构由以农业为主的传统结构逐步向以现代化工业为主的工业化结构转变，这一时期的产业主要是以劳动密集型产业为主
中期产业	第三阶段	工业化中期阶段，由轻型工业的迅速增长转向重型工业的迅速增长，非农业劳动力开始占主体，第三产业开始迅速发展，也就是所谓的重化工业阶段，这一阶段产业大部分属于资本密集型产业
	第四阶段	工业化后期阶段，第三产业开始由平稳增长转入持续高速增长，并成为区域经济增长的主要力量。第三产业尤其是新型服务业发展迅速
后期产业	第五阶段	后工业化社会，由资本密集型产业为主导向以技术密集型产业为主导转换，同时生活方式现代化，技术密集型产业的迅速发展是这一时期的主要特征
	第六阶段	现代化社会，第三产业开始分化，知识密集型产业开始从服务业中分离出来，并占主导地位

表 2-7　钱纳里的工业化结构标准（1989 年）

产业类别		人均国民生产总值的基准水平（1980 年，美元）				
		300	500	1000	2000	4000
		农业社会	工业化初期	工业化中期	工业化后期	现代社会
产值构成（%）	第一产业	39.4	31.7	22.8	15.4	9.7
	第二产业	28.2	33.4	39.2	43.4	45.6
	第三产业	32.4	34.9	37.8	41.2	44.7

续表

产业类别		人均国民生产总值的基准水平（1980 年，美元）				
		300	500	1000	2000	4000
		农业社会	工业化初期	工业化中期	工业化后期	现代社会
就业构成（%）	第一产业	74.9	65.1	51.7	38.1	24.2
	第二产业	9.2	13.2	19.2	25.6	32.6
	第三产业	15.9	21.7	29.1	36.3	43.2

表 2-8　钱纳里的劳动力结构标准（1970 年）

产业类别	人均国民生产总值的基准水平（1964 年，美元）							
	100	200	300	400	600	1000	2000	3000
第一产业	46.3	36.0	30.4	26.7	21.8	18.6	16.3	12.4
第二产业	13.5	19.6	23.1	25.5	29.0	31.4	33.2	38.9
第三产业	40.2	44.4	46.5	47.8	49.2	50.0	49.5	48.7

表 2-9　钱纳里的比较劳动生产率结构标准（1970 年）

产业类别	人均国民生产总值的基准水平（1964 年，美元）							
	100	200	300	400	600	1000	2000	3000
第一产业	0.68	0.61	0.61	0.61	0.63	0.65	0.69	1.18
第二产业	1.41	1.18	1.13	1.09	1.05	1.02	1.00	0.97
第三产业	1.80	1.80	1.57	1.45	1.31	1.23	1.15	0.94

（4）霍夫曼理论。根据霍夫曼理论，工业化进程可以分为以下阶段（见表 2-10）：

表 2-10　工业化进程阶段内容

阶段	体现
第一阶段	消费品工业的生产在制造业中占据主导地位，而资本品工业的生产相对落后
第二阶段	资本品工业的发展速度快于消费品工业的发展速度，但资本品工业的生产规模仍与消费品工业的生产规模存在较大差距
第三阶段	资本品工业持续发展，且其生产规模迅速扩大直至与消费品工业的生产规模持平
第四阶段	资本品工业的生产占据主导地位，其生产规模远超过消费品工业的生产规模，基本实现了工业化

（二）产业结构调整理论

（1）马克思主义的结构理论。根据产品的不同用途，马克思将产品分为两大部类，即生产资料 I 和消费资料 II：①I（$V + M$）= II（C），第 I 部类生产资料和第 II 部类消费资料应该保持恰当的比例关系。②I（$V + \Delta V + M/X$）=

Ⅱ（$C + \Delta C$），社会再生产的正常运转，需要第Ⅰ部类生产资料和第Ⅱ部类消费资料保持恰当的比例关系。马克思的这一社会生产两大部类及其协调发展理论，也因此成为经济学史上重要的产业结构理论。

（2）刘易斯的二元结构转变理论。中国长期存在着二元经济结构，即传统农业部门和现代工业部门并存的经济结构。在特定的水平下，传统农业部门的边际劳动生产率较低，劳动者靠自己的劳动仅能获得最低的工资水平；而现代工业部门的边际劳动生产率远高于传统农业部门，因此，工业部门能吸引大批的农村剩余劳动力涌入，为其提供充足的劳动力补给。随着工业城市的不断发展壮大，资本家不断扩大其投资规模，将其所获利润进行再投资，从传统农业部门中吸收的劳动力越来越多，劳动力规模也不断壮大。当农村剩余劳动力转移到一定程度后，农村劳动力的边际劳动生产率开始提高，而工业部门劳动力的边际劳动生产率则不断降低，最终两者实现所谓的刘易斯现代经济增长。

二、生态经济系统理论

生态经济系统是由生态系统与经济系统耦合而成，人类劳动和技术是整个系统形成的推动力量。生态经济系统承载着物质循环、能量流动、信息传递和价值增值等作用，是所有经济活动的载体。生态系统与经济系统耦合形成生态经济系统，因此，生态经济系统是两大系统的耦合统一体。其中，生态系统能够满足人们生产、生活的需求，是整个耦合系统的物质基础。生态经济系统整个运行过程是人们有计划地利用和开发自然资源的过程，以实现优化配置、合理利用各种资源要素。人类劳动和技术的投入是生态经济系统耦合的必然要素，劳动过程中的技术投入也产生了价值的增值。因此，生态经济系统在物质、能量、价值和信息上体现其具体功能，四种要素之间相互影响、彼此作用，形成了投入产出的有机整体。生态系统、经济系统及生态经济耦合系统的范畴及应用，对人类财富的创造、经济社会的进步产生着深远影响。

根据生态经济系统的定义，结合海洋自身的发展特征可以得出，海洋生态经济系统是一个复杂的耦合系统，指的是基于技术和经济手段，海洋生态系统和海洋经济系统相互作用、相互影响、相互渗透构成的具有一定结构和功能的特殊复合系统。从上述定义分析来看，海洋生态系统和海洋经济系统耦合过程不仅涉及海洋生态环境管理过程，还涉及海洋经济生产环节。在这个过程中，人类是重要的参与主体，也正是由于人类作用其中，导致海洋经济系统有其特殊性，决定着海洋经济系统的发展依赖于海洋生态系统，也因此形成了海洋经济系统与海洋生态系统相互依存、协调共生的耦合关系。两大系统之间的互动关系如图 2 - 4 所示。

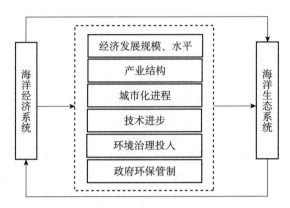

图 2 - 4　海洋生态系统与海洋经济系统的相互作用

三、外部性理论

（一）经济活动的外部性

外部性的概念是马歇尔于 1890 年在其《经济学原理》一书中首次提出，包括"外部经济"（External Economies）和"内部经济"（Internal Economies）这一对概念。20 世纪 30 年代，福利经济学家庇古教授补充了"外部不经济"和"内部不经济"的概念，认为当私人成本与社会成本、私人收益和社会收益不一致的时候，就会产生外部性。庇古认为，当出现外部性的情况时，依靠竞争是不能解决问题的，需要政府采取适当的措施，例如征税和补贴等。

用经济活动的外部性对海洋环境污染进行分析。陆地上的人类经济活动，包括生产活动和消费活动，产生的污染物或者废弃物排入海洋环境中，超过了海洋的环境容量和自净能力，造成海洋生态环境恶化，影响和破坏了海洋生态，导致海洋生物多样性减少，海洋生物大量死亡，甚至给海洋部分区域造成了不可修复的损失。由于海洋生态具有非排他性，海洋产权归属不明确，自利的经济人往往就有产生负外部性的行为倾向。

（二）环境资源的公共性

海洋环境污染的另一个原因是海洋资源环境的公共性。公共资源介于公共物品和私人物品之间，其随着消费者的增多，而产生消费者边际效用递减。由于公共资源难以界定排他性产权，意味着它的使用不受限制，也无法向使用者收费，因为无法排除任何人的使用权。但是公共资源也存在竞争性，在公共资源存量有限的前提下，一个人对公共资源的使用会影响其他人对资源的使用情况。用纳什均衡来解释公共资源的过度使用和破坏，以海洋渔业为例，一个人捕鱼量的增加意味着其他人可捕鱼量的减少，这种情况下，其他人都会尽最大能力增加捕鱼量，最终的结果是过量捕鱼造成资源存量下降到不能自我维持的水平。公共资源的博弈分析说明了政府在组织、协调公共资源的利用和提供方面是非常必要的，也是政府存在的重要职责。

正是公共资源有着非排他性和竞争性的特征，即人们不用担心使用公共资源而产生的付费情况，从而造成了公共资源产生了过度使用的危机，哈丁在1968年的《科学》杂志上将其形象地称为"公共地悲剧"。公共地悲剧说明了公共资源的使用难以达到有效率的状态，换言之，维护公共资源产权有效运作的成本太高，超过了运营有效率的要求。这种情况下，排他性产权的建立或者是一种有效的解决办法，明确界定排他性产权的边界以后，经济人对其经济活动的收益就可以进行合理预期，提高公共资源的使用效率。

四、协同学理论

协同学最初是由联邦德国物理学家哈肯在1969年提出，哈肯与格雷厄姆共同合作并于1971年对协同学做了初步介绍，两年后出版了代表着协同学诞生的《协同学》一书，主要研究系统从稳定有序状态到混沌无序状态的演变规律。1981年，在《二十世纪八十年代的物理思想》一文中，哈肯进一步指出，一切开放系统，如宏观系统、微观系统、自然系统、经济系统及其他系统，若是在某种条件下呈现出非均衡状态的无序结构，均可应用协同学来分析其演变趋势。发展到现在，协同学已经逐渐成熟为一门研究系统从混乱无序到协同有序的演变状态的系统科学，通过对系统内部或系统之间的相互作用关系研究，实现系统由无序状态到有序状态的转变。

协同学是研究具有某些共同特征的不同事物及其协同机理的新兴学科，近年来得到不断发展并且被广泛应用到诸多领域。协同学的主要观点是：在远离平衡态的开放系统中，当外部因素的作用逐渐增大到一定程度时，通过系统内部的协同作用，实现开放系统由无序状态到有序状态的转变。协同学原理主要有协同效应原理、支配原理和自组织原理。其中，协同效应原理是通过系统内各个子系统之间和各个子系统内部要素之间的协同行为，产生超越要素自身的单独作用，实现整个系统宏观尺度上的结构和功能；支配原理是指由完全不同的系统构成的时间结构、空间结构，当出现不稳定情况时，系统中子系统的合作会受到与自身特性无关的相同原理的支配，系统的发展过程存在很大的随机性和支配性；自组织原理是指系统在演变过程中，在一定的客观条件下会自发地通过与外界进行能量或物质交换，实现系统从无序状态向有序状态的正常演变和稳定发展。

协同学强调的是系统之间及系统内部各要素之间相互作用、彼此影响的演变发展状态，始终存在着差异与协同的统一辩证关系，其实质上是多种要素包括资源、环境、产业等的协同。在此基础上，协同发展的驱动因素概括为以下几点：

（1）比较优势（Comparative Advantage），是指由构成因素、资源禀赋、劳动力、资金及技术等因素共同形成的有利条件，主要体现了协同发展的共生性特点。根据比较优势理论，不同参与主体依据自己的比较优势进行合理分工，相互作用，充分发挥自己的优势以实现资源合理配置，因而能最大化地利用现有资源，促进系统的协同发展。

（2）经济联系（Economic Relation），在高效的协同运作中，系统间及系统内部通常进行着大量频繁的要素流动，包括自然资源、劳动力等有形要素及知识、技术、资本等无形要素，要素的频繁流动表明系统间联系密切，从而反映系统经济协同发展的共生性。

（3）产业分工（Industrial Division），这也是系统实现经济协同发展的必经之路。在产业分工过程中，各子系统利用自身的比较优势参与系统的产业分工，分别承担不同的经济功能，与耦合系统的经济成为密不可分的统一体，最后，依托各自的比较优势形成分工协作的相互作用机制，促进系统经济的耦合协同发展。

五、共生组织理论

（一）共生的起源和内涵

共生概念最初是由德国生物学家德贝里（Anton de Bary，1879）提出，最初将共生解释为不同种类的动物或植物生活在一起，后由范明特（Feminism）、布克纳（Photo-toxic）将共生定义进行了拓展和深化，他们将共生定义为不同种属的物种基于某种作用关系相互依存、协同演化。共生理论早期主要应用在生物领域，用以解释生物之间的寄生、偏利共生及互利共生关系。近年来，共生学说已逐渐从生物学领域拓展到哲学、社会科学等领域，成为连接科学与社会沟通的重要媒介，形成了一种全新的认识论和方法论。到 20 世纪 50 年代以后，生态学的研究范式更是延伸到哲学、管理、经济、社会等学科领域，共生现象也不仅仅是一种普通的生物关系，更是逐渐融入到社会中，成为一种普遍的社会现象，共生是进化创新的重要来源也逐渐被学者们认可。

作为一种普遍存在的现象，共生指的是共生体之间在特定的共生环境中，依据某种共生发展模式形成的关系，其主要有以下四个方面的本质内涵：

（1）共生现象是一种自组织现象。共生系统具有开放性、非线性、非平衡性及涨落性等特点，这也使共生过程具有了自组织过程的特性。

（2）共生体之间发展趋势和演变方向具有一致性。共生体在共生关系中按照一定的联系形成统一整体，并根据系统的发展要求形成一定的共生模式，进而在共生演变过程中产生新能量。因此，共生也为共生体提供了理想的演化路径，促使共生体在相互激励中协同进步，这也成为共生体的总体演变方向。

（3）合理分工是共生体的能量来源。共生结构中的参与主体之间密切配合、分工合作，共生体之间形成一种能够适应外部环境的特殊结构，形成所谓的"共生能量"，因此，共生能量的产生源于共生体之间的合理分工。

（4）合作与竞争是共生现象的一个本质特征。共生主要强调共生体之间的相互作用、共同进步，但共生并不排除竞争，其仍具有极强的包容性、合作性和协作性。合作竞争（Co-operation）关系也是共生的本质特征之一，合作与竞争初看是相互对立的，但两者既可能以性质相反的面目出现，也可能是一对互补的力量，合作与竞争并存更有利于提高竞争效率。

（二）共生的模式

共生模式也被称为共生关系，指的是共生单元之间的相互作用方式或相互结合形式，共生模式的作用效果：一是能体现共生单元之间的作用方式及作用强度，二是能体现共生单元之间的能量流动和物质交换形式。已有文献中学者们对共生模式进行了不同的分类，主要有以下几种（见表 2 - 11）：

表 2 – 11　不同共生模式的特征

	寄生	偏利共生	非对称互惠共生	对称互惠共生
共生单元特征	(1) 共生单元在形态上存在明显差别 (2) 同类单元接近度较高 (3) 异类单元存在双向关联	(1) 共生单元形态方差较大 (2) 同类单元亲近度较高 (3) 异类单元存在双向关联	(1) 共生单元形态方差较小 (2) 同类共生单元亲近度差异明显 (3) 异类单元存在双向关联	(1) 共生单元形态方差接近于零 (2) 同类共生单元亲近度接近或者相同 (3) 异类单元之间存在双向关联
共生能量特征	(1) 不产生新能量 (2) 存在寄主向寄生者能量的转移	(1) 产生新能量 (2) 一方全部获取新能量，不存在新能量的广谱分配	(1) 产生新能量 (2) 存在新能量的广谱分配，且广谱分配按非对称机制进行	(1) 产生新能量 (2) 存在新能量的广谱分配，且广谱分配按照对称机制进行
共生作用特征	(1) 寄生关系不一定对寄主有害 (2) 存在寄主与寄生者的双向单边交流机制 (3) 有利于寄生者的进化，不利于寄主的进化	(1) 对一方有利而对另一方无利 (2) 存在双边交流 (3) 有利于获利方进行创新，对非获利方进化无补偿机制时不利	(1) 存在广谱的进化作用 (2) 既存在双向双边交流，又存在多边交流机制 (3) 由于分析机制的不对称，导致进化的非同步性	(1) 存在广谱的进化作用 (2) 既存在双向双边交流，又存在多边交流机制 (3) 进化的单元具有同步性
互动关系特征	主动—被动	随动—被动	主动—随动	主动—主动

第三节　海洋产业与海洋生态环境耦合的理论体系

一、系统论体系

(一) 系统的整体性

系统论是研究客观存在系统的特征、本质及基本规律的基础科学，因其独特的适用性已被广泛运用在生态、经济和社会系统中。目前使用的系统论是采用一定的数理统计方法和逻辑学等研究方法，用来研究一般系统动力学基本规律的理论体系。系统理论是从系统的视角出发，分析客观事物与现象之间交互作用的内在特征与本质规律，强调系统是由相互联系、彼此作用的组成部分构成的统一整体，系统整体与环境、系统各要素与环境之间存在密切的联系，共同构成系统内外部的有机结构和秩序。系统论的核心思想是系统的整体观念，任何事物都是其按照一定的规则组成的有机整体。亚里士多德曾提出"整体大于部分之和"的观点，贝塔朗菲认为，整体的性质和功能不等于各个要素性质和功能的简单相加，整体的功能取决于系统内部的联系和结构，系统的整体功能是要产生"$1+1>2$"的效果。因此，系统内部各组成要素之间、系统内部之间及系统内外部之间不是孤立地、简单地存在着，每一个要素都起着其他要素所不能替代的作用。系统论认为，单纯地研究系统的要素、结构、特点和规律是不够的，要综合利用这些要素去改造、提升系统，促使系统达到最优化；要确保综合平衡发展，既要实现系统自身发展，也要保证耦合系统的基本功能，以便更好地指导现代社会、经济和技术等方面的矛盾问题。

（二）系统的关联性

根据系统论的观点，系统内的各参与主体之间存在着相互关联关系，其中，参与主体是构成系统必不可少的组成部分，也是系统得以存在的前提条件，系统则是参与主体存在的重要支撑载体。但系统的特征不是组成要素性质和特征的简单加和，而是受要素性质和特征的影响；系统遵循的规律也并非要素遵循规律的简单加总。海洋产业系统和海洋生态系统是复杂的子系统，对其研究需要系统科学理论的相关指导，系统论不仅为海洋产业与海洋生态环境系统规律特征研究提供定性的理论指导，还能定量地模拟两者的演变机制及发展变化过程，具有较好的拟合性和指导性。系统论的研究主要是从整体出发研究不同系统之间、系统内部参与主体之间以及参与要素之间的相互联系和影响程度，其最明显的特征是新的科学思想和方法论。

（三）系统的动态性

一切事物都是处在不断运动变化中的，因此，系统对于事物的描述也随着时空的发展变化而有所不同，是动态变化的。同样的，事物之间的关联也是动态发展的，系统的动态性包含两方面的含义：一是随着时间的变化，系统的内部结构也随之发生相应改变；二是任何事物都不是孤立存在的，每时每刻都在与外界环境中其他事物发生能量、物质和信息等的联系，同时保持着动态变化。作为一个开放的系统，动态性是开放系统的必备特征。

（四）系统的有序性

事物的系统结构或运动是有序的，但这种有序是相对有序，因为组成事物的要素相互之间的联系并不是一成不变的，而是处于永恒的动态变化中，即有序是相对、动态、变化中的有序。有序状态的表现是事物的组成要素呈现出某种约束性的、规律性的特征时，系统或者事物就是有序的。由于系统的内部因素驱使，开放性的系统能自发地向更高级的组织状态发展，实现从低级有序向高级有序的过渡。系统的存在表现为有序状态，越趋向有序，系统的组织程度就越高，稳定性也越好，自身的功能也能得到较好的发挥；反之，系统的组织程度越低，稳定性越低，自身的功能也随之减弱，系统趋向于瓦解。

（五）系统的目的性

根据以上描述的系统具有动态性和有序性的特点分析得出，系统的发展演化是遵循一定的顺序的，演化的方向是趋于高级有序性，这也是系统演化的最终目的，也就是系统的目的性。然而，这种发展也受很多不确定性因素的影响，比如海洋产业系统和海洋生态环境系统受外界环境的影响，但同时也取决于自身具有的、需要的、内在的驱动力，为维持自身发展而对不确定性因素进行的调节，即系统的目的性。任何一个系统都有各自发展的目的性，无论是天然系统还是人工系统、机械系统、社会系统，目的性都是普遍存在的。

二、控制论体系

控制论的研究对象是不同系统共同存在的内部规律，对系统之间及系统内部的相互作用关系开展动态考察。同时，从联系发展的角度观察系统，结合环境及系统本身进行综合考虑。控制论的思想和基本内涵最初是由美国数学家维纳于1948年提出，他认为控制论是一门研究在复杂多变的环境状态下系统通过动态调整维持稳定或平衡的状态。出于研究的需要，维纳还用一个英语新词"Cybernetics"来命名控制论，随后，控制论的理念和方法便逐渐被学者们采用，运用到自然科学和社会科学领域的研究中。

在控制论体系中，反馈、信息与控制是控制论的三个重要组成部分，其中，反馈是控制论极为重要的基本概念，信息是控制论的基础，而控制是反馈作用的最终产出结果。

（一）反馈原理

反馈是控制论极为重要的基本概念，其作用原理是从系统输出端收集的结果反作用于系统输入端的因素，从而影响系统的功能实现，也可以说反馈是系统受内部和外部环境的双重影响和随机干扰性作用的结果。通常将反馈分为两种：正向反馈和负向反馈。正向反馈指的是反馈信息与控制信息的差距越来越偏离预定的目标，使系统趋向不稳定甚至瓦解状态，即正向反馈的作用机制是促使系统的输出偏离既定目标；负向反馈是指现实状态的反馈信息与限定状态的控制信息之间的差距倾向于修正系统正在进行的偏离目标的运行，使系统趋向稳定状态，即负向反馈的作用机制是维持系统的输出趋向于原始目标。因此，对负向反馈的研究是控制论的核心问题。

作为控制论的一种方法，反馈指的是系统将之前的操作结果再次输入到系统中，并根据反馈输出的数据对未来的行为进行调节的过程。其中，控制系统主要包括两个子系统：施控系统和受控系统。施控系统负责将系统的信息输送出去，反馈回来的信息结果最后返回到受控系统，受控系统收到信息进行分析，并依据分析结果对施控系统的输入内容进行筛选，从输入端进行约束控制，经由几次循环过程实现系统的预定目的（见图 2 - 5）。

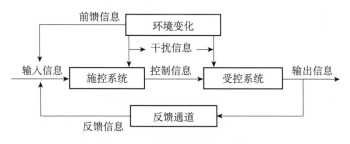

图 2 - 5　反馈控制方法示意图

（二）信息原理

信息是系统用于实现通信和控制的目的，是系统不可或缺的部分。信息主要是指人们在生产生活过程中适应外部环境，同时将这种适应行为反作用于外部环境的过程。信息是控制论系统用来调节和控制的内容，也是控制者与被控制的客体之间的特殊关系。系统内部的各组成要素之间及系统与外部环境之间时刻存在着信息沟通和信息反馈，这也是系统能够按照预定目的实现控制的原因。

信息方法与传统研究方法区别在于，信息方法的研究基础是信息的运动，与传统方法研究事物的具体运动形态不同，信息方法是将有目的的运动抽象为信息的变化过程。它能根据系统与外界环境的输入和输出关系，将信息进行加工和处理，用来研究系统的特性，探讨系统的内在作用机制（见图2-6）。不仅如此，信息方法还是管理上实现科学管理的有效方法。从管理的角度上讲，决定成败的关键因素在于决策，而决策的准确与否则取决于所获取信息的充分性与完整性。因此，决策过程从本质上看也是经由信息反馈的控制过程，或者说从信息方法上讲，管理过程也就是信息的循环输入与输出过程。所以说，要实现现代化的管理需要科学完备的管理信息系统，健全的信息系统也是现代化管理体系不可缺少的重要组成部分。

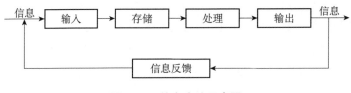

图2-6 信息方法示意图

（三）控制原理

控制具有目的性，也是反馈作用的最终产出结果。系统反馈后将受控客体引导进入特定的阶段，使受控客体产生合乎需要的变化，最终实现控制目的。控制的目的可以分为两种：一是维持系统原有的结构和功能，使其不发生任何变化；二是引导系统实现合乎需要的某种变化，达到预定的某种状态。因此，控制活动也可以理解为是维持系统原有的状态不发生变化，或者是引导系统进入所需的特定状态，控制任务也就是维持系统的稳定状态和实现系统的预定目标。

控制原理的核心问题是控制与调节，控制与调节的关系为：调节是控制的局部表现，是控制的基础情况。系统的调节功能是系统自身所具有的，并非外界施加的；而系统具有的控制功能则通常是系统之外的其他作用对系统施加的控制。因此，调节可以看作控制的一种特殊形式，或者说是系统的自我控制。然而这种关系也并非绝对的，在特定的条件下，调节也可以等同于控制，两者是可以等价替代的。总的来说，控制是系统为了保持自身结构而进行的功能优化，其作用机理是通过反馈原则达到目的，控制内同是将被控制客体引入需要的状态的过程。

控制论的研究涉及多个领域的诸多行业，也为不同领域的科学研究提供了专门的一套思想和技术，共同研究系统的客观作用规律，其研究范围超越了学科的界限，不仅涉及经济学、历史学等社会科学，还涉及数学运算、计算机技术等自然科学。在维纳提出控制论后的几十年间，由控制论衍生出的边缘学科相继出现，较为成熟的控制论有智能控制论、生物控制论、社会控制论等。控制论区别于传统科学主要在于研究内容的不同，控制论的研究重点是系统的信息传递和控制过程，将质料和能量看作系统工作的必要前提，着眼于信息的传递，研究系统的行为方式。与研究特定某一领域具体规律的专门科学相比，控制论能研究一切物质动态系统的功能，揭示普遍性的行为方式。

三、自组织理论体系

组织是指事物内部按照一定的结构和功能关系构成的存在方式，或是事物向着时间、空间上的有序结构演化的过程。组织化意味着事物从无序到有序方向演化、从低级有序到高级有序的演化。自组织就是事物自发、主动地走向组织的一种结果，我们按照事物组织方式的不同，将组织化划分为"自组织"和"被组织"，被组织是指事物的发展演化是在外界的干预下进行的，是外部驱动力的组织过程或结果，相关概念关系表示如下（见表 2 - 12）：

表 2 - 12　组织、非（无）组织、自组织和被组织的概念关系

总概念	组织（有序化、结构化）		非或无组织（无序化、混乱化）	
含义	事物朝有序、结构化方向演化的过程		事物朝无序、结构瓦解方向演化的过程	
二级概念	自组织	被组织	自无序	被无序
含义	组织力来自事物内部的组织过程	组织力来自事物外部的组织过程	非组织作用来自事物内部的无序过程	非组织作用来自事物外部的无序过程
典型	生命的生长	晶体、机器	生命的死亡	地震中房屋倒塌

自组织理论是从 20 世纪 60 年代末期发展建立起来的，重点研究系统怎样实现从无序到有序、从低级到高级的自发演变过程，探讨自组织系统内部的形成和发展机制问题。自组织理论由耗散结构理论、协同理论、突变理论、超循环方法理论、分形理论和混沌理论等组成，其中，协同学理论和耗散结构理论可以基本反映其核心思想和理论内涵。

（一）耗散结构理论

耗散结构理论在自组织理论体系中起着构建自组织系统需要条件的作用，主

要研究体系的开放性、开放尺度及条件的匹配性等问题。因此，从某种程度上讲，耗散结构理论也是自组织理论体系的创造条件方法论，它能够创造条件促使系统自发走向自组织，也是遵循自组织原理的一种方法论。

耗散结构理论是比利时物理学家长期研究非平衡统计物理学的产物，是一门专门研究耗散结构内部发展演变的科学，探索系统从混沌无序状态演化到稳定有序状态的作用机理和规律。耗散结构是脱离平衡的非线性区域形成的新的稳定的有序结构，是开放系统中某个参量超出限定的阈值，从而引发系统出现由非平衡态向平衡态、由无序混乱的状态向新的状态发生突变。在这个过程中，系统不断与外界进行着物质、能量和信息的交换，保证系统的相对稳定性。从耗散结构的存在状态看，形成耗散结构应具备几个基本条件：①开放性，系统能时刻保持与外界环境进行信息传递和能量交换；②系统的非平衡态，即系统内部各区域的能量和物质分布极不均匀；③系统内部存在涨落，这种涨落能驱使系统向着耗散结构演变；④系统要素之间存在非线性相互作用。

（二）突变理论

突变论方法论是研究系统在演化过程中的路径选取方面的方法论思想。突变论突破了数学和纯粹意义上的自然科学的概念，启发了社会科学的方法论研究。突变论在自组织理论体系中扮演演化路径选择的角色，采取渐变的思维方式推动系统演化，并且选择恰当的时机采取突变方式推动演化的进行。因此，突变论方法也成为自组织的演化途径方法论。

突变论是法国数学家长期观察和了解自然的产物，主要研究系统由一种状态向另一种状态的演变过程，通常情况下这种演变过程的触发媒介并不相同，极大的变化或微小的变化均可导致系统突变的触发。与协同学和耗散结构论相同的是，三者都是围绕系统的平衡状态展开的系统论研究，因此，这三种理论也被称为系统论演化出的新的理论分支。突变理论是系统由一种稳定状态向新的稳定状态跃迁的过程，是基于稳定论基础上的动态变化，从数学的角度体现为系统内部的各组参数及函数值的变化过程。突变的特点是即使是在相同条件作用下，突变后的结果也不尽相同，也就是说可能达到不同的稳定状态，且这些稳定状态的出现也有一定的概率特征。

随着系统科学的发展，突变论的发展有了新的进展，突变论的研究也进入了新阶段，人类开始探索运用数学模型来解释系统的突变问题，研究系统内部的结构及其发展演变。突变论的研究内容也较为丰富，研究重点在于系统在稳定态和非稳定态之间的转变及其作用机理、构建数学模型对系统进行科学分类等。

（三）协同理论

协同学是整个自组织系统演化的驱动因素，处于动力学方法论的地位。它能保持体系维持自组织活力，且其对竞争、协同和役使（支配）及序参量的概念和原理等的研究，对系统自组织的演化及自组织程度的提高起着极其重要的推动作用。协同的指导意义在于，通过制定的规则及相应的参数设定，让系统自身发生作用，产生序参量运动模式，进而推动整个系统演化，这也是系统非线性、自组织演化的最理想状态。

协同理论主张系统各要素之间的协同是自组织理论的基础，系统之所以会产生新的结构和功能，也是系统内部要素之间协同和竞争的作用结果。当系统经由一种稳定状态向另一种稳定状态跃迁时，系统内部各要素之间的相互作用彼此均衡，此时，任一微小的变化则会被无限放大，导致整个系统产生剧烈波动，促使系统向着稳定有序状态演变。随后，协同学逐渐演变出竞争、协同、役使原理及序参量支配原理，这也为后期自组织演化研究提供了理论基础。

（四）超循环方法理论

超循环方法理论能有效利用过程中物质、能量和信息等要素，使其相互作用、相互影响以便结合成更紧密的事物等。因此，超循环方法理论也被称为自组织的结合发展方法论。超循环方法论有三大要点：第一要向系统内部输入必要的物质、能量和信息，形成相互作用、相互影响的竞争网络；第二要倡导合作，形成与竞争势均力敌的必要张力；第三是形成序参量后，要按照自组织过程在序参量支配的规律下组织系统的动力学过程。

（五）分形理论

分形理论主要研究系统走向自组织过程中的复杂性图景及系统由简单到复杂的自组织演化问题，因此，分形理论也被称为事物自组织的表达复杂性空间结构及其生成的方法论。

（六）混沌理论

混沌理论与分形理论是一体两面的关系，即分形理论研究了事物向复杂性演变的空间结构和特征，而混沌理论研究了事物向复杂性演变的时间特征。混沌理论对研究复杂性的非线性方法意义重大。首先，混沌理论不仅能够出现在简单系统中，而且不需要复杂的规则就能产生混沌。其次，非线性动力学混沌是内在的、固有的，而非外加的。在管理中混沌特性体现得尤为突出，混沌管理方法也能表现出其非最优化和不确定性。

综上所述，每一种理论在自组织理论体系中都有不同的位置和作用，它们之间的相互作用和地位表示如下（见图2-7）：

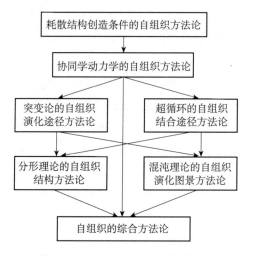

图2-7　各个自组织方法论关系图

第四节　本章小结

本章主要对基本概念、理论依据和理论体系进行论述，首先是对基本概念进行了界定，包括海洋产业与海洋产业结构的概念、海洋生态环境的概念及耦合的概念；其次介绍了海洋产业与海洋生态环境耦合的相关理论，包括产业结构相关理论、生态经济系统理论、协同学理论和共生组织理论等；最后介绍了海洋产业与海洋生态环境耦合的理论体系，包括系统论体系、控制论体系和自组织理论体系，为下文研究奠定理论基础。

第三章
海洋产业与海洋生态环境耦合发展的静态分析

第一节　海洋产业与海洋生态环境耦合关系的确定

如上文所述，"耦合"的概念不同于数学中的"集合"，集合主要是用来阐述和分析事物之间的关系，而耦合的作用机理和效应要远大于集合。假设海洋产业系统与海洋生态环境系统是不同的集合，两者之间的关系模式在数学上可划分为：

（1）相对独立型，即两大子系统之间不存在直接的相互作用，两者是相互独立的部分，各自独立地演化、发展。

（2）包含型，即两大系统之间存在包含与被包含的关系，还有一种特殊情况，就是两者是完全的对等关系，相互包含，互为子集。

（3）交叉重叠型，即两大系统之间不是相对独立的关系，而是彼此之间存在共同的部分且相互影响，海洋生态环境优化必然在海洋经济发展中实现，海洋产业发展必然要求海洋生态环境的参与才能进行。

从集合论的角度看，海洋产业与海洋生态环境之间应该属于哪种关系模式呢？首先，应排除相对独立型，因为两者之间相互干扰、相互作用，并非完全独立的个体，海洋生态环境是海洋产业形成与发展的基础，同时，海洋产业也会反作用于海洋生态环境，对海洋生态环境产生正向反馈或负向反馈，对海洋生态环境产生压力。其次，海洋生态环境与海洋产业之间也不会是包含与被包含的关系，因为两者的结构、功能及发展演进方向不同。那么，两者之间是交叉重叠的关系吗？也不然，虽然海洋产业与海洋生态环境之间相互影响、相互作用，在某种程度上存在一定的交叉重叠，但并非完全意义上的交叉重叠关系。因此，单纯的集合论在确定两者的关系上存在一定的局限性，集合作为数学上的一个静态的概念，不能准确描述海洋产业与海洋生态环境耦合系统的动态性特征，集合论中的交叉重叠模式无法揭示两者之间的互动关系，也无法反映耦合系统内部错综复杂的作用机理。

耦合用于描述不同系统或者运动形式之间相互作用、彼此影响以及协同发展的概念，主要阐述的是不同结构和功能的子系统有机整合成为一个系统的过程。在这个过程中，不同子系统之间相互渗透、彼此作用、相互影响。因此，本书中海洋产业系统与海洋生态环境系统应该是耦合的关系，这样才能深入揭示海洋产业系统与海洋生态环境系统之间的作用机理，实现两大系统的正向耦合效应，促进耦合系统的协同发展。

海洋产业与海洋生态环境耦合系统实现了以下方面的创新：

一是海洋产业结构演变与海洋生态环境效益的复合与博弈。耦合系统能最大程度地挖掘海洋产出和海洋资源价值，实现现有资源的效益最大化，为缓解沿海地区海洋产业同构化和沿海生产中环境污染、资源匮乏的形势提供了全新的解决思路。

二是政—产—研—民的结合。耦合系统能促使政府、企业和科研单位力量集中化，使治理、修复工作产业化、规模化和科研化，让海洋生态修复与海洋资源开发利用成为政府、企业和科研院所大力推动和民众积极参与的工作，确保全民共享耦合系统带来的利益。

三是物质流—能量流—信息流—资金流—人力流的结合。将海洋生态修复过程分解为物质、能量、信息、资本和人力循环和流动的生态代谢系统，实现海洋系统的供给平衡、平稳运行。

四是理念—体制—技术的复合。建立海洋生态可持续的平衡理念，构建海洋生态代谢系统自行运作体制，通入海洋高新技术，让海洋系统工程更具人文关怀，赋予其新阶段的使命和活力。

五是海洋生态环境污染与生态服务的正向复合。在未来的海洋资源开采中，关注重点不仅仅局限于破坏后的生态修复，而应将开发过程中的资源利用与生态环境治理相耦合，转变传统海洋生产方式，优化海洋产业结构。

第二节 海洋产业与海洋生态环境耦合发展的
原则与模式

一、海洋产业与海洋生态环境耦合发展的原则

(一) 整体性原则

海洋产业与海洋生态环境耦合系统是具有特定结构和功能的统一整体，耦合系统的各子系统之间相互作用、彼此影响，因而耦合系统产生的整体效应远高于单个子系统的效应之和，也就是所谓的"1+1>2"的作用效果。其中，海洋产业与海洋生态环境耦合系统的功能取决于耦合系统的结构，且海洋产业与海洋生态环境耦合系统的功能会进一步影响耦合系统的整体效应。因此，海洋产业系统与海洋生态环境系统耦合发展最重要的是要协调海洋产业与海洋生态环境耦合系统中各个子系统之间的作用关系，实现海洋经济发展与海洋生态环境保护协同进行。

(二) "六位一体" 原则

海洋产业系统与海洋生态环境系统耦合时应注意生态、健康、安全、人文、经济、社会六个方面，也就通常意义上的"六位一体"原则，基于这个基本原则实现两大系统之间物质流、能量流和信息流的高效流动和生态、经济、社会的协调发展。沿海海域是海洋产业与海洋生态环境作用的主要地带，也是自然与人文、海洋与生态环境系统相互作用、彼此影响的脆弱敏感环节，体现了生态、自然、人文等公共属性，从综合角度上实现了系统耦合。

(三) "五律协同" 原则

海洋产业系统与海洋生态环境系统耦合时要遵循五个基本规律：生态效益、经济效益、社会效益、环境效益和技术效益。偏离基本规律的耦合是发展的离心力，背离基本规律的耦合是发展的阻碍力，只有遵循基本规律的耦合才是发展的推动力。因此，海洋产业系统与海洋生态环境系统必须遵循五个基本规律相互作

用、彼此影响的协同效应，也就是要实现两大子系统在耦合过程中的生态、经济、社会和环境的协调发展，最终实现耦合系统的综合效益最优化。

（四）合作博弈原则

合作博弈原则是一种整合博弈，这种博弈作用下的结果是博弈双方的利益双赢或至少一方受益。海洋产业系统与海洋生态环境系统耦合的一个显著特点就是两者之间的竞争关系与合作关系并存，参与博弈的双方合谋以谋求各自的利益最大化，同时也能实现耦合系统的利益最大化。合作博弈原则是对上述原则的进一步深化和明确，通过各子系统之间的合作博弈取得经济发展、社会进步与生态环境建设的协调优化、资源的合理配置与增值。

二、海洋产业与海洋生态环境耦合发展的模式

（一）"状态—目标—功能"模式

根据海洋资源环境的承载力及现有的开发利用强度和密度，将海洋按照海洋经济发展与生态环境保护功能进行海洋产业内部的细分，明确海域的主体功能定位及海洋产业的未来发展方向，优化海洋资源的开发强度和秩序，形成经济与资源环境相协调的空间格局。

（1）海洋生态功能定位。渤海海域由于其特殊的地理位置，海域具有封闭性及自我净化能力弱的自身特征，同时渤海沿岸海洋产业发展较为成熟，人口聚集程度较强等经济特征显著，更加凸显出加强海洋生态环境保护的迫切性和必要性。海洋生态环境保护首先应从生态保护规划入手，根据海洋生态功能定位确定海洋生态环境保护的空间范围。其次，要基于海洋生态环境脆弱性程度与海洋功能重要程度集体划分为禁止开发区和限制开发区。最后，根据上述的划定范围，分别采取不同的开发保护措施，严格执行海洋生态红线管理。例如，对禁止开发区，应严格执行海域禁止开发的生态功能定位；根据限制开发区的海洋生态环境承载力与海洋产业的环境作用程度，有针对性地设定沿海生态旅游区、海洋生态产业园、循环生产工业基地等有益于海洋生态环境保护的产业功能区。

（2）海洋产业功能定位。在确保海洋生态环境保护的主体地位的同时，要综合统筹海洋产业的发展，划分生态友好型、环境友好型的海洋产业，科学优化

空间格局，构建海洋生态—经济协调型海洋产业体系。根据划定的海洋生态建设主体功能区，分别从海洋经济发展、海洋生态保护、沿海人口政策与社会发展等角度，综合考虑海洋生态功能区建设与海洋产业空间发展布局等问题。可以采取以下路径：一是要充分利用沿海特殊的地理环境，发挥沿海地区的优势旅游资源，制定沿海旅游经济区定位，实现滨海旅游业的生态效益和经济效益的协同发展；二是要根据海洋经济发展与海洋环境保护同步发展的战略目标，优化海洋产业结构，发展特色海洋农业，定位海洋特色生态农业区，积极推进"蓝色粮仓"战略的实施。

(二)"压力—政策—结构"模式

(1) 根据海洋生态—经济系统的特点，从耦合系统整体上来看，海洋产业与海洋生态环境耦合系统遵循距离递增或距离递减的特征：海洋产业也可以说是海洋经济发展程度遵循距离递增的规律，即距离海岸线越近，人口密度越大，海洋产业聚集程度越高，海洋经济发展水平越高；与之相反，海洋生态环境承载力则遵循距离递减的规律，即距离海岸线越近，海洋生态环境承载力越低，海洋生境越脆弱。因此，海洋产业系统与海洋生态环境系统耦合的结构和功能呈现不协调耦合的特征，主要原因在于海洋产业系统与海洋生态环境系统承载力在时空结构上的背离，导致两者在功能上的不一致。

沿海海域不仅是人类生产生活的主要场所，还是海水净化的重要生态功能区。随着沿海聚集的生产生活要素的不断增多，其生态环境承载力也被不断削弱，导致沿海海域生态环境不断下降、海洋生态灾害频发等一系列恶性循环。要从根本上解决海洋产业系统与海洋生态环境系统的耦合协调问题，就要扭转两大系统在结构上的背离情况，破除传统生产理念，以全新的生态发展理念引导海洋开发，转变过去以海洋生态环境为代价获取海洋经济的思想，限制沿海活动对海洋生态环境的恶性影响，有选择性地开发海洋生态承载力较强的海域功能区，不断推进海洋产业发展与海洋生态环境承载力的优化配置，使其在结构上协调一致，最终实现两大系统的协调耦合。

(2) 根据海洋生态结构、时间结构和空间结构的分布特征，从最大程度保护海洋生态系统的承载力和最大程度利用海洋生态系统的自然资源出发，遵循海洋产业发展规律，优化配置各类生产和生活要素，科学调整海洋第一、第二及第三产业内部比例构成，形成海洋生态环境系统的物质生产活动与海洋产业系统的生态活动耦合协调发展。

（三）"演化—响应—协调"模式

为实现海洋产业系统与海洋生态环境系统耦合发展的目标，人类采取了诸多手段如科技、市场规律与政策制度等方面对两者进行有针对性的协调，以调整优化海洋资源的使用，促进海洋产业系统与海洋生态环境系统耦合效应的形成，以期从最大程度上提高耦合系统的发展水平。

鉴于海洋资源的有限性，在发展海洋产业的同时应将其控制在海洋生态环境系统的承载力范围内，调整经济政策来优化海洋产业结构，拓展并延伸海洋资源的功能和价值，统筹协同海洋产业系统与海洋生态环境系统之间的相互关系，实现两者的耦合发展。

在此，我们尝试选用投入产出模型来模拟产出增长对生产投入情况的敏感程度，用来反映产出变化幅度与投入变化幅度的互动关系：

$$E = \frac{\Delta y/y}{\Delta x/x} = \frac{\Delta y/\Delta x}{y/x} = \frac{MPP}{APP} \qquad (3-1)$$

其中，E 为生产弹性。当 $E > 1$ 时，表明资源投入的幅度小于产出增加的幅度，海洋产业发展能高效地利用海洋环境资源并将其效益最大化，此时的海洋产业结构较为合理，海洋生态环境功能得到充分利用，海洋产业系统与海洋生态环境系统实现良性耦合。当 $E < 0$ 时，表明资源投入的增幅大于产出的增幅，海洋产业系统低效地将海洋生态环境系统资源投入转化为经济收益，一方面是由于海洋生态系统的功能不完善，为粗放式的资源利用方式，另一方面是海洋产业系统结构不合理，海洋经济发展处于恶性循环状态。这种情况下需调整和完善海洋产业政策，优化海洋产业结构，集约利用海洋自然资源，调整海洋产业与海洋生态系统的关系，实现两者的耦合发展。当 $0 < E \leqslant 1$ 时，两者处于低耦合阶段，若采取积极的模式，依靠科技进步和完善的市场机制，将扭转或突破海洋产业与海洋生态环境低层次耦合的瓶颈，改变现有的政策或制度环境，弥补政策效应的缺陷，提升海洋产业与海洋生态环境的耦合空间和尺度，最终实现 $E > 1$ 的良性耦合状态；若采取消极的模式，将导致 $E < 0$ 的恶性耦合状态。

第三节　海洋产业与海洋生态环境耦合发展的
结构和功能

一、海洋产业与海洋生态环境耦合发展的基本要素

海洋产业与海洋生态环境耦合系统是由海洋产业系统和海洋生态环境系统组成的复合系统。整个复合系统是由两大子系统之间及子系统内部要素之间相互作用、相互制约形成的具有特定结构和功能的巨系统。海洋产业与海洋生态环境耦合系统是由多种基本要素构成，涵盖人口、生态、环境、技术、信息、制度等，其中，人口是耦合系统的重要部分，生态和环境是耦合系统的存在根基，技术和信息是耦合系统的中间桥梁，制度则是耦合系统的催化剂。

（一）耦合系统的主体——劳动力

劳动力不仅是生产生活过程中的主要要素，同时也是构成经济关系和社会关系的具有主观能动性的生命实体，更是经济社会得以存在和发展的前提条件。因此，劳动力这一基本要素相对其他要素来讲，处于耦合系统的主体地位，其他要素均围绕劳动力要素发挥作用，也就是说，离开劳动力要素，其他客体就失去了其存在价值。离开人类的参与，海洋产业系统和海洋生态环境系统就不会产生，人类经济系统和自然经济系统也就不会存在区别和矛盾。作为耦合系统的重要组成部分，劳动力区别于与其他一切生物最本质的特点是具有主观能动性和自我创造性，人类的主观能动性使其能够控制和调节耦合系统，防止其偏离正常的运行轨道。

（二）耦合系统的基础——环境

环境是由植物、动物及各种微生物组成，不同物种在耦合系统中的角色和功能也不尽相同。植物在耦合系统中扮演着生产者的角色，动物既是生产者也是消费者，微生物扮演着分解者的角色。海洋环境是由诸多海洋动物、植物及微生物等组成，作为海洋经济系统的主要参与者，人类通过各种形式的物质交换和能量流动与海洋环境产生作用：海洋环境为人类生产和生活过程提供必要的资源和能

量；人类具有主观能动性，能自主地摄取海洋环境中的各种资源进行生产、分配、交换和消费活动，实现自身的进步和发展。因此，海洋环境是海洋其他系统发展存在的基础支撑，也是人类进行各项活动的重要前提条件。此外，生态系统还具有整体性、动态性和复杂性等特点，海洋产业和海洋生态环境耦合系统的子系统之间和系统内部不断地进行着各种能量传递和信息交换等活动。随着工业化进程逐渐渗透到海洋产业的方方面面，海洋产业结构的变化对海洋生态环境和空间资源禀赋特征带来巨大压力，海洋产业系统和海洋生态环境系统之间的平衡与协调面临着前所未有的调整。因而，如何控制两大系统之间的耦合协调成为海洋经济可持续发展过程中亟须解决的问题。

（三）耦合系统的媒介——技术

技术在海洋产业发展过程中起到了决定性的作用：一是极大地提高了人类开发海洋的能力；二是海洋资源的开发利用和生产活动呈现多元化的发展趋势；三是推动了海洋油气业、海洋化工业和海洋装备制造业等海洋新兴产业的迅猛发展，同时海水淡化、海洋空间利用、深海采矿、海洋新能源等战略海洋新兴产业发展方兴未艾。

技术通过其海洋产业定向功能、资源开发利用功能及对海洋生态环境的修复重建功能对海洋产业系统和海洋生态环境系统进行耦合。海洋产业发展程度、资源开发利用方式、海洋生态修复和重建与科技所处的发展阶段密切相关。科技进步、技术提升催生出大批海洋产业，逐步改造并重构传统海洋产业，优化调整海洋产业结构，使其更加合理高效；更加合理地开发利用海洋自然资源，为海洋生态环境修复和重建工作提供有利的科技支撑。

（四）耦合系统的桥梁——信息

信息的主要作用是描述事物的运行状态，并对系统实施干预、控制和调节。信息在耦合系统中担任着沟通角色，主要作用是确保耦合系统之间物质循环和能量流动的顺利进行。信息的合理配置需要海洋产业与海洋生态环境之间信息的耦合，促进各要素内部及各要素之间的相互黏合，缩短人类对海洋生态环境系统的认识时间，有效降低经济社会运行的能耗和物耗，同时将污染产生率维持在合理水平内，实现信息在两大系统之间的自由交流，达到海洋产业增效、海洋生态良好的双赢效果。

（五）耦合系统的催化剂——制度

制度主要由两部分构成：一是由国家强制实施的正式约束，是指现已存在的政策法规，通过采取激进的方式建立或者废止人们的行为；二是由社会认可的非正式约束，是指在日常人际交往中积累的无意识或潜意识的结果，较为典型的代表是道德约束和文化影响，其变动过程与正式约束相比较为缓和。通常将正式约束和非正式约束配合使用，正式约束的执行时间较短，但需结合非正式约束使用，逐步、缓和地进行，通过两者的综合运用来规制人们的选择空间，约束人们的相互关系。恰当的制度是海洋产业与海洋生态环境耦合系统顺利运行不可缺少的部分，制度在海洋产业和海洋生态环境耦合系统的演化和协同发展中具有十分重要的作用，可以保障海洋产业与海洋生态环境耦合的顺利进行，推进科技进步、海洋生态建设和环境保护的协同进行。

二、海洋产业与海洋生态环境耦合发展的结构分析

耦合系统是由海洋产业子系统和海洋生态环境子系统耦合形成的系统，耦合系统的发展是两大子系统之间相互作用、彼此影响的作用结果。海洋产业系统和海洋生态环境系统通过物质流、能量流和信息流使耦合系统成为一个有机整体。系统结构研究的目的在于通过系统内部各要素之间的关系完整地认识系统的结构和功能，运用结构调整手段，有效地控制并优化耦合系统。在此，我们尝试运用系统内部要素组织及分布方式来表达耦合系统结构，以探究耦合系统的整体结构和主导功能。其内涵用公式表示如下：

$$RInEn \subseteq \{S_1, S_2, R_{el}, O, R_{st}, T, L\}, S_{1,2} \subseteq \{E_i, C_i, F_i\} \qquad (3-2)$$

其中，E_i、C_i、F_i 依次为子系统 S_1、S_2 的要素、结构和功能；S_1、S_2 分别表示海洋产业系统和海洋生态环境系统，R_{el} 是海洋产业与海洋生态环境耦合系统的耦合关系集合，既包含子系统之间的耦合关系，也包含子系统内部各要素间的耦合关系；R_{st} 为海洋产业与海洋生态环境耦合系统的限制或约束集合；O 为海洋产业与海洋生态环境耦合系统的目标集合；T、L 分别为海洋产业与海洋生态环境耦合系统的时间、空间变量。

一方面，海洋生态环境系统是耦合系统的物质基础，生态系统是由一定时空范围内的生物系统与其所处环境系统之间彼此作用的构成体，也是人类进行基本生产生活的基本场所，为物质资料的生产、流通和消费提供了基本条件。另一方

面，海洋产业系统是耦合系统的核心所在，既包括人的全面发展，也包括社会其他方面的综合发展，涉及海洋经济的增长和社会福利水平的整体提升。系统要素之间的物质、能量和信息的有序流动，促使系统向着有序度和自组织性方向演进，实现海洋产业结构调整与海洋生态环境保护之间在不同时空尺度上的耦合协调发展。

海洋产业系统和海洋生态环境系统不断向高层面耦合发展，是海洋产业与海洋生态环境耦合系统协调发展的核心，也是整个耦合系统发展的最高要求。在目标实现的过程中，海洋生态环境系统的健康发展需要以海洋产业系统的优化发展为支撑，海洋产业系统的稳定发展也离不开海洋生态环境系统的良性发展。因此，耦合系统中各要素按照某种或者特定的方式相互作用，彼此依存，形成一个有机整体，相互之间的耦合作用决定耦合系统的演进方向。

三、海洋产业与海洋生态环境耦合发展的功能分析

功能是物质系统所具有的作用及功效等，系统功能则是指系统各要素之间相互作用、彼此约束。结构决定功能，功能又对结构产生反作用。不仅如此，外部环境的变化也会导致耦合系统结构和功能的变化。基于上述分析，我们将海洋产业与海洋生态环境耦合系统的主要功能概括如下：

（1）提高循环效率。海洋产业和海洋生态环境耦合系统更注重海洋资源的合理优化配置，促使生产要素向有利于耦合系统发展的优势产业集聚，因此，海洋产业和海洋生态环境耦合系统具有较高的输入能力。海洋生态环境承载力的约束对海洋产业系统的可持续发展压力很大，而输入到耦合系统中的各种信息和能量在耦合系统内部的时间空间结构和生态位结构的相互作用下，形成信息和能量的多级循环和多向流动，进而能够以相对较少的投入量获得相对较高的产出量，大大提升系统资源的使用效率和物质利用效率，提升系统的整体产出水平。

（2）加快能量流动。海洋产业系统和海洋生态环境系统之间及系统内部各要素之间相互作用、彼此影响，同时不断与外界环境进行各种能量和信息传递。由于海洋产业系统和海洋生态环境系统在资源禀赋、空间结构、演变机理及运行机制等诸多方面存在差异，导致两大系统在总能力及能量的分配上也有所差别。一方面，海洋产业系统的发展需要大量使用海洋生态环境中的自然资源，同时，也向海洋环境中排放各种生产废弃物和有害物质；另一方面，海洋生态环境承载力约束海洋产业的发展，同时，海洋生态环境的改善依赖于海洋经济发展方式的

转变。因此，合理地利用海洋资源、处理好海洋经济发展与海洋生态环境的关系是实现耦合系统顺利运行的前提条件。

（3）提升综合效益。海洋产业与海洋生态环境耦合系统应注重海洋产业与海洋生态环境协同发展。通过系统耦合，构建合理的海洋产业与海洋生态环境耦合系统的时空结构和生态位结构，强化海洋产业之间及产业内部与海洋生态环境之间的耦合作用，追求海洋产业生产生活过程中物质和能源的循环利用，降低生产过程中物质和能量的损耗，减少入海污染物的排放量，提升海洋活动的经济效益，实现海洋经济效益和生态效益的协同发展。不仅如此，在提升海洋活动综合效益的同时，还应保护海洋再生产所需资源的可持续利用，为海洋经济发展提供良好的生态环境，满足人类的生态需求，提高社会效益，实现在耦合机理、协同发展条件下的综合效益。

第四节　海洋产业与海洋生态环境耦合发展的效应分析

一、海洋产业发展与海洋生态环境演变关系

20世纪80年代以来，区域产业类型逐步由传统产业生产为主向工业、第三产业综合发展，生态环境问题也随之变化。最初产业结构主要是农业和以农/海产品加工为主的加工业，生态环境压力较小，整体生态环境良好。随着农业经济向工业经济逐渐转型，第二产业比重逐渐加大，与之而来的工业污染排放量也逐渐增加。同时，为追求农业生产效率，化肥和农业饲料开始被大量使用，由于利用率不高，70%左右的农药化肥进入水体污染河流及海洋，造成养殖水域及部分地表水体水质超标，生态环境压力增大。20世纪90年代以后，能源产业和石化产业的快速发展推动了第三产业的相应发展，逐步形成第二产业和第三产业共同发展的综合产业结构，但部分高能源、高资源和能源消耗产业仍占据主导地位，致使环境污染负荷加大，部分河流污染严重，局部海域综合环境问题突出。

（1）地区生态环境问题由陆地向海洋发展、由单一地表生态破坏逐步加速向综合污染与生态破坏演变。随着产业布局由内陆延伸到沿海，生态环境问题亦由陆地延伸至海洋，由单一的地表生态破坏逐步演变为海洋环境污染、岸线滩涂湿地破坏、生物多样性下降等海陆环境问题。1984年湛江经济技术开发区的开

发建设，标志着区域产业布局逐步由内陆向沿海扩展，沿海工业园也开始大批出现，呈点状发展，带来港口码头建设高潮。20 世纪 90 年代后，沿海工业园区、八大港口附近自然岸线逐渐缩减，加之毁林开荒、围海造田等活动仍未得到有效遏制，生物多样性锐减，海陆综合环境问题开始显现。

（2）产业布局由点向区域、由城市向乡村扩展，生态环境问题亦由单一的局部污染向区域型复合污染演变。20 世纪 90 年代后，产业由单个企业逐步向园区发展，沿海岸线拓展，生态环境压力由点状向面状变化。同时，工业化和城市化进程加快，导致污染问题由单一的局部点源污染向区域性复合污染演变，较为典型的如东部部分城市，城市规模扩大，造成地表水污染较为严重，雾霾天气的出现暗示着区域性生态污染初现端倪。

（3）产业布局由城市人口密集区向乡村空旷地带扩展，已有生态环境问题尚未能完全遏制，新的生态环境问题相继出现。随着经济发展的深入和扩展，城市工业向农村及沿海转移，多个产业聚集区选址于沿海或乡村空旷地带。加之"农村工业化"步伐加快，乡镇企业蓬勃发展，但相关配套设施落后，农村生态环境压力增加，生态环境问题由城市向农村转移。与此同时，环境污染控制设施并未随着城市化、工业化的加快同步建设，导致环境污染势头未得到有效遏制，区域生态环境压力增大，局部区域生态环境功能呈下降态势。

二、海洋产业结构演进对海洋生态环境的胁迫效应分析

随着海洋经济的快速发展和工业化水平的不断提高，海洋产业发展与海洋资源能源的承载力及海洋生态环境容量之间的矛盾日益突出。海洋产业结构对海洋生态环境的胁迫效应主要有：

（1）人口聚集对海洋生态环境的胁迫。人口扩张主要体现为沿海城市人口密度和生活强度，人口密度决定沿海城市入海污染物排放压力的一般水平，生活方式决定入海污染物排放的变化水平，生活强度关键在于沿海居民的消费水平和生活习惯。人口的迅速扩张对海洋生态环境的胁迫主要体现在两个方面：一是沿海人口密度的不断增大对海洋生态环境产生压力，沿海经济发展水平越高，聚集的人口越多，沿海城市人口密度越大，对海洋生态环境的压力就越大。二是沿海居民消费水平的不断提高将促进消费结构的变化，促使人们向海洋产业系统和海洋生态环境系统索取的资源和能源等的力度加大、速度不断加快，进而对海洋生态环境系统产生胁迫。

（2）经济发展对海洋生态环境的胁迫。涉海产业聚集导致大规模生产、污染物的入海排放和资源的争夺。海洋经济发展对海洋生态环境的胁迫也表现在两个方面：一方面，海洋产业聚集过程中的涉海企业规模的扩大与海洋经济总量的增加，都是以大量的海洋资源与能源消耗、空间占有率的争夺为代价的，从而导致了海洋生态环境系统压力的增加。另一方面，在海洋经济发展过程中，一些行为加大了海洋生态环境压力，然而也存在着一些对压力具有缓解作用的行为，例如海洋产业聚集过程中出现的海洋产业结构调整、海洋产业重组、规模效益，以及海洋经济的快速增长能够带来更多的海洋环保治理投资，提高人为净化能力来缓解海洋生态环境压力，还有通过清洁生产技术的推广使用来控制污染排放总量，这些都可以减轻海洋产业发展对海洋生态环境系统的压力。因此，经济发展对海洋生态环境的胁迫是这两种力量正反交互作用的结果。

（3）社会文化对海洋生态环境的胁迫。社会文化对海洋生态环境系统所产生的压力主要通过上述人口增长和经济发展两个方面体现，而社会文化所倡导的文化意识和生活方式在其中的作用不可小觑，文化意识和生产技术水平的提高同时还有助于改善海洋生态环境系统。崇尚奢侈、富足的文化意识和生活方式的代价是消耗大量的人口资源和物质生产产量，这无疑将导致海洋生态环境系统压力的增加；崇尚节俭、生态的文化意识和生活方式将节省不必要的物料和资源消耗，同时对生产技术的提升也有一定的促进作用，有助于耦合系统的协调发展。

三、海洋生态环境对海洋产业结构演进的约束效应分析

海洋生态环境对海洋产业发展的约束效应主要有：

（1）海洋生态环境对人口质量的约束。恶化的海洋生态环境通过降低沿海城市居住环境的舒适度，影响人们在沿海城市的定居情况进而影响沿海城市的城市化进程。海洋生态环境对人口质量的约束主要体现在两个方面：一是阻碍海洋产业发展。随着人们生活水平的提高，现代人越来越重视居住环境，对优美环境的追求是人们选择居住环境的主要动因。然而日益恶化的海洋生态环境系统将影响优秀人才的定居意愿，将具有良好经济实力和文化素质的居民"驱逐"出沿海城市，导致技术和资金的随之流失，影响海洋产业的发展，最终导致海洋经济的衰退。二是影响沿海城市的空间结构，沿海城市中心人口密度相对较高，生态环境压力较大，部分经济实力较好的居民选择到郊区寻找适宜的居住环境，人口的外迁将影响沿海城市的空间结构，进而影响海洋经济的发展进程。

（2）海洋生态环境对经济发展的约束。海洋生态环境对海洋产业发展的约束主要是由于海洋生态环境系统要素的支撑能力下降或整个海洋生态质量下降而引起的涉海产业聚集成本的增长，主要体现在三个方面：一是海洋生态环境系统质量下降导致海洋产业生产成本增加，致使生产力增长速度下降，导致海洋经济增长放缓。在资金、技术等的投入有限的前提下，环保投入的增加就争夺了其他方面海洋经济发展的资金，可能引起生产率的下降，进而影响海洋经济的增长速度。二是海洋生态环境系统要素支撑能力的下降将影响海洋产业的发展速度。近岸海域环境的日益恶化和环境污染情况的严峻，提高了涉海产业的生产成本，降低了涉海产品的竞争力，从而抑制了涉海产业的壮大。三是海洋生态环境系统质量的降低阻碍资金的流入，影响海洋经济的发展。海洋生态环境是部分海洋产业竞争力的重要方面，尤其是现代涉海高科技企业对海洋生态环境有着更高的要求。高科技企业资本和高科技企业人才两者之间具有互动效应，部分海洋产业由于海洋生态环境污染严重，使该地区逐渐丧失科技竞争力，致使企业丧失很多良好投资机会，在知识经济和科技经济占主导地位的今天，损失高科技企业资本无疑会给海洋经济的长远发展蒙上一层阴影。

（3）海洋生态灾害对海洋产业的影响。海洋生态环境系统恶化引起的灾害性事件降低了海洋产业的基础支撑能力，从而使海洋产业发展受到影响。比如，海洋绿潮灾害发生导致部分渔民损失惨重，对当地的渔业、水产养殖、海洋环境及生态服务功能造成不同程度的影响。《2016 年山东省海洋环境状况公报》显示，2016 年黄海绿潮最大分布面积为 5.75 万平方公里，最大覆盖面积为 554 平方公里，其中，山东省海域内绿潮最大分布面积为 3.66 万平方公里，最大覆盖面积为 412 平方公里。2016 年是黄海绿潮分布面积近 5 年来最大的一年，较近 5年平均值增加了 37%，目前绿潮已经成为了山东省海洋环境的一种常态现象。①

四、海洋产业与海洋生态环境的耦合效应分析

一方面，海洋产业通过人口扩张、经济增长和社会文化对海洋生态环境产生胁迫；另一方面，海洋生态环境又通过人口驱逐、经济干扰、资金争夺和灾害影响等对海洋产业发展产生约束。在这一胁迫交互的机制作用下，两者的交互耦合效应可以由海洋产业和海洋生态环境之间的动态关系解释。

---

① 《2014 年山东省海洋环境状况公报》。

　　根据环境经济学的观点，经济系统中产出的增长必然伴随着资源投入的增加，同时也伴随着废弃物产出的增加，也就是说环境污染是经济发展的必然产物。同时，环境问题的解决依赖于经济发展程度，只有当经济发展到一定水平后才能为环境问题的解决提供充足的物质基础。这两方面的共同作用决定了生态环境质量的变化和污染物排放量的涨落，环境既是经济发展的条件，也是经济发展的结果。海洋经济发展主要是通过海洋产业结构调整、海洋产业布局调整、海洋污染治理技术水平提高和海洋环保投入等因素的相互作用、相互影响，使海洋生态环境系统发生变化；海洋生态环境对海洋产业发展有反作用，体现在改善海洋生态环境能促进海洋产业发展，反之则会抑制海洋产业发展。为此，我们构建以下海洋产业发展与海洋生态环境交互耦合关系框架模式（见图 3－1），正是海洋产业系统与海洋生态环境系统之间的交互耦合关系，促进了海洋经济的协调发展。

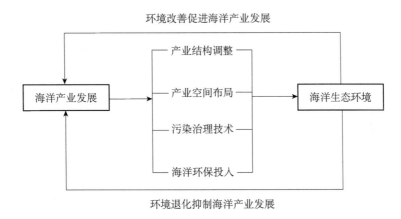

图 3－1　海洋产业与海洋生态环境交互耦合关系概念框架

第五节　本章小结

　　针对海洋产业系统与海洋生态环境系统耦合的复杂性，本章分析了海洋产业系统与海洋生态环境系统耦合的静态演化过程。首先，明确了海洋产业系统与海洋生态环境系统的耦合关系；随后，对海洋产业系统与海洋生态环境系统耦合的原则及模式进行了阐述，分析海洋产业系统与海洋生态环境系统耦合发展的机遇与挑战；进而，从耦合的基本要素和耦合的结构关系层面探究了海洋产业与海洋生态环境耦合系统的结构，阐述了海洋产业与海洋生态环境耦合系统的功能；最后，对两者耦合发展的效应进行了分析，包括海洋产业结构演进对海洋生态环境的胁迫效应、海洋生态环境对海洋产业结构演进的约束效应及海洋产业与海洋生态环境的耦合效应等。

第四章
海洋产业与海洋生态环境耦合发展的动态演化研究

第一节 基于耗散结构理论的耦合发展演化研究

一、耗散结构理论及形成条件

目前已被大家认可的耗散结构理论被概括为：存在一个开放性的系统，在非线性作用下脱离平衡态并不断与外界环境进行各种交换活动，直至这个开放性系统内的某一因素达到其极限承载力，随后通过一系列作用发生非平衡响应，实现系统由混沌无序到稳定有序的转变过程。不仅如此，系统要实现这种非平衡态下的有序结构，离不开与外界环境的物质和能量交换。因此，耗散结构理论应包括四个内容，即开放性、非线性、远离平衡态及系统的涨落，这四个条件是形成耗散结构必不可少的重要因素。

（一）海洋产业与海洋生态环境耦合系统的开放性

熵是热力学中表征系统无序程度的一个参量，通常用符号 S 表示，熵值越大说明系统的无序程度越高，系统越混乱。在一个相对独立的系统中，随着时间的推移熵值会不断增加，直到达到系统熵的极限阈值，此时的系统将处于最混乱、最无序的状态，而出现这样的概率几乎为零，因此，耗散结构理论决定系统不可能出现在这种混乱无序的状态，也就是说系统不可能出现在相对独立的环境中。耗散结构理论认为，只有充分开放的系统才能与外界环境进行完全、充分的物质和能量交换，这样从外界环境中引入的负熵流才能与内部产生的熵流相互抵消，从而降低系统的总熵值，实现系统从混乱无序到整体有序的转化。因此，系统的开放性是实现系统耦合的首要条件。

开放性系统的熵增量包括两部分：一部分是系统自身产生的熵 dis，且这部分熵产生恒为正值；另一部分是系统与外界环境进行交换产生的熵 des，这部分熵产生可能为正值、负值或者零。系统的总熵值 ds 就是这两部分的和，即 $ds = dis + des$。系统要实现有序发展，整个系统的总熵值应为负值，基于系统自身产生的正熵值 dis，因此，系统从外界环境引入的 des 必须为负值，且 des 的绝对值要大于 dis，也就是说，引入的负熵值要能够抵消内部的正熵值。用这个原理来解释海洋产业与海洋生态环境耦合系统的开放性，可以解释如下：

在系统内部，海洋产业与海洋生态环境耦合系统内部各要素之间并不是相互独立的，而是相互作用、彼此影响，相互之间不断进行着物质和能量交换，这种物质和能量交换过程维持着耦合系统的稳定状态；在系统外部，作为一个开放性系统，海洋产业与海洋生态环境耦合系统不断从海洋生态环境中索取生产所需的各种资源和能量，最终将生产出的废弃物和副产品排放到海洋生态系统中，这样循环往复维持着耦合系统的演化和发展。因此，海洋产业与海洋生态环境耦合系统作为一个开放性的系统，不断地进行着输入和输出过程，但这并不说明耦合系统处于耗散结构的有序状态，只有当外部环境向耦合系统输入的负熵值足以抵消耦合系统内部的正熵值时，耦合系统才有向耗散结构转变的可能性，即开放性是耦合系统实现耗散结构的必要非充分条件。

（二）海洋产业与海洋生态环境耦合系统的非线性

非线性与线性是要素之间相互作用的不同方式，两者的区别在于：线性作用后的结果仅是各个要素之间作用的简单叠加，而不能产生新的结构和功能；非线性作用后的结果并非要素相互作用的简单叠加，而是相互之间具有干扰性，各个要素之间相互约束、彼此影响，最终形成新的结构和功能，产生完全不同于任何要素的新的性质。如果说系统仅是在线性作用下进行简单的叠加，那么这个系统也并不能称为复杂系统；基于非线性动力学作用下的相互作用，系统内各要素之间相互作用才能形成有序的复杂结构。海洋产业与海洋生态环境耦合系统必须要有非线性动力学的相互作用，这种类似正负反馈机制的非线性的相互作用促使耦合系统内部各要素之间相互影响、相互协同，最终实现耦合系统从无序状态到稳定有序状态的转变。

海洋产业与海洋生态环境耦合系统一个重要特征就是存在非线性作用，海洋产业系统与海洋生态环境系统非线性关系的产生源于多方面的影响，包括系统各要素的综合作用、外部环境的影响等。海洋产业与海洋生态环境耦合系统各要素的相互作用都是非线性的，任一系统要素的微小变化不仅会引起耦合系统整体量的变化，更会从某种程度上引起耦合系统功能、结构和性质等质的变化。这种非线性耦合与放大效应，表现为整体大于局部之和的态势。用函数关系式表示这种关系如下：

$$\frac{dX_i}{dt} = F_i(r, t, \{X_i\}, \{\lambda_j\}) \tag{4-1}$$

其中，r 为空间变量，t 为时间变量，$\lambda_j (j = 1, 2, 3, \cdots, m)$ 为非平衡约束的控制变量，$X_i (i = 1, 2, 3, \cdots, n)$ 为耦合系统的状态变量。

（三）海洋产业与海洋生态环境耦合系统的非平衡态

根据最小熵的产生原理，系统在平衡状态下会向着混乱无序的状态演变，不仅如此，在近乎平衡态的区域内，从外部环境引入的负熵流仅是在某种程度上减缓了系统趋向平衡态的发展趋势，系统内部产生的正熵流会推动系统向着有序破坏的趋势演进，阻碍系统内部有序机构的产生。因此，只有在非平衡态的条件下，系统才能向着有序、稳定、健康的方向发展。

海洋产业与海洋生态环境耦合系统是一个远离平衡态的动态系统。根据上述阐述，耦合系统是一个开放性的系统，对于开放性的系统来说，平衡态是相对的，非平衡态才是绝对的。海洋产业与海洋生态环境耦合系统的非平衡态是经由动态涨落形成的稳定有序状态，是耦合系统内部、耦合系统与外部环境之间的物质交换和能量流动作用下的产物。从时间角度上讲，海洋产业与海洋生态环境耦合系统的构成要素之间的发展是不均衡的，从空间角度上讲，不同沿海地区或沿海工业区的产业结构及产业聚集程度、不同海域的生态环境质量及海域承载力等情况也不尽相同，这种空间上的不平衡会对海洋产业与海洋生态环境耦合系统产生发展势差，形成发展的驱动力，这也是竞争发生的原因之一。

因此，海洋产业与海洋生态环境耦合系统是远离平衡态的系统，这种非平衡态促使耦合系统在与外界环境交流的过程中，引入不同量级的负熵流，并产生有规律的波动和非线性作用叠加，新的涨落也随之产生，最终实现系统向着有序状态发展。或者说，远离平衡态的海洋产业与海洋生态环境耦合系统，在与外界环境进行物质和能量交换过程中，可能向着相对平衡态或非平衡态方向演变。

（四）海洋产业与海洋生态环境耦合系统的涨落

涨落现象是系统内部随机干扰导致的，这种随机扰动的结构和功能较为复杂，扰动的剧烈程度及演变规律较难控制。涨落现象是系统形成自组织的耗散结构必须的前提条件：当系统处于平衡状态时，系统受随机干扰引发的偏离会逐渐衰退直至消失，系统因此也回归到稳定状态；当系统处于非平衡态时，也就是上述的非线性作用区域，在非线性动力学的作用机制下，系统内任一微小的涨落都会引起系统的巨大变化，打破原有系统的结构和性质，从而形成新的有序的结构和组织。

开放性、非平衡态及非线性是耦合系统自组织形成耗散结构的基础条件，涨落则是耦合系统走向有序耗散结构的触发器，驱动耦合系统内原来的稳定分支演化到耗散结构状态的助推器，起着至关重要的作用。海洋产业与海洋生态环境耦合系统有着诸多的随机性涨落，这些随机性涨落又可以具体分为两个方面：一方面是海洋产业与海洋生态环境耦合系统的外部涨落，比如消费者的环境保护意识、政府颁布的海洋环保法规、生产产业需求的绿色技术出现等；另一方面来自海洋产业与海洋生态环境耦合系统的内部涨落，包括海洋产业结构优化调整、清洁生产技术引用、高科技人才引进、产业生态化发展要求等，这些都是引起耦合系统内部涨落的影响因素。外部涨落和内部涨落均可以使耦合系统脱离原有的平衡状态，特别是具有开放性的、远离平衡态的、非线性特征的系统，这些微小涨落经由系统自身的正负反馈机制被成倍放大，导致耦合系统不断演化成为一个全新、有序的耗散结构。

二、耦合系统熵变模型的建立

耗散结构系统的成长演变表现为系统在某一成长分支上失稳，而使系统跃迁到另一成长分支上的非平衡演化。当耗散结构系统中的一个或多个参数发生变化时，系统会由原来的有序结构逐渐演化，越过临界点进入一种无序状态，并通过系统涨落发生突变，从而形成一种相对意义上的稳定、有序结构。因此，耗散结构系统的成长演变过程也可以看作系统不断由一种耗散结构转变为另一种耗散结构的过程。

熵是从微观视角测量系统的混乱程度，熵值越小表明系统有序程度越高，熵值越大表明系统的有序程度越低。因此，要提高系统的有序程度，就要通过采取手段降低系统的熵值。作为一个复杂开放性系统，从耗散结构理论出发，耦合系统中存在着三种熵流：正熵，即系统混沌无序状态的体现；负熵，即系统稳定有序状态的体现；正熵与负熵相加之和即为总熵，体现为系统内部的有序程度。耗散结构之所以能向新的耗散结构转变，并在非线性作用机制下因巨涨落而发生突变，也是因为不断地对"负熵流"的吸收。系统的资金流、信息流、能源流及技术流等会因为系统内部的某些障碍而缓慢减少，正熵流是由于要素流动欠佳产生的，是系统外部资金、信息、能源、技术等与系统交互作用形成，因而正熵流能较好地表征这一现象。根据普利高津提出的熵变公式，总熵在 dt 时间间隔内产生 dS，有两大主要组成部分：一部分是熵产生 dS_i，是来自系统内部的熵增加，这部分熵值具有非负性的特征，其产生于系统内部的不可逆过程；另一部分是熵流 dS_e，是来自系统外部的熵流，其产生于系统时刻与外界环境进行的各种交换过程。以这一理论为基础，建立耦合系统的熵变模型，系统地度量耦合要素的熵变关系。其假设如下：

假设 1：海洋产业与海洋生态环境耦合系统的总熵值为：

$$dS = Q = dSR + dSK = dS_iR + dS_eR + dS_iK + dS_eK$$
$$= (dS_iR + dS_iK) + (dS_eR + dS_eK) \qquad (4-2)$$

其中，dS 为总熵流；Q 为耦合系统的总产出；R 为融入耦合系统的资金、信息、技术等要素；dS_iR 表示熵流的产生，即耦合系统中相关要素的流失；dS_eR 为负熵流，即耦合系统中有利要素的引入来中和耦合系统内部产生的熵流；K 为融入耦合系统的支撑因素，也是耦合系统发展阶段的体现；dS_iK 表示耦合系统作用未得到充分发挥，耦合系统发展尚未成熟，海洋产业系统与海洋生态环境系统之间协作不通畅；dS_eK 表示耦合系统具有较高的成熟度，能够很好地协调各要素主体之间的关系。

假设 2：海洋产业与海洋生态环境耦合系统的产出价值为：

$$E(dS) = \frac{dS}{V} = \frac{Q}{V} \qquad (4-3)$$

其中，Q 为耦合系统总产出；V 为产出的经济价值；$E(dS)$ 为通常意义上的期望产出值，在这用来表示耦合系统的期望熵，体现耦合系统总产出与产出的经济价值的比例关系。

对上述公式两边求时间 t 的导数可得：

$$\frac{dE(dS)}{dt} = \frac{d(Q/V)}{dt} = \frac{1}{V}\frac{dQ}{dt} - \frac{Q}{V^2}\frac{dV}{dt}$$

$$= \frac{1}{V}\frac{(dS_iR + dS_iK) + (dS_eR + dS_eK)}{dt}$$

$$- \frac{dV}{dt}\frac{(dS_iR + dS_iK) + (dS_eR + dS_eK)}{V^2} \qquad (4-4)$$

将式（4-4）改为差分形式为：

$$\Delta E(dS) = \left\{ \frac{[(dS_iR + dS_iK) + (dS_eR + dS_eK)]T}{V} - \frac{[(dS_iR + dS_iK) + (dS_eR + dS_eK)]S}{V} \right\}$$

$$- \frac{\Delta V}{V}\frac{(dS_iR + dS_iK) + (dS_eR + dS_eK)}{V}$$

$$= [E(dS)T - E(dS)S] - E(dS)\frac{\Delta V}{V} \qquad (4-5)$$

上述式中，$E(dS)T$、$E(dS)S$ 表示耦合系统的最终状态和起始状态，$E(dS)T$ 与 $E(dS)S$ 的差值即为耦合系统的熵产生。据此，可以得到耦合系统的期望熵为：

$$\Delta E(dS) = E(dS_i) - E(dS_e) \qquad (4-6)$$

（1）若 $\Delta E(dS) < 0$，表明耦合系统吸收的负熵流抵消并超过耦合系统内部产生的正熵流，预示着耦合系统各要素之间相互协作、彼此配合，向着稳定有序的耗散结构演变，呈现良好的发展势头。

（2）若 $\Delta E(dS) > 0$，表明在耦合系统演变过程中，耦合系统与外界环境进行交换吸收的负熵流不能完全抵消耦合系统内部正熵流，使系统内部要素功能受限，系统向着无序状态发展。

（3）若 $\Delta E(dS) = 0$，表明耦合系统吸收的负熵流等于系统内部产生的正熵流，耦合系统实现了"平衡"，系统的有序程度不变。

三、耦合系统熵变模型的演化研究

海洋产业系统和海洋生态环境系统在耦合过程中会产生正熵和负熵，且主要是以内部正熵为主，但在两大系统耦合过程中存在合理的分配机制，从而有效缓解耦合过程中的熵增，使负熵占主要地位。海洋作为人类社会生产生活的主要场所和主要载体，海洋经济的增长速度远超过同期国民经济的增长速度，海洋经济日益成为经济发展的主导力量。但由于海洋资源的不可再生性和技术层面的制约，海洋经济增长有其发展局限。在经济发展初期，天然的海洋资源储备及生物多样性、有利的海洋开发政策以及富足的劳动力等条件为海洋产业的发展提供极大的外部负熵流。随着海洋产业发展日益成熟，海洋产业发展内部产生的正熵不断增加，需要从外界环境摄取的负熵也日益增长，以此来实现海洋产业发展总熵的平衡。在这期间，循环利用海洋资源及环保资金的投入为海洋经济的可持续发展提供了保障。

从长远发展的角度看，海洋经济的增长处于一种相对缓慢的动态平衡中，海洋产业的发展有其自身的生长周期，海洋产业最终会由无序发展状态走向有序发展状态，进入其发展的衰退期。海洋产业的这种衰退有来自内外的双重压力：有内部来自海洋资源衰竭、边际效应递减、海洋生态环境恶化、海洋产业同构化、海洋产业布局区位优势丧失等的压力，也有外部来自涉海法规缺失、海洋技术落后、海洋人才短缺等的压力。不仅如此，内部压力和外部压力在系统非线性动力作用下也存在着耦合放大作用：耦合系统内部压力增加，系统内部的抗干扰能力也不堪负荷，导致耦合系统抵御外界环境压力的能力出现失衡；与此同时，外界环境对海洋产业系统与海洋生态环境系统及其控制参量造成的干扰也将通过耦合机制不断放大，进而导致耦合系统的无序程度加大，最终导致耦合系统内部压力的增加。

海洋经济发展给人们带来生产和生活水平提高的同时，也给海洋生态环境带来了压力和挑战。不合理地开发利用海洋资源造成低下的海域面积使用效率，海湾和海岸线缩减，近岸生态系统遭到不可修复的破坏。过度的开发索取导致海洋资源匮乏，超负荷的捕捞和开发超出海域承载力，沿海的工业污染已经造成近岸海域生境破坏，生物多样性锐减，海洋生态环境系统已经在海洋产业迅速发展下变得支离破碎，海洋产业系统的长远发展也将受到海洋资源和海洋环境的双重压力。此外，海洋生态环境的治理速度远远落后于临海工业与城市化的扩张速度，海洋产业发展的生产活动已经造成部分海洋生态系统失衡，局部海域生态功能严重退化，海岸防灾减灾功能降低。

耦合过程将促进耦合系统中海洋产业系统与海洋生态环境系统的持续发展。耦合后的系统，通过不断地引入负熵，将推动海洋产业系统和海洋生态环境系统的发展，充分发挥海洋产业系统与海洋生态环境系统的差异性优势，优化配置各种要素资源，从而实现优势互补，降低耦合系统的熵增。此外，耦合过程还能增加海洋产业与海洋生态环境耦合系统与外界环境的交换活动，加快要素之间的物质交换和信息流动。因此，海洋产业与海洋生态环境耦合系统的发展演变实质上是耦合系统由高熵到低熵的实现过程。

（一）高熵值阶段

在这个发展阶段，耦合状态还未成型，系统内部仍处于混沌无序状态，系统与外界环境的交换作用也未充分发挥，此时海洋产业与海洋生态环境耦合系统内部熵值为正，总熵值呈递增趋势。主要表现在海洋资源开发利用、海洋环境保护等政策措施未充分发挥其作用，海洋经济发展未考虑海洋环境的承载力等因素，致使海洋产业与海洋生态环境耦合系统的熵增不断增加，加之从外部环境引入的负熵流未能抵消耦合系统产生的熵增加，加剧了耦合系统的无序程度。

鉴于上述分析，耦合系统从外界环境交换引入的负熵未能充分中和耦合系统内部产生的正熵，因而耦合系统仍处于高熵阶段。在这个发展阶段，海洋产业系统与海洋生态环境系统的耦合程度不断加深，外部环境的负熵流不断引入并对耦合系统产生正向积极作用，使耦合系统内部及系统之间的有序程度增加。但外部环境引入的负熵流仍不足以抵消耦合系统内部产生的正熵流，仅能在一定程度上减缓总熵流的增加速度，且随着外部引入的负熵流不断增加，系统总熵流逐渐减小，产生突变。当耦合系统处于高熵阶段，海洋产业与海洋生态环境耦合系统的熵演化处于 *oa* 段（见图 4 - 1），在外部负熵流的作用下，海洋产业与海洋生态环境耦合系统实现低度耦合。

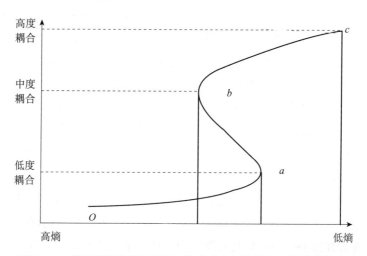

图 4 - 1　基于熵流的海洋产业与海洋生态环境耦合系统演化轨迹

(二) 低熵值阶段

随着海洋产业与海洋生态环境耦合系统的各子系统及系统要素之间相互作用的不断深化，耦合系统与外部环境之间的物质交换和能量流动加速了耦合系统向着有序状态发展，加之负熵流引入的增加，海洋产业与海洋生态环境耦合系统表现为一种从高熵值向低熵值过渡的状态。海洋产业与海洋生态环境耦合系统的熵演变过程呈现出的是一种螺旋式上升的运动轨迹，表现为从无序到有序、从新阶段的无序再到有序的循环往复的演变过程。海洋产业与海洋生态环境耦合系统从高熵值到熵值较低的低度耦合 oa 阶段，随后从熵值较低发展到熵值较高的中度耦合 ab 阶段，最终从熵值较低发展到熵值较高的高度耦合 bc 阶段，完成了海洋产业与海洋生态环境耦合系统的演化轨迹。

第二节　基于竞合关系模型的耦合发展演化研究

一、竞合关系理论及形成条件

(一) 竞合关系理论

竞合关系是指参与事物的双方或多方保持一种既竞争又合作的关系，在竞争中实现优胜劣汰、共同发展，在合作中谋求更好的存在方式。对于竞合关系的研究最早是 Brandenburger 和 Nalebuff 在 1996 年开展的专题研究，随着环境动态性和人类需求多样化趋势日益明显，企业意识到应该通过与其他企业或组织形成竞合关系来实现自己的战略目标，竞合理论研究也呈现逐步增多的趋势。竞争与合作关系在企业结构中较为普遍，企业在相互依存关系中会涉及价值创造和价值分享过程，形成统一的利益联结体，竞争与合作关系就存在于这个利益联结体中，并且两者紧密合作，形成所谓的竞合关系。竞争与合作并非对立关系，既可以在竞争中实现合作，也可以经由合作实现更好的竞争。因此，竞合关系是用辩证统一的思维看待事物，突破传统意义上单纯从竞争视角或单纯从合作视角分析问题的思维，认为在个体或组织关系中竞争和合作可以并存，两者相互作用、相互影响，并在一定条件下能够相互转化。为明晰竞合关系的要素及其相互作用和演化联系，学者们研究构建了一个组织间竞合关系研究框架（见图4-2）。

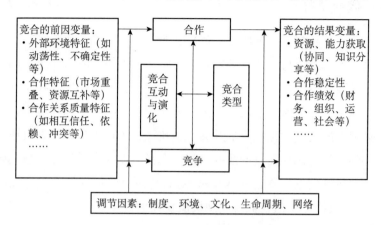

图4-2 组织间竞合关系研究框架

（二）形成条件

本书在此主要研究个体或组织的共生关系。生物学中的"共生"是指两种生物生活在一起的交互作用，当共生关系发展到一定程度时，共生生物会产生一定分工，并产生新的组织形态。我们所研究的共生关系可由生态学的概念推出：不同生物个体之间由于资源禀赋、个体结构和功能等的不同，通过优势互补、资源共享、分工合作等途径形成有利于对方生存的、一种复杂互补性的关系。个体或组织形成共生关系是有一定的前提条件的：首先，个体或组织具有资源禀赋的差异，包括资源、规模、结构、功能等。禀赋的差异性是共生关系发生的物质基础。其次，个体或组织具有共生需求：一方面，个体或组织依据自身的禀赋特征，能够从其他个体或组织获得发展所需的关键禀赋；另一方面，个体或组织能通过这种资源共享和资源利用率的提升来促进经济发展。从生物仿生学的视角分析，若用 $R_{c,i}$ 表示处于共生状态时的个体成长率，用 $R_{n,i}$ 表示处于非共生状态时的个体成长率，只有当 $R_{c,i} > R_{n,i}$ 时，生物之间才有动力建立共生关系。再次，个体或组织之间应有共生关系的诉求，以便高效地实现目标。最后，共生带来的协同效应要有利于个体或组织的可持续发展。

二、竞合关系模型的建立及分析

共生关系体现在生物个体之间具有互补关系，不同生物个体之间通过优势互补，实现共同发展。在此引用逻辑斯蒂（Logistic）模型对生物体共生的经济效益进行解释。

（一）逻辑斯蒂模型

根据逻辑斯蒂模型的解释，生物量的总和是有限的，单一生物个体每增加消费 $1/N$ 单位的生物量，留给其他生物个体的生物量就减少了 $1/N$ 单位，也就是说生物个体每增加消费 x/N 单位的生物量，留给其他生物可获取的"剩余生物量"则为 $(1 - x/N)$。假设生物的产出是连续的，用逻辑斯蒂模型描述人类对环境的影响作用：

$$\frac{dx}{dt} = rx(1 - \frac{x}{N}) \tag{4-7}$$

其中，r 为人类活动的增长速率；x 为人类活动的进行程度；N 为环境的最大承载力水平；$\frac{dx}{dt}$ 表示人类活动对环境影响的速率。将上述公式展开，公式两边同除以 x^2，并设 $Y = \frac{1}{x}$，代入公式，解关于 Y 的一阶微分得到：

$$Y = \frac{1}{N} + ce^{-rt} （c 为常数） \tag{4-8}$$

即 x 关于 t 的表达式为：

$$x = \frac{1}{1/N + ce^{-rt}} \tag{4-9}$$

上述模型有自我抑制作用：当 $x < N$ 时，人类活动对环境的影响程度处于上升阶段；当 $x = N$ 时，人类活动对环境的影响程度达到环境的最大承载力，且不再上升，处于平衡状态；当 $x > N$ 时，人类活动对环境的影响开始下降直至平衡，但如果环境的承载力受到不可弥补的损坏，系统则有崩溃的可能。

（二）互利共生的逻辑斯蒂模型

若共生生物个体在未存在共生关系之前，均符合逻辑斯蒂的生长过程，则两个生物个体的产出情况分别满足逻辑斯蒂模型，即：

$$\begin{cases} \frac{dx_1}{dt} = r_1 x_1 (1 - \frac{x_1}{N_1}) \\ \frac{dx_2}{dt} = r_2 x_2 (1 - \frac{x_2}{N_2}) \end{cases} \tag{4-10}$$

其中，x_1、x_2 分别为不同生物个体的产出水平。当两者处于共生状态时，生物个体的存在均会对对方的产出水平起到促进作用，上述表达式可以改写为：

$$\begin{cases} \dfrac{dx_1}{dt} = r_1 x_1 (1 - \dfrac{x_1}{N_1} + \delta_1 \dfrac{x_2}{N_2}) \\ \dfrac{dx_2}{dt} = r_2 x_2 (1 - \dfrac{x_2}{N_2} + \delta_2 \dfrac{x_1}{N_1}) \end{cases} \quad (\delta_1 > 0, \delta_2 > 0) \qquad (4-11)$$

当两生物在共生模型中达到均衡的稳定状态时，上述公式可以表示为：

$$\begin{cases} f(x_1, x_2) = \dfrac{dx_1}{dt} = r_1 x_1 (1 - \dfrac{x_1}{N_1} + \delta_1 \dfrac{x_2}{N_2}) = 0 \\ g(x_1, x_2) = \dfrac{dx_2}{dt} = r_2 x_2 (1 - \dfrac{x_2}{N_2} + \delta_2 \dfrac{x_1}{N_1}) = 0 \end{cases} \qquad (4-12)$$

求解上述公式，得到稳定点 $E(x_1, x_2) = \left\{ \dfrac{N_1(1+\delta_1)}{1-\delta_1\delta_2}, \dfrac{N_2(1+\delta_2)}{1-\delta_1\delta_2} \right\}$，当 $x_1 > 0$，$x_2 > 0$ 时，即 $\dfrac{N_1(1+\delta_1)}{1-\delta_1\delta_2} > 0, \dfrac{N_2(1+\delta_2)}{1-\delta_1\delta_2} > 0$，同时 $\delta_1\delta_2 < 1$ 时，则生物个体之间存在共生关系。对微分方程组进行一阶泰勒展开：

$$\begin{cases} \dfrac{dx_1}{dt} = r_1 (1 - \dfrac{2x_1}{N_1} + \delta_1 \dfrac{x_2}{N_2})(x_1 - x_1') + r_1 x_1 \delta_1 \dfrac{(x_2 - x_2')}{N_2} \\ \dfrac{dx_2}{dt} = \dfrac{\delta_2 r_2 x_2}{N_1}(x_1 - x_1') + r_2 (1 - \dfrac{2x_2}{N_2} + \delta_2 \dfrac{x_1}{N_1})(x_2 - x_2') \end{cases} \qquad (4-13)$$

将稳定点 $E(x_1, x_2) = \left\{ \dfrac{N_1(1+\delta_1)}{1-\delta_1\delta_2}, \dfrac{N_2(1+\delta_2)}{1-\delta_1\delta_2} \right\}$ 代入上述公式，得到系统矩阵：

$$A = \begin{bmatrix} -r_1 \dfrac{(1+\delta_1)}{1-\delta_1\delta_2}, & r_1 x_1 \delta_1 \dfrac{(1+\delta_1)}{N_2(1-\delta_1\delta_2)} \\ r_2 x_2 \delta_2 \dfrac{(1+\delta_2)}{N_1(1-\delta_1\delta_2)}, & -r_2 \dfrac{(1+\delta_2)}{1-\delta_1\delta_2} \end{bmatrix} \qquad (4-14)$$

方程组有稳定解的条件是 $\delta_1\delta_2 < 1$，因此，生物个体之间实现稳定共生的条件是 $\delta_1\delta_2 < 1$。

三、逻辑斯蒂模型的演化研究

系统论决定着系统必将向着熵增和无序状态演变，因此，系统间的协作与耦合或许是实现可持续发展的最优路径，系统通过与外界环境的交换活动引入负熵来中和系统内部正熵的产生，实现系统向更高层次的跃迁，促进耦合系统的有序、健康发展。根据逻辑斯蒂方程，耦合系统演化过程也是系统总体发展水平突破容量限制产生阶段性跃迁的结果。按照其发展演化的不同情况，可以分为以下几种类型（见图4-3）：

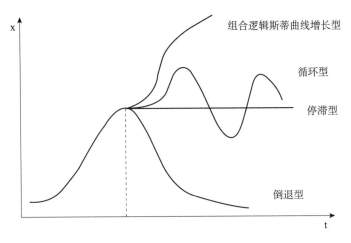

图4-3 耦合系统演化的模式

（一）倒退型

当耦合系统发展到顶峰状态时，由于信息处理不当或者系统对负熵流吸收得不充分，出现生态环境严重恶化、资源的过度消耗导致资源枯竭加速、产业结构不合理及生态、经济和社会政策约束不到位等一系列问题，使人在系统中的调控和组织作用未得到正常发挥，耦合系统在有限的资源和生态环境约束下出现结构性失衡，且系统已不能消融此类涨落因素，耦合系统脱离稳定有序的状态，出现生态环境失衡，系统产业链断层，资金、技术及人才等要素外流现象，系统规模萎缩，导致整个系统的最终崩溃。

（二）停滞型

这种类型的发展情形与循环型的发展演变过程有着类似之处，当耦合系统发展到顶峰时，通过人类的调控和组织作用，能够使耦合系统维持在原有的发展状态。但这些调控措施并未解决发展过程中的实质性问题，即使耦合系统能不断产生微涨落，这些微涨落也会被稳定的系统结构吸收消融，这样就保证耦合系统的稳定性不受破坏，耦合系统又会逐渐演变到接近平衡的非平衡态。值得一提是，停滞型的发展演变过程既不能使耦合系统向更高层次跃进，也防止了耦合系统向低层次的衰退。

（三）循环型

耦合系统发展到一定程度后，就会遇到资源枯竭、生态失衡及环境破坏等瓶颈，在这种情况下，耦合系统产生的微涨落不仅不会被吸收和减弱，反而会在非线性动力学的作用下逐渐远离平衡状态并不断被放大，发生非平衡相变，引起耦合系统脱离有序状态。此时，人的调控及其他组织作用能在一定程度上发挥作用，通过采取限制海洋资源开发、改善海洋生态环境、优化海洋产业结构、促进海洋高新技术应用、增加海洋基础设施建设等措施缓解发展过程中出现的矛盾，促使耦合系统的正向演化。但这并未从根本上解决问题，因而耦合系统只能在原有状态附近上下波动，出现循环往复的情形，也不能实现协调发展。

（四）组合逻辑斯蒂曲线增长型

当耦合系统发展到顶峰时，在充分掌握并利用信息的前提下，人类在与外界环境交流过程中及时、正确地处理熵流，耦合系统的产业结构和功能得到调整和升级，高新技术得到开发和利用，生态能源替代了传统的不可再生能源，生态环境得到治理和保护，耦合系统被注入了新的发展活力。耦合条件下的协调发展开始有可能为一种更优的突变，通过系统间资源的合理配置，海洋产业和海洋生态环境将形成一种更高层次的可持续发展路径，实现了从质到量的飞跃，呈现螺旋上升的趋势，从而带来更大的社会效益、更低的单位能耗及更优的协同效应。

第三节　海洋生态—产业安全的共生耦合发展演化研究

一、海洋生态—产业安全的共生模型构建

（一）海洋产业与海洋生态环境安全的相互作用关系

海洋产业与海洋生态环境安全的相互作用关系实质上也就是海洋经济增长与海洋生态环境保护之间的协调关系问题，海洋产业系统与海洋生态环境系统通过

某种作用关系形成耦合系统，本书将海洋生态—产业复合系统协调定义为在海洋产业发展过程中兼顾彼此有矛盾的事物，力求减少或消除其矛盾根源，直至实现两者的互利发展。因此，海洋生态—产业复合系统的协调程度取决于海洋产业发展与海洋生态环境安全的相互作用关系和发展水平。两大子系统的相互关系通过正向的促进和负向的抑制形式体现，如图4-4所示。根据作用和反馈方式的不同，可将海洋产业发展与海洋生态环境安全之间的作用关系大致分为4种：

（1）海洋产业发展促进海洋生态环境安全水平的提高，同时海洋生态环境安全水平的提高有利于海洋产业的发展，体现为两者的互助发展。

（2）海洋产业发展有利于涉海产业技术创新，从而推动海洋生态环境安全水平的提升，但海洋生态环境安全标准的提高将淘汰部分不合格的涉海企业，这种情况下将从一定程度上局部抑制海洋产业的发展。

（3）海洋产业生产过程中对海洋资源的消耗及生产废弃物的入海排放，将对海洋生态环境产生胁迫作用。通过积极发展低碳海洋产业，促进传统海洋产业向新兴、绿色海洋生态产业转化，实现海洋产业结构的优化调整。

（4）海洋产业生产过程中对海洋生态环境带来威胁，为确保海洋经济发展在海洋环境承载力范围内，在综合考虑海洋生态环境承载力的情况下关闭部分污染严重的涉海企业，从而对海洋经济发展起到了一定的抑制作用，此时的主要特点体现为两者的相互抑制。

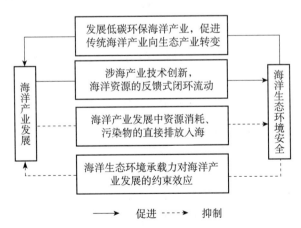

图4-4　海洋产业发展与海洋生态环境安全相互作用关系示意图

（二）共生模型构建理论基础

传统意义上的海洋生态安全测度方法主要有指标体系法和特征指数法，且两种方法各有自己的优势和劣势。指标体系法的优势在于能够简单明了地运用分析导致海洋生态安全问题产生的原因，且其选取的指标体系科学合理，能较为准确地反映海洋生态经济的含义。不足之处是，指标体系中的数据经标准化后再进行加权求和，得到的综合指标将失去其最初的含义，违背了指标选取的初衷。不仅如此，指标体系中权重的赋予也存在较大的分歧：层次分析法（Analytic Hierarchy Process，AHP）和专家意见法是较为常用的方法，但这种指标权重的确定主观性较大，受人为判断意识的影响较大，客观性不强；而主成分分析（Principal Components Analysis，PCA）或因子分析（Factor Analysis）等方法确定权重，虽然能在一定程度上避免主观性，但是经处理后的主成分和因子仅能反映各指标的相对重要性，并不能反映指标选取的初衷。与之截然不同的是，特征指数法的优势是选取的指标体系能整体上表明海洋生态经济的意义，且其评价后的结果也易于理解。不足之处是，特征指数法的计算方法极易产生计算误差，计算得出的指标也不能代表所要表达的海洋生态经济意义。为有效解决上述两种传统的海洋生态安全测度方法存在的问题，实现指标体系法和特征指数法的优势互补，我们尝试构建海洋生态安全的共生耦合测度模型，实现海洋生态和海洋产业复合系统的动态均衡。

Lotka-Volterra 模型是由美国生态学家 A. J. Lotka（1925）和意大利数学家 V. Volterra（1926）构建的，该模型对现代生态学理论和共生理论发展影响深远。"共生"（Symbiosis）这一词语起源于生物学，最初是在 1879 年由德国真菌学家德贝里（Anton de Bary）提出，是指不同物种的生物按照某种联系生活在一起，演化为现在的不同种类的有机体之间长期作用和相互依存的共同生存现象。

海洋生态环境和海洋产业是较为典型的共生系统，它们之间的关系不仅反映着海洋生态系统的安全现状，还预示着未来两者关系的演变趋势。共生系统意指能同时满足海洋产业结构演进规律与海洋生态环境保护的复合形态，既能实现海洋经济的稳定发展，也能实现海洋生态环境保护与资源节约利用。海洋生态—产业共生系统并不是要单纯追求海洋生态环境保护而放弃海洋经济增长，而是要将海洋经济发展给海洋生态环境带来的压力与胁迫影响控制在海域环境承载力范围内，也就是既确保海洋经济的增长水平，同时也要确保海洋生态环境不受到严重破坏，并且逐步修复并改善已被破坏的海洋生态环境，实现海洋经济增长与海洋生态环境保护并行。因此，衡量海洋生态系统的安全与否不仅要对生态系统本身进行分析，也应考虑到海洋生态和海洋产业系统之间的共生关系。为此，基于生态学理论和共生理论，根据海洋生态—产业复合系统和海洋生态安全的情况，我们可以将一般 Lotka-Volterra 模型稍加改造，构建适应海洋生态—产业复合系统共生关系的协同发展模型，对海洋生态安全的共生耦合关系进行测度。

（三）复合系统协同演化模型

针对海洋生态安全（MES）问题，构建压力—状态—影响—响应（PSIR）结构模型（简称 MES-PSIR 结构模型）比较合适。MES-PSIR 结构模型的构成有：①社会经济压力子系统（P），反映海洋经济发展和海洋产业对海洋资源需求和对生态环境破坏等压力；②资源与环境状态子系统（S），反映海洋资源总量、海域质量情况、海洋生态服务功能以及海洋环境承载力等状态；③生态影响子系统（I），反映海洋生态系统健康状况、生态系统的自我调节与恢复能力、海洋灾害发生情况、海洋生物多样性以及海平面上升等影响；④人类响应子系统（P），反映人类对改善生态环境做出的努力，从科技投入、法律规范、政策扶持等方面对海洋环境问题做出响应。当海洋生态与海洋产业系统两者相互独立存在时，根据逻辑斯蒂模型，可得到两者相互关系如下：

$$\frac{dInd(t)}{dt} = r_1 Ind(t) \frac{\lambda C(t) - Ind(t)}{\lambda C(t)} \qquad (4-15)$$

$$\frac{dEco(t)}{dt} = r_2 Eco(t) \frac{\phi C(t) - Eco(t)}{\phi C(t)} \qquad (4-16)$$

改进的海洋生态—产业复合系统共生关系 Lotka-Volterra 模型可以用两个独立的非线性微分方程表示如下：

$$\frac{dInd(t)}{dt} = r_1 Ind(t) \frac{\lambda C(t) - Ind(t) - \alpha(t) Eco(t)}{\lambda C(t)} \qquad (4-17)$$

$$\frac{dEco(t)}{dt} = r_2 Eco(t) \frac{\phi C(t) - Eco(t) - \beta(t) Ind(t)}{\phi C(t)} \qquad (4-18)$$

其中，$Ind(t)$ 为海洋产业水平指数，反映海洋产业的可持续发展水平，可以用 MES-PSIR 结构模型中的压力子系统和响应子系统指标体系，借助模糊综合评价方法获取；$Eco(t)$ 为某海域生态水平指数，反映海洋生态系统受影响的程度，可以用 MES-PSIR 结构模型中的影响子系统指标体系计算获得；$C(t)$ 为生态环境承载力指数，反映海洋产业的发展空间和海洋生态环境的承载能力，可以用 MES-PSIR 结构模型中的状态子系统指标体系计算获得；$\alpha(t)$ 为海洋生态对海洋产业的竞争效应；$\beta(t)$ 为海洋产业对海洋生态的竞争效应；r_1 为海洋产业水平发展情况；r_2 为海洋生态环境水平发展情况；λ 和 ϕ 分别为环境容量全部用于海洋产业发展或海洋生态发展的环境贡献系数；t 为时间变量。

在海洋生态—产业复合系统中，海洋产业水平 $Ind(t)$ 和海洋生态安全水平 $Eco(t)$ 均依赖于海洋资源，两者具有资源性竞争特性。从式（4-17）、式（4-18）两个方程和 $\alpha(t)$、$\beta(t)$ 的定义可以推导出，海洋生态系统 $Eco(t)$ 对海洋产业系统 $Ind(t)$ 的影响系数为 $\alpha(t)/\lambda C(t)$，海洋产业系统 $Ind(t)$ 对海洋生态系统 $Eco(t)$ 的影响系数为 $\beta(t)/\phi C(t)$，且当 $\alpha(t) > 0$ 时，海洋生态安全水平的发展将抑制海洋产业的发展，当 $\alpha(t) < 0$ 时，海洋生态安全水平的发展将促进海洋产业的发展，当 $\alpha(t) = 0$ 时，海洋生态系统和海洋产业发展不相关，对式（4-18）中 $\beta(t)$ 的解释也如此。

为求得系统平衡点，根据微分方程几何理论，令式（4-17）、（4-18）等于 0，则

$$\frac{dInd(t)}{dt} = r_1 Ind(t) \frac{\lambda C(t) - Ind(t) - \alpha(t)Eco(t)}{\lambda C(t)} = 0 \qquad (4-19)$$

$$\frac{dEco(t)}{dt} = r_2 Eco(t) \frac{\phi C(t) - Eco(t) - \beta(t)Ind(t)}{\phi C(t)} = 0 \qquad (4-20)$$

当 $\alpha(t) = \beta(t) = 1$ 时，可得到四个均衡点，即 $O_1 (0, 0)$、$O_2 (\lambda C(t), 0)$、$O_3 (0, \phi C(t))$、$O_4 \left\{ \frac{\lambda C(t)[1 - \alpha(t)]}{1 - \alpha(t)\beta(t)}, \frac{\phi C(t)[1 - \beta(t)]}{1 - \alpha(t)\beta(t)} \right\}$。对上述的平衡点分析可知：对于海洋产业系统来说，当 $Ind(t) = 0$ 时，$Eco(t) = \lambda C(t)/\alpha(t)$，当 $Eco(t) = 0$ 时，$Ind(t) = \lambda C(t)$；对于海洋生态系统来说，当 $Ind(t) = 0$ 时，$Eco(t) = \phi C(t)$，当 $Eco(t) = 0$ 时，$Ind(t) = \phi C(t)/\beta(t)$。由 $\lambda C(t)/\alpha(t)$、$\lambda C(t)$ 和 $\phi C(t)/\beta(t)$、$\phi C(t)$ 分别形成两条直线，表示 $Ind(t)$ 和 $Eco(t)$ 的容量，其发展情况可分为以下 a、b、c、d 四种（见图4-5）。

如图4-5所示，a. 当 $\lambda C(t) > \phi C(t)/\beta(t)$，$\phi C(t) < \lambda C(t)/\alpha(t)$ 时，海洋产业系统能继续成长，而海洋生态系统则已达到环境最大承载力，无法继续成长，最终结果是海洋产业系统胜出；b. 当 $\lambda C(t) < \phi C(t)/\beta(t)$，$\phi C(t) > \lambda C(t)/\alpha(t)$ 时，竞争结果是海洋生态系统胜出，海洋产业系统退出；c. 当 $\lambda C(t) < \phi C(t)/\beta(t)$，$\phi C(t) < \lambda C(t)/\alpha(t)$ 时，两者进入稳定的共存发展状态，E 即为平衡点，得到稳定状态下的 $Ind(t)$ 和 $Eco(t)$：

$$Ind(t) = \lambda C(t) - \alpha(t)Eco(t) \qquad (4-21)$$

$$Eco(t) = \phi C(t) - \beta(t)Ind(t) \qquad (4-22)$$

d. 当 $\lambda C(t) > \phi C(t)/\beta(t)$，$\phi C(t) > \lambda C(t)/\alpha(t)$ 时，两者处于不稳定的竞争状态中，双方均有胜出的可能。因此，a、b 和 d 都是不稳定的状态，只有 c 是稳定共生的，即两者在协同演化的过程中实现自身容量的最大化。

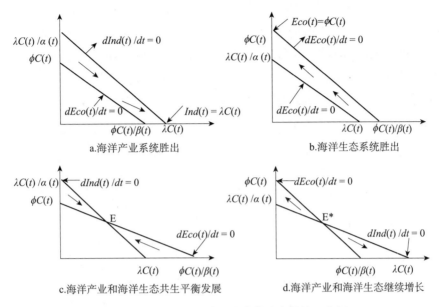

图4-5 海洋产业和海洋生态共生发展情况分析

二、海洋生态—产业安全共生协调水平测度

运用控制论的相关原理求解海洋生态—产业复合系统共生关系 Lotka-Volterra 模型的稳定条件，得出海洋生态对海洋产业的竞争效应 $\alpha(t)$ 及海洋产业对海洋生态的竞争效应 $\beta(t)$：

$$\alpha(t) = \frac{\lambda C(t) - Ind(t)}{Eco(t)} \tag{4-23}$$

$$\beta(t) = \frac{\phi C(t) - Eco(t)}{Ind(t)} \tag{4-24}$$

通过测算，得出海洋生态环境系统与海洋产业系统的关系如下（见表4-1）：

表4-1 海洋生态与海洋产业共生关系的界定

分类	取值	关系	海洋生态/海洋产业	解释
1	$\alpha(t) > 0$ 且 $\beta(t) > 0$	相互竞争关系	—/—	双方增长抑制另一方增长
2	$\alpha(t) > 0$ 且 $\beta(t) < 0$	偏利共生关系	—/+	一方增长对另一增长有影响
3	$\alpha(t) < 0$ 且 $\beta(t) > 0$		+/—	
4	$\alpha(t) < 0$ 且 $\beta(t) < 0$	良性互动关系	+/+	双方增长促进另一方的增长

从上述分析不难看出，海洋生态—产业复合系统中的海洋生态环境子系统和海洋产业子系统通过共同的海洋自然资源，间接实现耦合共生。要想实现两大子系统的均衡发展，实现海洋生态—产业的互惠共生，应设计海洋生态—产业复合系统共生协调关系模型，从而分析研究系统的演化趋势。为了定量分析两者发展的协调关系，在此基础上构造海洋生态—产业共生度指数 $RHS(t)$（Relationship Index of Harmonious Symbiosis）：

$$RHS(t) = -\frac{\alpha(t) + \beta(t)}{\sqrt{\alpha^2(t) + \beta^2(t)}} \qquad (4-25)$$

且 $\alpha(t)$ 和 $\beta(t)$ 不同时为 0。根据算术平均值和几何平均值不等式，

$$|\alpha(t) + \beta(t)|/2 \leq \sqrt{\alpha^2(t) + \beta^2(t)}/\sqrt{2} \qquad (4-26)$$

当且仅当 $\alpha(t) = \beta(t)$ 时，等号成立，

$$|RHS(t)| = |-\frac{\alpha(t) + \beta(t)}{\sqrt{\alpha^2(t) + \beta^2(t)}}| \leq \sqrt{2} \qquad (4-27)$$

且 $\alpha(t)$ 和 $\beta(t)$ 不同时为 0，当且仅当 $\alpha(t) = \beta(t)$ 时，等号成立。因此，共生度 $RHS(t)$ 的取值范围为 $[-\sqrt{2}, \sqrt{2}]$，且数值越大两者越趋向于共生发展，数值越小两者越趋向于竞争存在。

三、基于共生耦合关系的海洋生态—产业安全分析

上述海洋生态—产业安全分析中的共生度指数 $RHS(t)$ 是用于评价海洋生态安全性的重要依据，但海洋生态环境与海洋产业之间的关系并非简单的对应存在，为进一步分析共生度指数与海洋生态安全性之间的对应关系，结合表 4-1 界定的海洋生态与海洋产业共生关系，可将生态安全状态分为以下几大区间：当 $RHS(t) \in (1, \sqrt{2}]$ 时，两者为良性互动关系，海洋生态—产业复合系统处于生态安全区；当 $RHS(t) \in (0, 1)$ 时，两者为偏利共生状态，海洋生态—产业复合系统处于不安全区；当 $RHS(t) \in [-\sqrt{2}, 0)$ 时，两者为相互竞争状态，海洋生态—产业复合系统处于不安全区；当 $RHS(t) = 1$ 时，属于偏利共生状态，被称为海洋生态安全阈值，也就是进入生态安全区的界限；当 $RHS(t) = 0$ 时，被称为海洋生态安全底线，也就是进入生态不安全区的界限。其中，偏利共生状态和相互竞争状态又可进行细分，具体关系分析如表 4-2 所示。由此可见，共生度能够有效测度海洋生态安全，且能较为准确地反映海洋生态经济意义，通过海洋生态

环境系统与海洋产业系统的共生关系反映海洋生态安全的发展趋势和演变规律。

表 4 – 2　海洋生态—产业复合系统共生模式与竞争系数的关系

产业与生态的关系模式分析	共生模式（正向作用）	互利共生模式	相互促进	$\alpha(t) < 0$; $\beta(t) < 0$
		偏利共生模式（一方获利，一方无效）	产业偏利模式（产业获利，生态无效）	$\alpha(t) < 0$; $\beta(t) = 0$
			生态偏利模式（生态获利，产业无效）	$\alpha(t) = 0$; $\beta(t) < 0$
	非共生模式（负向作用）	偏害模式（一方受损，一方无利）	产业偏害模式（产业受损，生态无利）	$\alpha(t) > 0$; $\beta(t) = 0$
			生态偏害模式（生态受损，产业无利）	$\alpha(t) = 0$; $\beta(t) > 0$
		单害模式（一方受损，一方获利）	产业单害模式（产业受损，生态获利）	$\alpha(t) > 0$; $\beta(t) < 0$
			生态单害模式（生态受损，产业获利）	$\alpha(t) < 0$; $\beta(t) > 0$
		竞争模式	相互抑制	$\alpha(t) > 0$; $\beta(t) > 0$

　　通过构建海洋生态安全的 PSIR 模型，利用改进的海洋生态—产业 Lotka-Volterra 模型构建了海洋生态安全的共生耦合测度模型，可以看出，海洋生态子系统和海洋产业子系统之间经历相互竞争关系、偏利共生关系和良性互动关系三个阶段，最终实现动态平衡发展。综上所述，海洋生态—产业复合系统演化能够促进各个子系统之间形成更加紧密的联系，构建共生的结合体，并维持在时空上的生命延续和持续进化，复合系统的共生关系能较好地诠释海洋生态系统与海洋产业的相互作用机理，以及人类发展的演进和生态安全变化的趋势。这一点优于库兹涅茨曲线（Environment Kuznets Curve，EKC），EKC 仅能单方面解释海洋产业发展对生态环境的影响，未能充分考虑海洋生态系统与海洋产业系统之间的相互作用，对于隐藏在海洋生态—产业复合系统中的内在作用机理和深层次原因不能做出合理解释。值得注意的是，从 Lotka-Volterra 模型的分析中发现，海洋生态—产业复合系统演化需要重视协同作用，防止过度竞争，明确复合系统及各子系统的生态位，通过兼容方式实现复合系统的协同演化。这就要求各子系统内的参与者在制定自身发展对策时，应抛弃原有的单纯以自身发展为重的传统思维方式，而应更多关注系统内部各参与者协调平衡发展的系统思维方式。

第四节　本章小结

　　针对海洋产业发展与海洋生态环境矛盾越来越突出、海岸带生态环境趋于恶化的现状，本章对海洋产业系统与海洋生态环境系统耦合的动态演化过程进行了研究。首先，建立了海洋产业系统与海洋生态环境系统耦合过程的熵变模型，剖析了两大系统耦合的熵演化过程，进而揭示了海洋产业与海洋生态环境耦合系统的耗散结构演化机理；其次，以海洋产业与海洋生态环境耦合发展中的竞合关系为着眼点，获得系统的动态均衡图；最后，建立海洋产业与海洋生态环境竞争与合作的 Lotka-Volterra 实证模型，定量判定海洋产业与海洋生态环境之间经历相互竞争关系、偏利共生关系和良性互动关系三个阶段，最终实现动态平衡发展，并基于共生耦合关系对山东省海洋生态—产业安全进行分析，为海洋产业与海洋生态环境耦合发展政策制定提供理论依据和指导。

第五章
中国海洋产业与海洋生态环境耦合发展评价

第一节　海洋产业发展状态评估

一、山东省海洋产业发展现状

（一）海洋经济增速快

党的十八届三中全会要求全面推进海洋丝绸之路、丝绸之路经济带建设，加快同周边国家和地区的基础设施互联互通，形成全方位开放的新格局。2011 年山东半岛蓝色经济区建设启动以来，山东省一直将发展海洋经济作为落实国家战略、谋求特色发展的重要举措。海洋经济保持较快发展，对山东省域经济发展起到了重要的推动作用，这也是选取山东省作为主要研究对象的原因。

具体表现在：一是海洋经济规模持续扩张。2011 ~ 2016 年，山东海洋经济保持较快发展，规模不断扩张。海洋生产总值从 8080 亿元增长到 13285 亿元，年均增长 10.5%，高于全国平均增长率 1.4 个百分点。二是海洋经济结构不断优化。2011 ~ 2016 年，山东省海洋经济结构升级步伐加快。海洋三次产业占比从 6.7：49.1：44.2 调整为 5.8：43.2：51.0，第三产业所占比重超过 50%。三是海洋产业持续快速发展。2011 ~ 2016 年，主要海洋产业增加值年均增长 10%，海洋化工业、海洋生物医药业、海洋电力业、海水利用业、滨海旅游业年均增长率超过 15%。海洋科研教育管理服务业年均增长率达到 16.2%。四是区域海洋产业集聚初步形成。形成了以青岛为核心，烟台、威海、潍坊、日照等沿海城市特色发展的海洋经济发展格局。青岛的海洋交通运输业与海洋生物产业、烟台的海洋装备制造业和海洋生物医药产业、威海的海洋渔业和水产品加工业，以及潍坊的海洋化工业，均已形成一定规模的产业集聚，对区域经济的带动作用日益显现。青岛西海岸新区发展迅速，2016 年实现国内生产总值 2871.1 亿元，位居国家级新区前三强。五是创新驱动作用明显增强。先后建成青岛海洋科学与技术国家实验室、北京航空航天大学青岛研究院等一批科技创新载体，拥有 56 所中央驻鲁和市属以上涉海科研和教学机构，46 个国家级海洋科技平台，先后参与深海空间站、透明海洋、深海钻探等一批国家重大科技工程，培养和引进了包括"两院"院士、"千人计划"学者在内的一批海洋高层次人才，引进和培育了青岛港、武船重工、中集来福士、明月海藻、东方海洋、好当家等一批创新型海洋企业。

在山东省海洋经济高速发展的同时也可以看到，海洋经济对全省经济的拉动作用有所减弱。突出表现在：一是海洋经济增长速度低于区域经济增长，海洋GDP 占 GDP 比重从 2011 年的 21.2% 下降到 2016 年的 19.8%。2011~2016 年，海洋经济对全省经济增长的贡献率为 18.5%，虽明显高于全国水平（8.7%），但仍低于广东（19.6%）和福建（24.6%）两省。海洋现代服务业发展明显滞后。二是海洋第三产业增加值占海洋 GDP 的比重为 51%，明显低于浙江（57.9%）、广东（56.5%）和福建（56.8%）。海洋科研教育管理服务业增加值占海洋 GDP 比重为 19.7%，亦明显低于广东（28.4%）和浙江（22.8%）。滨海旅游业增加值占海洋 GDP 比重仅为 11.9%，远远低于福建（22.6%）、浙江（20.1%）和广东（16.7%）。三是海洋经济增长对资源依赖程度比较高。2011~2016 年，海洋资源开发产业对海洋经济增长的贡献率为 13.9%，明显高于浙江（5.1%）、广东（6.1%）和福建（9.7%），也高于全国水平（6.6%）1 倍左右。海洋服务业对海洋经济增长的贡献率为 51.4%，不仅低于浙江（71.7%）、广东（56.9%）和福建（54%），也低于全国沿海平均水平（58.5%）。此外，海洋产业空间发展不平衡问题也十分突出。总体而言，除海洋捕捞业和海洋交通运输业外，各主要海洋产业高度集中于近岸海域的空间格局仍未改变。在一些海洋产业聚集区，特别是半封闭海湾和大城市周边浅海，产业竞争性用海矛盾日渐突出，由此带来了一系列资源、环境和生态问题，海洋经济发展的空间约束越来越明显。而在离岸海域和广阔的深海大洋，除部分渔业资源和航道空间资源外，总体上处于待开发状态。

2014 年，山东省在其政府工作报告中也做出将积极参与丝绸之路经济带和

21 世纪海上丝绸之路建设的具体要求。山东省海洋产业总产值由 2001 年的 840.58 亿元增长到 2014 年的 11288 亿元，按照名义价格计算，增长了 12.43 倍。其中，海洋第一产业产值由 2001 年的 554.52 亿元上升到 2014 年的 794.5 亿元，增长了 0.43 倍；海洋第二产业产值由 2001 年的 184.92 亿元上升到 2014 年的 5089 亿元，增长了 26.52 倍；海洋第三产业产值由 2001 年的 101.14 亿元上升到 2014 年的 5404.5 亿元，增长了 52.43 倍。以上表明山东省海洋经济发展势头良好，且海洋第二、第三产业增长较快，海洋第三产业增速已经超过海洋第二产业。

图 5-1 为山东省主要海洋产业的产值比重（海洋工程建筑业与海水利用业由于产值比例较低，对海洋经济的贡献较小，且部分数据不全，因此未在图中体现）。从图中可以看出，海洋渔业一直是山东省海洋产业中最核心的部门，但是随着其他海洋产业的迅速发展，海洋渔业产值比重逐渐下降，由 2001 年的 0.6597 下降到 2014 年的 0.2814，降幅明显；滨海旅游业发展势头迅猛，由 2001 年的 0.0301 上升到 2014 年的 0.3124，增幅达 9.38 倍，逼近海洋渔业的产值比重，暂居第二。除海洋渔业和滨海旅游业外，从产值比重来看，2014 年海洋产业比重由大到小顺次为：海洋交通运输业（0.0913）、海洋化工业（0.0801）、海洋船舶业（0.0787）、海洋生物医药业（0.0209）、海洋盐业（0.0143）、海洋油气业（0.0136）、海洋电力业（0.0070）、其他产业。

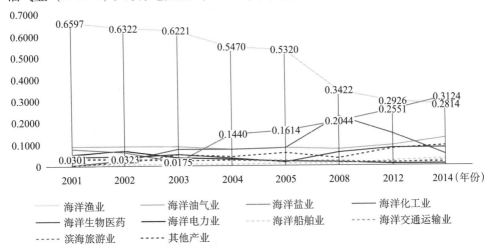

图 5-1　山东省主要海洋产业产值比重

资料来源：2001~2005 年数据来自《中国海洋统计年鉴》，2008 年、2014 年的数据来自山东省国民经济与社会发展统计公报和《中国海洋统计年鉴》。

（二）海洋产业结构较为合理

根据上述传统海洋产业结构的划分方法，2001～2014年山东省与中国海洋产业的三次产业结构如表5-1所示。继续对比山东省海洋三次产业的比重变化与中国海洋三次产业的比重变化，分别如图5-2、图5-3所示。

表5-1　2001～2014年山东省与中国海洋三次产业结构

年份	海洋第一产业（%）		海洋第二产业（%）		海洋第三产业（%）		结构形态	
	山东	中国	山东	中国	山东	中国	山东	中国
2000	71.80	52.00	17.85	15.25	10.35	32.75	一、二、三	一、三、二
2001	65.97	31.19	22.00	17.19	12.03	51.61	一、二、三	三、一、二
2002	63.22	28.08	24.25	17.85	12.52	54.07	一、二、三	三、一、二
2003	62.21	37.10	22.32	25.27	15.48	37.63	一、二、三	三、一、二
2004	54.70	28.95	18.61	22.93	26.69	48.12	一、三、二	三、二、一
2005	53.20	27.32	17.77	23.52	29.03	49.16	一、三、二	三、二、一
2006	8.30	5.40	48.60	46.20	43.10	48.40	二、三、一	三、二、一
2007	7.60	5.50	48.10	45.30	44.30	49.20	二、三、一	三、二、一
2008	7.20	5.40	49.20	47.30	43.60	47.30	二、三、一	二、三、一
2009	7.00	5.80	49.70	46.40	43.30	47.80	二、三、一	三、二、一
2010	6.30	5.10	50.20	47.80	43.50	47.10	二、三、一	三、二、一
2011	6.80	5.20	49.30	47.70	43.90	47.10	二、三、一	三、二、一
2012	7.20	5.30	48.60	46.90	44.20	47.80	二、三、一	三、二、一
2013	7.40	5.40	47.40	45.90	45.20	48.80	二、三、一	三、二、一
2014	7.00	5.10	45.10	43.90	47.90	51.00	三、二、一	三、二、

注：表中数值是指三大海洋产业产值占海洋产业总产值的比重。
资料来源：国家海洋局2002～2014年《中国海洋统计年鉴》。

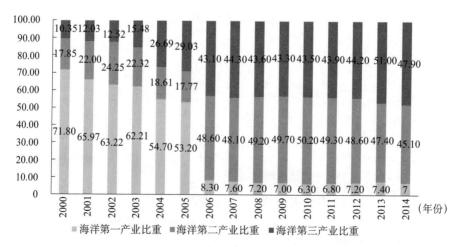

图5-2　2000～2014年山东省海洋三次产业结构情况

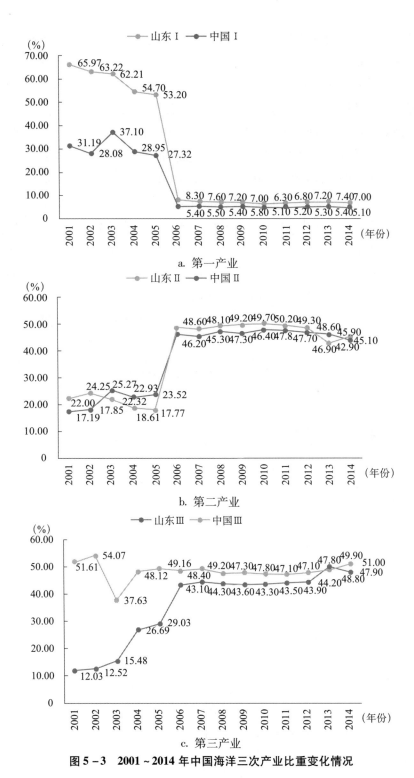

图 5 – 3　2001 ~ 2014 年中国海洋三次产业比重变化情况

产业结构演进的主要推动力来自各个产业的技术进步与产业结构特征、产品供需状况和要素禀赋差异等，此外，经济发展阶段的变迁体现着产业结构的发展演变，区域主导产业也由于生产的专业化分工而形成。根据上述钱纳里的经济发展理论，产业结构的发展演变是从一个经济发展阶段向另一个经济发展阶段跃迁的主要推动力：传统社会生产力水平较低，产业结构主要以农业为主；进入工业化时期，产业结构开始向工业阶段演化；发展到工业化后期，产业结构开始向重工业、资本密集型产业转变；随着经济的不断发展，进入工业化后期阶段，第一产业和第二产业逐渐实现了协调发展，此时第三产业开始崛起，成为经济发展新的增长点；到了后工业化阶段，主导产业开始向技术密集型转变，规模化生产成为这一阶段的重要特点；随着生产专业化的不断细分，知识密集型产业分离出智能密集型产业，两者共同成为现代化社会的主导产业。海洋产业结构的演进过程也大抵如此，海洋产业结构的演进过程大致分为以下四个阶段（见表 5 - 2）。不同区域由于自身经济和社会因素等的交互影响，海洋产业结构的演进也呈现出不同的特征。

表 5 - 2 海洋产业结构演进阶段

阶段	特征	形态
Ⅰ 起步阶段	以海洋水产、海洋运输、海盐等传统产业为发展重点	一、三、二
Ⅱ 海洋第三、第一产业交替演化阶段	滨海旅游、海洋交通运输等海洋第三产业在产值上逐渐超过海洋渔业	三、一、二
Ⅲ 海洋第二产业大发展阶段	海洋产业发展重点逐步转移到海洋生物工程、海洋石油、海上矿业、海洋船舶等海洋第二产业	一、三、一
Ⅳ 海洋产业发展的高级化阶段	海洋信息、技术服务等新兴海洋服务业成为海洋经济发展的支柱	三、二、一

从表 5 - 2 可以看出，2001 ~ 2014 年山东省海洋产业结构逐渐向着高级化的趋势发展，海洋三次产业结构演进基本遵循了海洋产业结构演进规律，表现出 "三二一" 的工业化布局。2004 年以前，山东省海洋三次海洋产业结构呈现 "一二三" 的发展形态，传统海洋产业为主导产业，对海洋资源的开发利用尚处于初级阶段。随着海洋经济的不断发展，对海洋科技与教育、滨海旅游及海洋交通运输等海洋第三产业的需求和投资不断增加，到了 2004 年，海洋产业结构也随之转变为 "一三二" 的发展形态。进入 2006 年后，随着对海洋资源的综合开发能力不断增强及技术、资本的大量投入，海洋第二产业也迎来了飞速发展，甚至超过海洋第三产业，逐渐成为引领区域海洋经济发展的主要因

素，山东省海洋产业结构也进入了"三二一"的发展阶段，即上述的海洋产业结构第三阶段。

海洋第一产业产值比重呈波动下降态势，2006 年是山东省海洋产业结构调整较为明显的一年，海洋第一产业比重下降幅度较大。全国海洋第一产业比重总体也呈现出波动下降态势，2003 年全国海洋第一产业比重略有反弹，2004 年又转为下降趋势，尤其是 2006 年以来，全国海洋第一产业比重持续快速下降，山东省海洋第一产业比重与之差距不断缩小，两者差距由 2002 年的 35.14% 下降到 2014 年的 1.9%，2009 年和 2012 年两者之间差距仅为 1.2%。从图 5 - 3 可以很直观地看出，山东省海洋第一产业比重始终高于全国平均水平，但从整体发展水平上来看，产业比重一直处于下降态势，这也与全国海洋第一产业发展趋势相一致。具体来看，山东省海洋第一产业下降较快，且下降幅度较大，在全国海洋第一产业波动下降的情形下，两者产业比重差距呈现由大到小的趋势，最终实现同步，表明山东省海洋产业结构在向着较为理想的状态发展，且发展势头良好。

自 2001 年以来，全国海洋第二产业比重虽然在 2004 年相对下降，但总体上呈现波动上升的态势，尤其是 2006 年之后，产业比重上升幅度较大，与同期海洋第一产业比重的下降相对应。这也说明我国海洋产业结构逐渐从对海洋资源的直接利用转向对海洋资源的加工利用为主，实现了海洋产业结构的高级化演变。山东省海洋第二产业的发展情况与全国的较为相似，虽然海洋第二产业在 2003年以后略有下降，但总体呈现波动上升的态势，2006 年上升幅度较大，这也与全国海洋第二产业发展情况相似。两者比重总体差距不大，发展趋势极为相似。从图 5 - 3 可以直观地看出，山东省海洋第二产业的发展走势与全国的较为一致，2006 年以前，两者的产业比重相对较低，2006 年以后海洋第二产业比重上升幅度较大，且山东省海洋第二产业的比重一直在全国之上，说明山东海洋第二产业发展得到明显改善。

全国海洋第三产业的发展较为稳定，除 2003 年海洋第三产业比重有所下降之外，总体处于上升态势，且 2008 年以后呈现较为平稳的发展趋势，大致维持在 47.5% 的比例。山东省海洋第三产业则呈现稳步增长的态势，2006 年以前增长幅度较大，且不断接近全国产业比重；2006 年以后产业占比情况与全国相近，总体维持在 44% 的比例。两者差距由 2002 年的 41.54% 下降到 3.5% 左右。从图 5 - 3 能够直观看出，2006 年以后山东省海洋第三产业比重大小和发展趋势与全国海洋第三产业平均水平及趋势拟合度较高，比重大小接近，发展趋势吻合，这也充分表明山东省以滨海旅游业为主体的海洋第三产业发展在山东省海洋经济中的重要地位和作用。

从以上海洋三次产业的比重及其发展趋势与全国的平均水平来看，山东省海洋产业结构的产业有序度正在向着较为合理的方向发展，海洋三大产业比重与全国平均比重相比差别不大，但也存在一定的问题。譬如，海洋第二产业链条过短，对国民经济的横向和纵向拉动作用较为局限；海洋第三产业又以基于海洋自然资源的滨海旅游业和海洋交通运输业为主，对海洋资源的利用等级、利用效率相对较低，属于传统型、资源依赖型的海洋产业结构。这种海洋产业结构对海洋生物资源、海洋矿产资源、沿海滩涂资源存在很强的依赖性，海洋产值的增长主要体现为资源投入带来的产出增加，这种粗放型、外向型的经济发展方式极易引发海洋环境问题，海洋经济的可持续发展能力较弱，缺乏有效的后推力，与建设山东海洋生态省的目标相背离。

二、山东省海洋产业时空发展分析

（一）山东省海洋产业结构时空发展静态分析

（1）总体概况。根据《中国海洋统计年鉴》2002～2015年数据整理得出，2001～2014年，中国海洋经济总量虽然呈逐年上升态势，沿海各省份的海洋产值也不断增加，但沿海各省份的海洋经济发展情况却参差不齐（见图5-4）。纵向比较看，沿海各省份的海洋生产总值均有不同幅度的增加，增长最快的前三位及其增长率为江苏（26.46%）、天津（13.66%）和河北（13.01%），增长幅度位于后三位的省份及其增长率为广东（5.81%）、福建（5.55%）和海南（5.28%）。横向比较看，由于沿海地区地理位置差异，海洋资源的禀赋差异性明显，加之海洋资源开发力度及用海政策的地域性特征，导致沿海省份海洋经济发展悬殊。如2001年，按海洋经济产值（单位：亿元）由大到小顺序依次为广东（1542.69）、山东（840.58）、福建（684.08）、上海（624.93）、浙江（603.32）、辽宁（362.37）、天津（268.65）、江苏（171.98）、广西（121.14）、河北（115.75）、海南（102.31）。根据上述统计结果，2001年产值最高的广东省海洋经济总量是产值最低的海南省海洋经济总量的15倍，沿海地区海洋经济差距较大；到2014年由大到小排序为（单位：亿元）广东（13229.8）、山东（11288.0）、上海（6249.0）、福建（5980.2）、江苏（5590.2）、浙江（5437.7）、天津（5032.2）、辽宁（3917.0）、河北（2051.7）、广西（1021.2）、海南（902.1），产值最高的广东省海洋经济总量是产值最低的海南省海洋经济总量的14倍，差距有所减少但仍然较为悬殊。

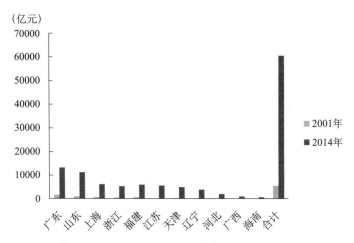

图 5－4 沿海省份 2001 年、2014 年海洋经济总产值情况

（2）海洋产业结构熵数指标。海洋产业结构熵数指标是综合测量海洋产业结构优化程度的指标，其计算公式为：

$$e_t = \sum_{t=1}^{n} \left[W_{it} \ln(1/W_{it}) \right] \qquad (5-1)$$

其中，e_t 为 t 期海洋产业结构熵数值，W_{it} 为第 t 期海洋第 i 产业产值占海洋产业总产值的比重，n 为海洋产业部门个数。如果沿海省份海洋产业发展均衡，海洋产业结构的熵数值就较高，表明海洋产业结构得到了调整优化，海洋产业结构向着多元化趋势发展；反之，如果沿海省份海洋产业发展失衡，海洋产业结构的熵数值就较低，表明海洋产业结构向着单一化趋势发展，海洋产业部门尚存在较大的发展空间。根据历年《中国海洋统计年鉴》的数据，分别计算沿海 11 省份海洋产业结构熵数值，计算结果如图 5－5 所示。

从图 5－5 中能够较为直观地看出，上海、天津两市的海洋产业结构熵数值较大，领先于沿海其他省份，表明其海洋产业结构较为多元化，海洋产业部门之间的发展差距较为均衡；福建省、广东省、山东省、辽宁省、海南省、江苏省、浙江省的海洋产业结构熵数值处于中间，表明其海洋产业结构多元化程度适中，尚有较大的发展空间；广西壮族自治区、河北省的海洋产业结构熵数值较低，表明其海洋产业部门发展失衡，海洋产业结构向着单一化趋势发展，海洋产业结构

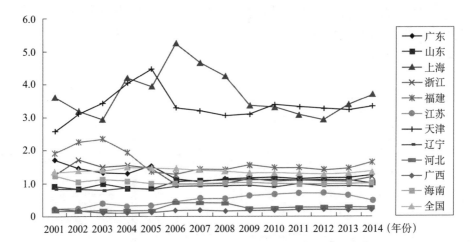

图 5 – 5   2001～2014 年沿海各省份海洋产业结构熵数值

存在较大的调整优化空间。从时序演变上看，除上海、天津两市外，其他沿海省份的海洋产业结构熵数值发展大致分为两个阶段：2006 年以前，海洋产业结构熵数值处于波动发展阶段，海洋产业发展较不稳定，处于动态演化较为活跃的阶段；2006 年以后，海洋产业结构熵数值趋于稳定，曲线发展较为平缓，海洋产业进入稳定发展阶段，海洋产业结构的动态演化过程趋于成熟。

上海市海洋产业结构熵数值较高的原因可能是上海市在其"十二五"规划中，明确将发展海洋产业作为其未来海洋开发的重要环节，并确定未来 5 年海洋经济的增长率不低于 15%。现阶段，上海市海洋产业结构已由原来的"一二三"的初级阶段海洋产业结构向"三二一"的较高阶段海洋产业结构转变，这也为上海地区就业提供了广阔的发展空间，同时还加快了上海海洋产业结构优化。2008 年和 2009 年的金融危机对中国海洋交通运输业的冲击，使海洋产业结构熵数值出现较大波动，表明上海市海洋产业的发展仍有其脆弱性，易受外部环境的冲击，引起整个海洋产业的震荡。"十二五"期间，上海市海洋事业各项工作取得一定成效，但与国家"建设海洋强国"战略、"一带一路"倡议和上海建设"四个中心"、具有全球影响力的科技创新中心的要求相比还存在一些短板。如海洋产业结构和空间布局有待优化，海洋科技自主创新能力有待提高，海洋生态环境保护力度需进一步加大，海洋公共服务水平有待进一步提升。基于上述分析，上海市未来仍需进一步优化海洋产业结构，开展上海参与"21 世纪海上丝绸之路"建设研究，积极融入"长江经济带"建设，对接国家"拓展蓝色经济空间"等战略部署，推动海洋经济创新转型发展。

　　天津是我国北方重要的经济中心，"十二五"期间，全市海洋经济年均增速超过12%，单位岸线产出规模超35亿元，位居全国前列，沿海工业化、城镇化加快推进，海洋国土空间发生了巨大变化。近年来，天津市的海洋产业结构的战略性调整成果显著，海洋经济发展已由初级阶段发展模式跃迁到较高级阶段发展模式，但海洋产业发展仍存在不小阻力，未来仍需加大海洋开发力度，探索海洋产业实现创新发展。与上海市海洋产业发展存在的问题大致相同，天津市海洋产业结构也存在结构不稳定、容易受到外部环境干扰的特性，即便天津市海洋产业涉及领域较广，但海洋产业发展单一化，能够看出天津市海洋经济发展仍在很大程度上依赖于海洋第二产业发展，海洋第三产业也仅仅将发展重点放在海洋交通运输业和滨海旅游业上，忽略其他海洋产业的发展。因此，天津市海洋产业结构的熵数值呈递减的态势，海洋产业结构向着单一化趋势发展，对此，天津市应引起足够重视，在发展海洋优势产业的基础上，利用自身的资源禀赋和区位优势，因地制宜地发展其他海洋产业，实现海洋产业的均衡发展。2017年天津市人民政府印发了《天津市海洋主体功能区规划》（以下简称《规划》），这也是全国首个地方海洋主体功能区规划。《规划》的出台与实施，将会促使天津市加快海洋经济发展方式转变，促进产业结构优化升级，推进海洋生态文明建设，增强海洋可持续发展能力建设的积极开展。

　　对比来看，山东省海洋产业结构的熵数值在波动中增长，但增幅较小，表明山东省海洋产业结构正在趋向多元化发展，海洋产业部门之间的差距在逐渐缩小，但仍低于中国平均水平，表明山东省海洋产业结构较为单一，产业发展不均衡（见图5-6）。

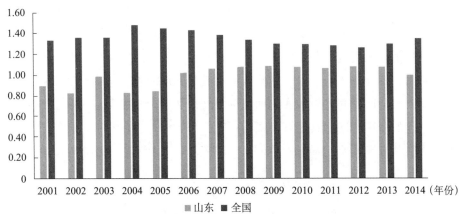

图5-6　2001~2014年全国及山东省海洋产业结构熵数值

总的来看，山东省海洋产业发展主要的问题有：

1）海洋产业内部结构较为单一，海洋产业部门之间发展不均衡，海洋第一产业中的海洋渔业和第三产业中的滨海旅游业比重较大，其他海洋产业发展稍显缓慢。

2）海洋产业结构的合理化程度较低，海洋第二产业虽然发展规模较大，但存在总量多、效率低等诸多问题，对其他海洋产业的横向和纵向关联效应不明显，海洋产业乘数效应较差。

3）海洋产业集中程度较高，产业结构比例不合理，海洋第三产业中发展较快的滨海旅游业科技含量较低，在一定程度上降低了海洋产业的整体竞争力水平。山东省十二五规划纲要中提出"培育现代海洋产业体系，力争海洋经济占地区生产总值比重年均提高 1 个百分点"的目标，因此，山东省海洋产业结构的调整仍然任重而道远。

（二）山东省海洋产业结构时空发展动态测度

测量地域差异的统计指标有多种，测量绝对差异变化常用的指标主要有极差、标准差等，测量相对差异变化的指标多用变差系数、RHL 值、泰尔指数、R/S 分析法、空间中心统计及地带分离系数等。其中，绝对差异变化指标中的标准差和相对差异变化指标中的变差系数是用来衡量地域经济变化的两个最常用的指标。为了更客观地分析我国海洋产业结构情况，在此引入了加权变差系数，将区域的人口情况考虑在内，赋予人口客观权重。为表示各省份海洋经济的差异情况，同时减少一种测度方法带来的误差，下面以沿海 11 省份为区域单元，采用标准差（SD）、变差系数（CV）、加权变差系数（CV*）、泰尔指数等进行定量分析。

（1）标准差。标准差是统计学中用来表示离散程度的统计指标，表示一组数值自平均值分散程度的测量观念。标准差越大，表示大部分数值与其平均值间的差距越大；标准差越小，表示这些数值与其平均值的差异越小。通常认为，标准差越大，表示所研究对象的变化程度越强烈，从这个角度上，标准差也可以当作不确定性的一种测度。其计算公式为：

$$SD = \sqrt{\frac{\sum_{i=1}^{n}(X_i - \bar{X})}{n}} \qquad (5-2)$$

其中，X_i 为沿海省份海洋生产总值，n 为沿海省份的数量（$n=11$），$\bar{X}$ 为沿海省份海洋生产总值的均值。

（2）变差系数。变差系数是衡量研究对象变异程度的统计指标，当进行两组或者多组研究对象变异程度的比较时，若度量单位与平均数一致，则可以直接利用标准差来测度。若度量单位与平均数不同，就不能直接使用标准差，而需采用标准差与平均数的比值来判定，这个比值就称为变差系数，记为 CV。变差系数能够消除度量单位对多组研究对象变异程度的影响。其计算公式为：

$$CV = \sqrt{\frac{\sum_{i=1}^{n} (X_i - \bar{X})}{n}} \bigg/ \bar{X} \tag{5-3}$$

其中，X_i、n、$\bar{X}$ 含义同式（5-2）。

（3）加权变差系数。加权变差系数也是衡量区域发展不平衡程度的指标。Shorrocks（1980，1982）分别从空间、收入来源两个方面对加权变差系数进行了阐述，分析了区域发展不平衡的原因。Akita 和 Miyata（2010）提出了人口加权变差系数的二重分解方法，将空间分配与收入来源分解合并到一个框架体系内，是一种创新性的改变。在此，我们采用 Akita 和 Miyata 提出的人口加权变差系数对沿海各省份的海洋经济发展情况进行定量测度，解析造成中国沿海各省份海洋经济发展不平衡变化的原因。其计算公式为：

$$CV^* = \sqrt{\frac{\sum_{i=1}^{n} (X_i - \bar{X}) \cdot \frac{P_i}{P}}{n}} \bigg/ \bar{X} \tag{5-4}$$

其中，P_i 为沿海各省份的人口，P 为沿海省份的总人口。

（4）泰尔指数。泰尔指数又称为锡尔熵，是由 Theil 和 Henri（1967）利用信息理论中的熵概念计算收入不均而得名，是衡量区域差异的一个重要指标。泰尔指数越大，差距越大；反之，泰尔指数越小，差距越小。其公式为：

$$T = \sum_{i=1}^{n} \frac{Y_i}{Y} \ln\left(\frac{Y_i/Y}{P_i/P}\right) \tag{5-5}$$

其中，T 为泰尔指数，Y_i 为沿海各省份的海洋经济产值，Y 为中国海洋经济总产值，P_i 为沿海各省份的人口，P 为沿海各省份的总人口。

如图 5-7 所示，用标准差来衡量中国沿海省份海洋经济变化的绝对差异，在 2001~2014 年呈现出逐渐上升的"J"型曲线，标准差由 2001 年的 435.02 增至 2014 年的 3427.47，年增长率为 17.21%。标准差的数值越大，说明中国沿海各省市之间海洋经济的绝对差异越明显；反之，标准偏差的数值越小，说明中国沿海各省份之间海洋经济的绝对差异越小。区域海洋经济的绝对差异的变化与沿海各省份海洋产业的发展过程紧密相关。中国海洋产业发展起步较晚，沿海各省份海洋经济发展水平及发展速度、海洋资源的禀赋情况及海洋开发强度、海洋产业发展的现有基础、基础设施的配置及承载情况以及用海格局的空间差异等方面均存在差距。因此，从标准差的发展态势来看，中国沿海各省份之间的区域差距正在逐渐拉大且将持续。

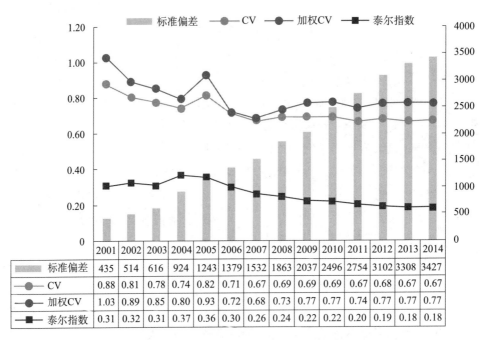

	2001	2002	2003	2004	2005	2006	2007	2008	2009	2010	2011	2012	2013	2014
标准偏差	435	514	616	924	1243	1379	1532	1863	2037	2496	2754	3102	3308	3427
CV	0.88	0.81	0.78	0.74	0.82	0.71	0.67	0.69	0.69	0.69	0.67	0.68	0.67	0.67
加权CV	1.03	0.89	0.85	0.80	0.93	0.72	0.68	0.73	0.77	0.77	0.74	0.77	0.77	0.77
泰尔指数	0.31	0.32	0.31	0.37	0.36	0.30	0.26	0.24	0.22	0.22	0.20	0.19	0.18	0.18

图 5 – 7 中国沿海省份海洋经济变差系数、加权变差系数及泰尔指数变化趋势

变差系数和加权变差系数测度出的变化趋势基本一致，2001～2014年基本呈现波动下降趋势，只是在2005年有着小幅度的上升，但整体不影响变差系数和加权变差系数曲线的下降趋势，表明中国沿海各省份之间的海洋经济差异正在逐渐缩小。2003年，随着国务院海洋经济发展规划的制定出台，这一政策极大地促进了沿海地区海洋经济的发展，海洋资源利用率不断提高，海洋产业结构也不断调整优化。同时，沿海地区也相继制定符合自身发展的海洋经济十一五规划，海洋经济进入了大发展阶段，海洋产业结构不断得到调整优化，中国海洋经济进入均衡发展阶段。

用泰尔指数变化来衡量中国海洋经济区域差异情况，2001～2014年中国海洋经济的总体差异大致分为两个阶段：2001～2004年泰尔指数呈波动上升趋势，表明中国沿海各省份间的海洋经济发展差距拉大，2004年是泰尔指数曲线的转折点，2004 年以后泰尔指数又转为下降，表明沿海各省份间的差距开始逐渐缩小，总体表现为在波动中差距逐渐缩小。泰尔指数曲线变化走势与上述变差系数和加权变差系数所反映的差异情况基本一致。从各地的发展来看，自辽宁省于 1986 年第一次提出建设"海上辽宁"的发展战略以来，中国沿海省份相继制定各自的发展规划，如辽宁省沿海"五点一线"建设、京津冀都市圈规划的制定、天津滨海新区和曹妃甸循环经济示范区建设、山东半岛蓝色经济区、黄河三角洲高效生态经济区、江苏沿海地区发展规划、广东省建设海洋经济强省等，这些政策的相继落实刺激了各地海洋经济的增长，能有效改变沿海各地区海洋经济发展差异态势，进而缩小各地经济发展差异。

三、山东省海洋产业演进过程分析

（一）山东省海洋产业发展及其结构特征

随着山东半岛蓝色经济区上升为国家战略，山东省海洋经济综合开发取得长足进展。山东半岛坐拥 3024.4 公里海岸线，大陆海岸线占全国海岸线的 1/6，2017 年山东沿海港口吞吐量突破 15 亿吨，较上年同期增长 5.4%，总量居全国第 2 位。其中，外贸完成 7.9 亿吨，金属矿石完成 3.6 亿吨，液体散货完成 2.48 亿吨，均居全国第 1 位；集装箱完成 2530 万标箱，占沿海港口全部货物吞吐量的近 1/5。在全国沿海港口货物吞吐量排名前 10 位的港口中，山东省青岛港、日照港和烟台港分别居第 5 位、第 9 位、第 10 位，预计到年底，青岛港将突破 5 亿吨，日照港和烟台港将突破 4 亿吨。"十三五"时期，山东计划总投资 490 亿元建设沿海港口基础设施，优化现有港区布局和码头泊位结构。青岛凭借距离日韩较近的优势地理位置，腹地经济发展迅速，是太平洋西海岸重要的枢纽港，还是我国仅次于上海、深圳的第三大集装箱运输港口。烟台拥有 909 公里的海岸线，约占山东省海岸线总长度的 1/3，海域面积是陆地面积的 2 倍。日照位于山东半岛南翼，隔海与日本、韩国、朝鲜相望，日照海岸线全长 99.6 公里，海洋资源的开发利用潜力很大。今后，山东将全面打造以青岛为中心，以烟台、日照为两翼，以山东沿海港口群为基础的国际航运中心。

如图 5-8 所示，依托山东省的天然区位优势及临港工业的初具规模，2001 年，山东省海洋经济的发展主要以海洋渔业为代表的海洋第一产业为主，海洋渔业产值占山东省海洋总产值的六成以上，而以海洋船舶业、海洋化工业、海洋盐业及海洋油气等为主的海洋第二产业及以滨海旅游业、海洋交通运输业为主的海洋第三产业发展明显滞后。2005 年，滨海旅游业表现出强劲发展势头，占比由2001 年的3% 上升到16%，海洋生物医药等战略新兴海洋产业方兴未艾。随着海洋产业结构的不断调整优化，2014 年，海洋第三产业实现了突飞猛进的发展，逐渐成为山东省海洋经济的支撑产业，滨海旅游业与海洋交通运输业分别占到山东省海洋经济总产值的31% 和9%，逐渐成为海洋经济的主导产业。与此同时，海洋生物医药产业、海洋电力、海水淡化及综合利用等战略新兴海洋产业还未表现出其发展潜力，尚存在较大的发展空间。

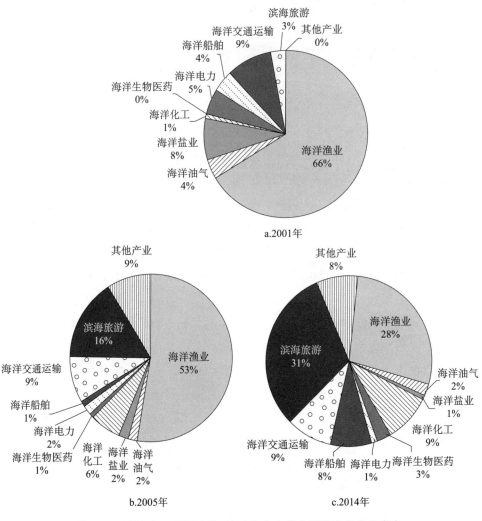

图 5-8　2001 年、2005 年和 2014 年山东省主要海洋产业总产出

（二）基于 SSM 山东省海洋产业结构演进过程分析

偏离—份额分析（SSM）是用来分析产业结构和区域经济常用的方法。此处使用的 SSM 分析模型是将区域海洋经济与海洋产业结构的发展变化视为一个动态的过程，从国家发展层面制定标准参考系，从海洋产业结构演变和竞争力因素等方面解释海洋经济发展的差异性。SSM 分析模型将区域海洋经济发展总量在选取的研究时期内的变动情况分为三部分，即份额分量（The National Growth Effect）、结构份额分量（The Industrial Mix Effect）和竞争力偏离分量（The Shift Share Effect），用来解释区域海洋经济发展和滞后的原因，同时对区域海洋产业结构的合理程度和自身竞争力的强弱情况进行评价，据此寻找自身的优势海洋产业部门，定位自身海洋产业优化方向及区域海洋经济发展的主导海洋产业。根据 SSM 分析方法，如果研究区域内的大部分产业增速高于全国水平，则该研究区域的产业结构可以认为是合理的，能促进区域经济的增长；反之，则认为该区域的产业结构是不合理的，不利于区域经济的增长。竞争力偏离分量与人类行为与技术等因素联系紧密，体现区域产业发展的竞争力水平。因此，竞争力偏离分量的正负情况和绝对值数值大小对区域海洋经济竞争力提高和海洋产业结构调整优化具有极高的参考价值。

下面利用 SSM 模型来分析山东省海洋产业。标准区域用 E 表示，研究区域用 e 表示，研究基期用 0 表示，报告期用 t 表示，将区域经济划分为 n 个部门，用 j 表示（ $j = 1,2,3$ ）。标准区第 j 产业基期至末期的变化率为：

$$R_j = \frac{E_{j,t} - E'_{j,0}}{E'_{j,0}} \qquad (5-6)$$

其中， $E'_{j,0}$ 为标准区基期第 j 产业产值， $E_{j,t}$ 为标准区末期第 j 产业产值， R_j 为标准区第 j 产业基期至末期的变化率。

研究区第 j 产业基期至末期的变化率为：

$$r_j = \frac{e_{j,t} - e_{j,0}}{e_{j,0}} \qquad (5-7)$$

其中， $e_{j,0}$ 为研究区基期第 j 产业产值， $e_{j,t}$ 为研究区末期第 j 产业产值， r_j 为研究区第 j 产业基期至末期的变化率。

根据标准区第 j 产业部门所占份额将研究区第 j 产业部门的规模标准化为：

$$e_j' = \frac{e_0 \cdot E_{j,0}}{E_0} \qquad (5-8)$$

其中，e_0 为研究区基期的产业总产值，E_0 为标准区基期的产业总产值，$E_{j,0}$ 为和标准区基期产业产值对应的第 j 产业产值。

设研究区基期至末期海洋第 j 产业部门的增量为 G_j，则 G_j 可以分解为以下三个分量：份额分量 N_j 反映研究区海洋第 j 产业部门增长情况；结构偏离分量 P_j 反映研究区海洋第 j 产业对整个海洋经济的贡献大小；竞争力偏离分量 D_j 反映研究区海洋第 j 产业部门所具有的竞争力水平。其中，结构偏离分量 P_j 和竞争力偏离分量 D_j 合称为偏离分量 S_j。具体表示如下：

$$N_j = e_j' \cdot R_j \tag{5-9}$$
$$P_j = (e_{j,0} - e_j') \cdot R_j \tag{5-10}$$
$$D_j = e_{j,0} \cdot (r_j - R_j) \tag{5-11}$$
$$G_j = N_j + P_j + D_j \tag{5-12}$$
$$S_j = P_j + D_j \tag{5-13}$$

运用上述分析对山东省海洋产业结构进行分析，结果如表 5-3、表 5-4 所示。

表 5-3　2001~2007 年山东海洋产业与海洋经济增长的 SSM 分析

产业	实际增长量 G	份额分量 N	产业结构分量 P	竞争力分量 D	总偏离分量 S
第一产业	140.04	148.84	65.75	-74.55	-8.80
第二产业	1108.15	1042.88	308.77	-243.49	65.28
第三产业	656.18	1309.30	-963.17	310.06	-653.12
GOP	1904.37	2501.01	-588.66	-7.99	-596.64

表 5-4　2008~2014 山东海洋产业与海洋经济增长的 SSM 分析

产业	实际增长量 G	份额分量 N	产业结构分量 P	竞争力分量 D	总偏离分量 S
第一产业	91.47	251.05	2184.49	-2344.07	-159.58
第二产业	4175.52	2360.90	-1169.67	2984.29	1814.62
第三产业	3864.53	2362.80	-1789.63	3291.35	1501.72
GOP	8131.52	4974.76	-774.81	3931.57	3156.76

根据山东省海洋产业结构演进的 SSM 分析结果，可以得到 2001~2014 年山东省海洋三次产业发展的以下几方面特点：

从全国份额分量来看，山东省三次海洋产业在不同时间范围内的总增量均高于全国水平，表明近 14 年来山东省三次海洋产业均有不同程度的增长。海洋三次产业的增长不尽相同，在 2001~2007 年时间段，海洋三次产业份额分量为 148.84、1042.88 和 1309.3，在 2008~2014 年时间段，海洋三次产业份额分量为 251.05、2360.9 和 2362.8。2001~2014 年，海洋第二产业和第三产业的增长量均小于全国份额分量，与按照全国海洋三次产业增长率的发展相比存在一定的差距，尤其是海洋第三产业部门增量远小于全国份额分量。

从结构偏离分量来看，2001~2007 年时间段，与按全国相应产业部门比重发展的参照标准相比，山东省海洋第一产业和第二产业部门结构在区域海洋产业发展方面具有积极促进作用，这两大部门的结构偏离分量分别为 65.75 和308.77，表明山东省海洋第二产业部门结构对区域海洋产业发展的贡献大于海洋第一产业；而海洋第三产业部门在这个时间段区域增长落后于全国的同时，海洋产业结构也不利于区域海洋产业发展，与全国标准相比，偏差高达 -963.17，表现为消极的抑制作用。2008~2014 年时间段，海洋第一产业结构仍表现为积极的正向作用，且结构偏离分量增长至 2184.49，表明海洋第一产业部门在这一阶段对海洋经济的贡献逐渐加大，与之相反，海洋第二产业结构由正向作用转为负向作用，海洋第三产业结构与全国标准的偏差持续扩大，表明海洋第二、第三产业结构亟须调整，以扭转其对海洋经济发展的抑制作用。

从竞争力偏离分量来看，2001~2007 年时间段，山东省海洋第三产业部门结构虽然不利于该产业部门的增长，但是由于该区域海洋第三产业的增长速度高于全国水平，使山东省在海洋第三产业发展上呈现出一定的区位优势，而海洋第一产业由于其增长速度缓慢导致发展落后于全国标准，因而在区域竞争力方面处于劣势地位。山东省海洋第二产业虽然在 2001 年以后发展规模逐渐增大，产业部门对区域海洋经济发展的贡献较突出，在海洋三次产业中逐渐占据主导地位，但与全国该部门的平均增速相比，海洋第二产业的区域竞争力较为薄弱。2008~2014 年时间段，除海洋第一产业竞争力分量为负值外，其余均为正值，尤其是海洋第二产业、第三产业竞争力分量分别为 2984.29，3291.35，均有较大幅度的提升，海洋第二产业竞争力急速提升。与之相比，海洋第一产业竞争力下降较为明显，由上一阶段的 -74.55 降至 -2344.07，海洋第一产业的竞争力持续走低。

综合产业结构和发展速度两方面考虑，分析得出近年来山东省海洋经济增长较快，海洋经济综合竞争力主要表现为海洋第二、第三产业竞争力，海洋第一产业竞争力下降且将在一段时间内持续，调整优化海洋第二、第三产业结构是未来海洋产业的发展方向。

（1）山东省海洋第一产业部门结构对产业部门增长存在一定的促进作用，但竞争力水平较弱，与全国整体水平相比存在一定的差距，落后于其他沿海省份海洋第一产业的发展。

（2）山东省海洋第二产业部门结构对产业部门增长的贡献较大，且竞争力水平提升很快，在区域海洋产业的发展上具有相当大的潜力，存在很大的发展空间，应大力扶持海洋第二产业发展。

（3）山东省海洋第三产业区域内的产业部门对产业增长有极大的促进作用，且该产业部门增长速度的加快形成了较稳定的区域竞争能力，但是产业结构方面仍需做出适当调整，产业结构在很大程度上限制了区域海洋产业的进一步发展。

（三）山东省海洋产业结构演进机理分析

山东半岛独特的人文环境和区位优势为山东省海洋产业结构的合理演进提供了基础。资源禀赋塑造了山东省海洋产业结构的宏观背景和发展基础；沿海地区独特的区位优势使山东省海洋产业结构的发展演变有别于其他地区；此外，社会环境和政策支撑也对海洋产业演进方向产生显著影响。结合上述分析，山东省海洋产业结构演进的支撑条件有：

（1）资源禀赋。资源禀赋是山东省海洋产业结构演进的基础条件。山东省地处环渤海经济带的隆起地带，总面积15.71万平方公里，是连接京津冀和长三角地区的重要纽带和桥梁，交通便利，与韩国、日本等亚洲国家隔海相望，也是全国仅有的拥有3个亿吨港的省份，区位优势明显。不仅如此，山东省还拥有多处盐场，盐产量稳居全国前列。此外，山东省海洋矿产资源丰富，石油、天然气都是山东半岛的优势海洋矿产资源，具有较高的海洋矿产开发潜力，为海洋第二产业的发展提供了充分的支撑条件。山东省海洋第二产业的优势呈逐渐扩大态势，也日益成为山东省海洋产业的支撑产业。海洋油气业、海洋电力业、海洋化工业及海洋生物工程医药产业等都进入快速发展阶段。

（2）政策优势。不同地区海洋经济发展存在很大的差异性，这种差异性也是中国海洋经济发展过程中应该引起注意的地方。在目前市场机制作用下，海洋经济发展较好的地区会对周边地区的资金、技术、人力等其他资源产生巨大的吸引力，使其核心优势不断发展壮大，最终会形成海洋经济的"马太效应"。因此，宏观海洋经济政策的制定就显得尤为重要，对区域海洋经济发展至关重要。山东半岛蓝色经济区的划定，"蓝色粮仓"及"蓝色硅谷"建设的财政政策和财政扶持，吸引各地区的资金、技术、高精尖人才等资源不断汇聚，将极大地推动山东省海洋产业结构的调整优化。

（3）市场需求。2000年以来，中国的工业经济发展进入了重工业化阶段，沿海地区也已经迈入工业化后期阶段，区域产业结构升级明显加快。随着生活水平的提高，消费结构也加速升级，由最初的保证基本生活需要的食物转向对初级消费品的需求。与此同时，随着中国城镇化进程的不断加快，对海洋第二产业的投资也不断加大，海洋第三产业服务于消费和低质低效的粗放式经营特征显著。这种市场需求结构的变化推动着山东省海洋产业结构由传统以海洋渔业为重心的海洋第一产业向以基础工业为重心的海洋第二产业转换，广阔的市场需求为海洋第二产业的发展提供了极大的拉力。

（4）技术创新。新增长经济理论认为，创新是经济增长的重要推动力。科技含量是推动海洋产业结构演进的一个重要因素，作为海洋经济发展的重要主体，公司或企业通过不断学习引进和自身技术创新，实现由传统海洋产业向高附加值、高科技含量的海洋新兴产业转变，这也是未来海洋产业结构调整优化的主要方向。作为海洋产业结构演进的重要推动力量，技术创新将对未来山东海洋产业发展和结构演进起到巨大推动作用。目前，山东半岛蓝色经济区汇集了一批拥有先进科技配备的公司和企业，这些市场主体日益成为山东省海洋经济增长的主要力量，也是山东省海洋产业优化升级的发源地。

在影响海洋产业结构演进的诸多因素中（见图 5-9），资源禀赋是决定海洋产业结构演进的基础条件，需求结构、技术创新和政府发展战略与政策是海洋产业结构演进的外部推动力量和调控手段，其中，技术创新是最根本的主导因素。海洋产业结构演进就是海洋产业结构现状在内外驱动力的共同作用下，逐渐衍生出新兴主导海洋产业，促使海洋产业结构向着更高级、更合理的方向发展。

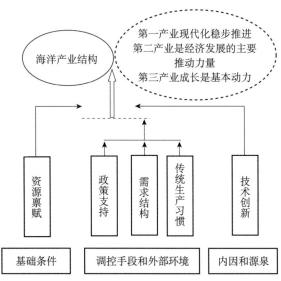

图 5-9　海洋产业结构演进的驱动力分析

（四）结论与建议

基于上述分析，山东省海洋经济经过 14 年的发展，已经进入发展的快车道，海洋产业结构也不断调整优化，演化为目前"三二一"的海洋产业结构布局。其中，山东省海洋第一产业占海洋总产值的比重由 2001 年的近 66% 下降到 2014 年的 7%，降幅明显；海洋第二产业占比由 2001 年的 22% 上升到 2014 年的 45.1%，增长了 1 倍多；海洋第三产业出现较大幅度的上升，占比由 2001 年的 12.03% 上升到 2014 年的 47.9%。可见，山东省海洋产业结构演进总体符合产业结构演进的基本规律。值得注意的是，山东省三次海洋产业结构与全国 2014 年三次海洋产业结构（5.1：43.9：51.0）相比，海洋产业结构演变进程基本一致，但在一些环节仍需改进，主要表现在以下几个方面：

（1）海洋产业结构演进过程缓慢。其中重要的一个原因是山东省海洋技术的产业化水平较低，海洋科技发展水平落后于其他沿海省份。中国正大力发展海洋经济，而科技是海洋产业发展的有力支撑。然而，中国海洋科技成果转化率仅为 25%，真正实现产业化的不足 5%，海洋技术对海洋经济发展的贡献还不到一半，部分海洋技术甚至处于缺失状态。新兴海洋产业发展迅速但较为单一，2012 年，山东省海洋电力业产出 62.5 亿元，同比增长 22.5%，呈现规模增、势头强的发展态势；海洋生物医药业产出 187.5 亿元，同比增长 10.3%，海洋药物的应用领域不断扩大，海洋生物医药业继续保持快速增长态势，市场前景广阔；与之相比，海水综合利用技术、海洋能源利用技术等仍处于初级阶段，发展速度迟缓。因此，山东省海洋产业发展仍处于以海洋资源开发利用为主的粗放型阶段，资源产品比较初级且仍以单项资源开发为主，产品缺少精、深加工；海洋产品存在产品附加值低、海洋产业链不长、科技含量水平低等问题，导致海洋产品在国际市场上缺乏竞争力。

（2）海洋产业结构不合理。与其他海洋经济发展较好的沿海省份相比，山东省三次海洋产业内部发展失衡，海洋第二、第三产业的迅速发展对海洋第一产业的发展有着明显的排挤现象，体现在海洋第二、第三产业中港口建设及临港产业的发展大量侵占了海洋资源，给海洋第一产业的发展造成了极大的压力，缩减了海洋第一产业的发展空间。同时，海洋第二产业的发展还带来陆源污染的直排入海、海洋生物多样性锐减、海洋渔业资源日渐衰竭等一系列问题，这种不可持续发展的海洋资源利用方式严重威胁到山东省海洋第一产业的基础地位，也给山东省海洋产业结构的优化升级带来极大的阻碍。不仅如此，山东省海洋产业产值持续走低，尤其是 2006 年，海洋第一产业产值出现断崖式下跌，产值由 2005 年的 1286.45 亿元急剧下降到 2006 年的 305.38 亿元，山东省海洋第一产业的基础地位岌岌可危。

（3）海洋产业内部结构不合理。从上述海洋经济发展评价结果看，传统海洋产业仍是山东省海洋第二、第三产业增长的主要推动力，而国家重点支持鼓励的战略新兴海洋产业占的比重很小，仍处于相对劣势状态。2012 年，除海洋船舶制造业（7.87%）和海洋化工业（8.01%）外，山东省海洋第二产业中其他产业的发展仍相对缓慢；海洋第三产业中的滨海旅游业和海洋交通运输业发展较为突出，分别占到山东省海洋总产值的 25.51% 和 9.13%，但在海洋产业管理、技术及配套服务上仍存在不小的差距。

（4）海洋产业发展过程中的环境问题。2013 年，山东省范围内海域共鉴定出浮游植物 160 种、浮游动物 99 种、底栖动物 322 种，浮游动植物种类较 2012 年均略有增加。近岸海域的环境压力有增无减，陆源入海排污口达标排放率较低，69 个监测排污口邻近海域水质、生物质量达标率分别为 27.3%、62.5%。山东所辖海域赤潮、绿潮等现象皆有发生，并已有部分近海海湾呈亚健康状态，尤其是渤海湾海域污染情况触目惊心，出现生物多样性下降、海洋环境恶化、海域功能丧失等一系列后果，严重威胁到海洋资源的可持续利用，海洋经济的未来发展情况堪忧。

鉴于上述情况，要实现海洋经济的长远发展，就要根据山东省海洋资源的要素禀赋，采取有针对性的海洋政策，确保三次海洋产业的统筹发展：

（1）夯实海洋第一产业的基础地位。根据山东省海域的特点，根据科学规划、合理布局、区位优势的原则，有针对性地开展海水养殖业，建设高标准的海水增养殖产业基地，加快优良品种繁殖基地与野生物种基地培育等。加快海洋高新技术的研发力度，稳步推进远洋捕捞业，要杜绝粗放式的海洋捕捞方式，加强与周边国家的互助合作。

（2）调整并发展海洋第二产业。高新技术投入是海洋第二产业发展不可或缺的重要因素，因此，要积极推进海洋高新技术的研发，缩短海洋技术产业化进程。大力推进传统海洋产业技术改造，加速海洋产业内部结构优化调整；加快培育战略新兴海洋产业，抓住市场机会，由技术导向转向市场导向，突破海洋产业化"瓶颈"，拓宽投融资渠道，实现投资主体多元化，加强产学研用合作，培育具有广阔前景的朝阳海洋产业。

（3）积极发展海洋第三产业。立足国内市场，开拓国际市场，深入开发青岛、烟台、威海、日照等沿海城市的海洋旅游风景，提升海滨城市旅游的国际知名度，积极推动以滨海旅游业、海洋交通运输业为主的海洋第三产业的发展，并将滨海旅游业提升发展为山东省海洋经济的支撑产业。加快沿海城市临港工业基础设施建设，加大海上航线的开发力度，积极开展海洋交通运输建设工作。

（4）调整传统产业与新兴海洋产业结构。一方面，要提高传统海洋产业的发展质量，加快对传统海洋产业的升级改造，实现对传统海洋产业的转型升级，促进海洋产业结构的现代化发展；另一方面，要加快新兴海洋产业发展，提升海洋产业对经济的贡献。

（5）加快推动发展方式转变和产业结构升级转换。立足山东区位、资源、环境和产业基础优势，以科技创新为主要动力，积极培育海洋新技术、新产业、新业态、新模式，改造海洋传统产业，培育海洋新兴产业，提升海洋现代服务业，推动海洋开发空间优化拓展，扩大海洋对外开放与区域合作，打造技术先进、分工专业、集约高效、具有较强国际竞争力的海洋优势产业集群，推动全省海洋经济更好更快地发展。将科技创新作为山东海洋经济转型发展的根本动力，瞄准打造具有全球影响力的海洋科技创新中心目标，以济南、青岛、淄博、潍坊、烟台、威海6个国家高新技术产业开发区为重要节点，牵引带动周边沿海地区，打造覆盖半岛、辐射全省的海洋特色经济转型引领区、创新创业生态区、体制机制创新试验区和开放创新先导区。基于沿海各城市区位资源和产业基础条件，打造以海洋生物医药、海洋探测观测及装备、海洋大数据等新兴产业为主的海洋先进产业聚集区，为山东海洋经济向内生发展转型提供强劲动力。以提高海洋经济发展的质量和效益为目标，通过发展新技术、新产业、新业态、新模式，提升海洋传统产业，培育海洋新兴产业，促进海陆产业融合，塑造涉海创新企业，打造蓝色高端品牌，实现海洋经济新旧动能转换。

（6）实现可持续开发利用海洋资源。一是加快海洋资源开发方式转换。树立可持续发展理念，推动海洋资源开发模式向现代集约型转变。构建循环经济模式，在海洋资源开发和利用过程中重点做好"减量化"和"再利用"，集约开发利用海洋资源。对海洋渔业、海洋盐业、近海油气等传统资源开发，要在充分考虑资源特点基础上，以保持资源开发可持续利用为基础，重点在产业链条延伸、产品附加值提升等方面增强开发能力；对海洋可再生能源、海洋生物产物资源、海水资源等新兴资源开发，要加大政策支持力度，探索优化产业培育和发展路径，推动资源开发规模的快速扩张；对近岸海域、港口、航道、景观等空间资源开发，加强空间利用规划和管理，在保障空间利用可持续性的前提下实现效益最大化。二是加快海洋产业发展路径转换。依靠创新驱动，推进海洋产业能级提升，逐步降低海洋资源直接开发产业在海洋经济中的比重。三是加快海洋经济合作模式转换。面向全球拓展山东省海洋发展的战略空间，借力海洋纽带，主动连通远海、深海、大洋和两极；积极融入"海上丝路"建设，推进全方位、多形式、深层次的国际交流与合作，通过资金与技术合作、合作研究、联合勘探与开发、合作建立风险投资基金及共同经营等方式，加快海洋资源的开发利用。

第二节　海洋生态环境发展状态评估

一、海洋生态环境发展概述

（一）生态环境安全的提出

生态环境安全出现的时间较晚，直到 1948 年"现代生态环境安全"才作为一个全新的名词出现在公众视野。1977 年，美国学者 Leicester R. Brown 编著了《建设一个持续发展的社会》，专门研究了环境安全问题，并明确提出应从环境角度重新定义国家安全。1987 年，世界环境与发展委员会才正式提出"生态环境安全"这一概念。从国家层面上讲，美国最早认识到环境安全的重要性，并于 1991 年 8 月颁布了新的《国家安全战略报告》，将环境安全首次纳入到国家利益中。1996 年，来自 100 多个国家和地区的 200 多万人签订了《面对全球生态安全的市民条约》，各成员国及其参与主体在协调生态与经济等方面的利益上达成了一致意见，表示将履行保护生态环境的责任和义务。随后，各国专家及代表纷纷就生态环境安全的定义及影响因素等问题表达了自己的想法和意见。基于上述分析，生态环境安全作为一个热点问题，已经成为专家、学者、行政人员及各行业人士共同关注的焦点。

我国"生态环境安全"一词首次出现在国务院 2000 年发布的《全国生态环境保护纲要》，在这份文件中生态环境安全作为环境的一个衡量标准出现在公众视野。随后，关于生态环境安全的研究主要涉及三个方面：一是充分论证了生态环境安全对国家安全的重要性及重要程度；二是明确界定了生态环境安全的概念及内涵，并进行深入探讨；三是探讨了生态环境安全体系的构建及指标的选择与评价方法、生态环境安全格局、自然保护区的生态规划等内容，较为典型的有运用生态学、系统学等理论，基于"P-S-R""D-P-S-I-R"概念模型，运用层次分析法、模糊综合评价法、主成分分析法、灰色关联分析等对生态环境安全状况进行评价，同时应用 GIS 技术、BP 神经网络、整数规划和迭代法等预测生态环境安全的演变趋势，勾勒出保护生态环境安全的规划蓝图。

目前，对生态环境安全的研究涉及的范围较广，研究重点在于生态环境安全评价方面。生态环境安全评价是指根据一定的评价标准，按照生态环境系统为人类提供物质和服务功能的情况以及确保人类社会可持续发展的要求，基于生态环境质量评价结果，对影响生态环境变化的因子及整个生态系统进行的生态环境调整和改善。生态环境安全评价作为生态环境安全研究的基础，逐渐成为学术界研究的热点问题。

（二）生态环境安全的定义

生态环境安全作为一种全新的环境管理目标，其概念的提出已有 10 多年，从不同角度出发，生态环境安全衍生出不同的定义方式（见表 5-5）。

表 5-5　生态环境安全概念汇总

作者	含义	对象
国际应用系统分析研究所（IIA-SA）（1989）	在人的生活、健康、安乐、基本权利、生活保障来源、必要资源、社会秩序和人类适应环境变化的能力等方面不受威胁的状态，包括自然生态安全、经济生态安全和社会生态安全，组成一个复合人工生态系统	自然—经济—社会复合系统
曲格平（2002）	主要包括两重含义：一是防止由于生态环境的退化对经济基础构成威胁；二是防止环境问题引发人民群众的不满，特别是导致环境难民的大量产生，从而影响社会稳定	
郭中伟（2001）	包含两重含义：一是生态环境系统自身是否安全，其自身结构是否受到破坏；二是生态环境系统对人类是否安全，生态环境系统所提供的服务是否满足人类的生存需要，并强调生态环境系统自身的安全是生态环境安全的基础	
吴豪（2001）	生态环境系统的健康和完整情况，强调保障生态环境安全的生态环境系统应包括自然生态系统、人工生态系统和自然—人工复合生态系统	
Rogers（1999）	从国家层面，提出生态环境安全是指一个国家生存和发展所需的生态环境处于不受或少受破坏与威胁的状态，即自然生态环境能满足人类和群落的持续生存与发展需求，而不损害自然生态环境的潜力	自然、半自然系统

续表

作者	含义	对象
杨京平等（2003）	包括生物安全、环境安全和生态系统安全。其中，生物安全和环境安全构成生态环境安全的基石，生态环境系统安全构成生态环境安全的核心，没有生态环境安全，系统就不可能实现可持续发展	自然、半自然系统
全国生态环境保护纲要	生态环境安全是国家安全和社会稳定的一个重要组成部分，是指一个国家生存和发展所需的生态环境处于不受或少受破坏与威胁的状态	
肖笃宁等（2002）	人类在生产、生活和健康等方面不受生态破坏与环境污染等影响的保障程度，包括饮用水与食物安全、空气质量与绿色环境等基本要素	
左伟等（2004）	自然生态环境能满足人类和群里的持续生存和发展需求，而不损害自然生态环境的潜力	自然系统
崔书红（2001）	由水、土、大气、森林、草地、海洋、生物组成的自然生态系统是人类赖以生存、发展的物质基础，当一个国家和地区所处的自然环境状况能维系其经济社会的可持续发展时，其生态经济系统是安全的	

在宏观尺度上，根据研究范围的大小和层次高低，生态环境安全的研究可划分为许多层面，包括全球、国家、区域、景观、城市、海洋等的环境安全研究。海洋生态环境安全的提出来源于人类对安全的需求，安全是人类基本需要中最根本的一种，本书将海洋生态环境安全定义为：海洋生态环境安全是指维护海洋经济发展所需的生态环境能满足海洋当前和未来发展需要的一种发展状况，主要包含两方面的内容：一是海洋环境和资源状况能够满足人类经济、社会等的持续发展要求；二是通过自身及经济、社会的协调保证海洋生态环境状况处于不受或少受威胁的状态。

海洋生态环境安全包括观念、目标、状态三个层次的属性：首先，海洋生态环境安全是一种观念，认为海洋的开发与利用需要建立安全的底线，尤其是生态环境安全的底线，体现着人类对海洋生态系统服务的需求。保证对海洋生态环境影响冲击的最低限度就是保证生态环境安全，更高要求就是将这种冲击纳入到海洋生态环境自身的发展进程中，也就是所谓的"正生态"，即人类开发利用海洋资源在消耗和污染自然界水、能源的同时，也能够帮助海洋生态环境消解污染，同时产生清洁水、能源等。其次，海洋生态环境安全是一种目标，海洋的开发利用应该以协调生态关系、保证海洋生态环境和海洋自身安全为主要目标，即在追求海洋经济增长的同时，也要追求海洋灾害事件的较低发生率和可能性，朝着海洋生态环境安全目标不断迈进。最后，海洋生态环境安全也是一种状态描述，也可以说是对海洋生态环境安全目标状态的评价。在不同的经济背景下，海洋生态环境安全的状态是动态变化的，通过对其状态的评价分析，可以对海洋生态环境安全的保障提供信息，促进其可持续发展。

二、山东省海洋生态环境发展趋势

影响海洋生态环境变化的因素多样，有的变化是海洋生态环境内部因素引发的自然变化，有的变化来自海洋生态环境的外部因素，其中，气候变化和人类活动是海洋生态环境变化的最大外在影响因素。

（一）全球性气候变暖

进入 21 世纪以来，全球气候变化日益加剧，世界气象组织和联合国环境规划署于 2004 年推出第四次评估报告，指出人类活动对全球气候变暖产生的显著影响，在 1906 ~ 2005 年全球地表气温上升 0.74℃ ± 0.18℃ 的基础上，预测 21 世纪末全球气候将继续偏暖 1.1℃ ~ 6.4℃。温室效应导致的全球气候变暖不仅对陆地生态系统造成巨大影响，而且对海洋生态环境也产生巨大的生态效应，较为典型的例子是南北两极冰雪消融，冰川覆盖面积大幅减少。同时，全球变暖还造成海洋混合层水温上升，这两种效应均将导致海平面上涨；逐渐上升的气温和海平面直接威胁到部分海岛型国家、沿海或者河岸下游地区的亚洲国家的存亡。以中国沿海为例，海平面上升 1 米，上海将有 1/3 的面积被海水淹没，越来越多的气候难民面临着生存的危机。

（二）海洋生态灾害频发

从近年来我国近岸海域赤潮情况来看（见图 5 - 10），赤潮发生次数呈现波动下降趋势，由次数最多的 2002 年 119 次下降到 2014 年的 56 次；赤潮发生面积有较大幅度波动，最高的 2005 年赤潮发生面积接近 2 × 10^4 平方公里。2014 年，黄海沿岸海域浒苔绿潮影响范围为近 5 年来最大，最大分布面积比近 5 年平均值增加约 1.9 × 10^4 平方公里，最大覆盖面积与近 5 年均值持平（见图 5 - 11），海洋生态系统健康受到严重威胁。

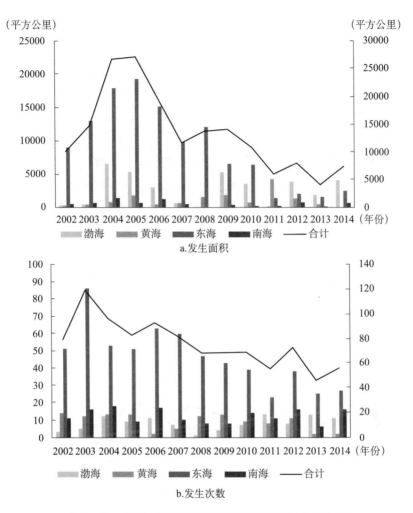

图5-10　2002~2014年全国赤潮发生面积与发生次数

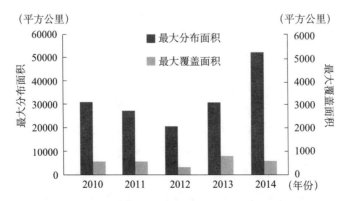

图5-11　2010~2014年黄海沿岸绿潮最大分布面积和最大覆盖面积

资料来源：根据历年《中国海洋环境质量公报》整理。

（三）海洋生态环境破坏严重

由于近海海洋生态系统资源丰富，为人类生产和动物消费提供了鱼类、贝类及藻类等物质资源，也是大量海洋化工、肥料、海洋生物医药及海洋基础设施建筑材料的主要来源地，具有极高的生产能力，因此，人类对近海海洋生态系统的需求日益增加。

然而，海洋生态系统也因此受到人类活动的胁迫，沿海海域生态系统服务功能出现明显下降，部分海域甚至已经丧失海洋生态系统服务功能。海洋生态环境问题突出表现在：近岸海域传统优质海洋渔业资源衰退严重，逐渐向低质化、趋小化发展，不少珍稀海洋物种面临绝迹的状态；沿海海域生态环境恶化，生物多样性下降明显，外来物种入侵，近海群落结构变化较大；许多典型的生态环境系统如红树林、珊瑚礁和滨海湿地等面积急剧下降，自然生态景观破坏严重。在全球变化和人为作用的双重影响下，我国海洋生态环境面临着严峻挑战：近海污染严重、生态系统退化、局部生态功能破坏、生境破碎、人为干扰加剧。其他问题，包括河道问题、港口淤积、航道萎缩、海岸侵蚀、海水倒灌及风暴潮和台风灾害等也因生态环境恶化而增加其危害。

（四）国家对海洋生态环境安全发展的重视

受多重因素的影响，海洋生态系统已经出现明显退化态势，直接诱因有粗放式的捕捞方式、外来物种入侵、海水增养殖业发展、水体富营养化及气候变化等；间接诱因有人们对食品的喜好及市场供需状态改变、人口快速增长、技术改变及全球化的影响等。其中，人类在这些因素中的影响重大，是海洋及海岸带生态系统服务改变甚至消失的主导因素。2006年，国务院颁布了《国家中长期科学和技术发展规划纲要（2006—2020）》，将环境列为11个重点发展领域中的第3个，充分体现了国家对生态环境保护与环境建设的重视程度（见表5-6、表5-7）。其中，环境领域4个主题中明确指出，将优先发展海洋生态与环境保护，重点研发海洋生态与环境监测技术和设备，加强海洋生态与环境保护技术研究，发展近海海域生态与环境保护，修复海上突发事件应急处理技术，开发高精度海洋动态环境数值预报技术等。同时，规划纲要还提出应加大海洋生态灾害防治及海洋污染防治力度，强化海洋生态保护区建设，严格监管海洋生态保护工作，对典型受损的海洋生态系统实施综合整治与海洋生态修复工作，积极开展海岛生态环境保护与建设，切实维护海洋生态环境安全①。

表5-6　全国生态保护与建设的主要指标情况

主要指标	2010	2015	2020
森林生态系统			
森林覆盖率（%）	20.36	21.66	>23
森林蓄有量（亿立方米）	137	143	>150
林地保有量（万公顷）	30378	30900	31230
草原生态系统			
"三化"草原治理率（%）	37	45.5	55.6
荒漠生态系统			
可治理沙化土地治理率（%）	26	45	>50
湿地与河湖生态系统			
自然湿地保护率（%）	50.3	55	60
重要河湖水功能区达标率（%）1	46	60	80
农田生态系统			
农田实施保护性耕作比例（%）2	3.5	11	>15
城市生态系统			
城市建成区绿化覆盖率（%）	38.6	41.12	44.59
海洋生态系统			
海洋重要渔业水域保护率（%）	20	40	50
全国自然岸线保有率（%）	37.6	36	35
近岸受损海域修复率（%）3	—	5	10
保护生态多样性			
陆域自然保护区占陆域面积比率（%）	14.9	15	15.2
海洋保护区占管辖海域面积比率（%）	1.12	3	5
重点保护物种和典型生态系统类型保护率（%）4	85	90	95

注：1.重要河湖水功能区达标率，指达到预期水质目标的重要河湖水功能区占全部重要河湖水功能区的百分比；2.农田实施保护性耕作比例，指保护性耕作面积占总耕地面积的百分比；3.近岸受损海域修复率，指海水水质恢复到四类国家海水水质标准的整治海域面积占2010年受损海域面积的百分比；4.国家重点保护物种和典型生态系统类型保护率，指国家重点保护物种和典型生态系统类型在自然保护区或其他形式的保护地中受保护的百分比。

表5-7　海洋生态保护建设情况

海洋生态系统保护和整治重点工程	
1.海洋生态灾害防治与应急管理	加强海洋生态监测站建设，建立完善海洋生态立体监控网络体系，加强对海水入侵、海洋赤潮、绿潮、水母、外来入侵物种、病毒病害、敌害生物等的监控、研究，建立完善防治体系，实施治理示范工程，强化海上溢油、化学品泄漏、核辐射突发事故的海洋生态灾害防范和应急管理

① 《国家中长期科学和技术发展规划纲要（2006—2020）》。

续表

2. 海洋生态系统修复	开展滨海湿地、红树林、珊瑚礁、海草床、河口、海湾、海岛等海洋生态系统修复,重点开展近岸近海生态区海岛、海岸带、滨海湿地和典型海洋生态系统保护、修复及海洋灾害防控,建设一批海洋自然保护区和海洋特别保护区,开展岸线整治与生态景观恢复、近岸海域污染治理与修复,建设滨海湿地固碳示范区和海洋生态文明示范区
3. 海洋生物资源养护	开展重点海域珍稀海洋物种保护,建设水产种质资源保护区,开展增殖放流,恢复海洋生物资源,建设海洋牧场示范区,养护海洋生物资源
4. 海洋生态保护监管	开展海洋保护区、重点排污口、温排水口和海洋工程的海洋生态执法与监管能力建设,加强海域生态区污染物综合整治和污染治理,有效控制陆源入海污染物排放,开展卫星航空遥感、远程视频及在线自动监测能力建设,开展海洋生态保护配套制度建设

资料来源:《全国生态保护与建设规划(2013—2020年)》。

(五) 海洋生态保护红线

作为中国唯一的半封闭海域,渤海海洋环境承载力在四大海区中是最薄弱的。但渤海矿产资源储量丰富,目前,渤海海上油气生产规模在各大海区中位居榜首,同时渤海也承载着中国最主要的海上交通运输量。随着渤海海洋资源的开采利用,入海污染物的排放量不断加大,各种无序开发活动导致滨海湿地等典型海洋生态系统功能受损。为此,国家海洋局于2012年制定颁布了《渤海海洋生态红线划定技术指南》,明确提出划定渤海生态红线的目标,在渤海率先建立生态红线制度:自然岸线保有率不低于30%,到2020年,海水水质达标率不低于80%,入海污染物排放在生态红线区应做到达标排放,排放达标率应为100%,入海污染物排放量应减少10%~15%①。作为环渤海地区发展的重要引擎区域,山东省海洋经济迅速发展与海洋环境保护间的矛盾日益尖锐,亟须制定海洋环境保护政策。

2013年12月,山东省率先实施"海洋生态红线"制度,不仅能有效促进山东省海洋经济发展转型升级,还能保障渤海生态环境安全,实现海洋绿色发展。"海洋生态红线"制度主要是为了保护海洋生态系统健康与海洋生态系统安全,对具有重要保护价值和生态价值的海域实施分类指导、分区管理、分级保护。"海洋生态红线"制度旨在保护重要河口、重要滨海湿地、特殊保护海岛、海洋保护区、自然景观及历史文化遗迹、珍稀濒危物种集中分布区、重要滨海旅游

---

① 《渤海海洋生态红线划定技术指南》。

区、重要砂质岸线和沙源保护海域、重要渔业水域、红树林、珊瑚礁及海草床。划定海洋生态保护红线，按照海洋生态系统完整性原则和主体功能区定位，能够实现海域空间利用格局优化、架构结构和功能更加完善的海洋生态环境安全布局，维护国家海洋生态环境安全。

山东省生态红线区划定的范围为其管辖的渤海海域，建立实施"海洋生态红线"制度主要有三大任务：稳步推进红线区内的海洋生态保护与海洋修复整治；严格监测红线区内的入海污染物排放，促进海洋产业优化升级；加强红线区内的环境监测、执法监督和污染应急处置能力建设。继山东推出"海洋生态红线"制度后，环渤海地区的辽宁、河北、天津也陆续实施这一制度，三省因地制宜地划定了海洋生态红线区。2013 年，环渤海三省一市开始实施"海洋生态红线"制度，划定渤海海洋生态红线区 156 个，有效保护渤海自然岸线 800 余公里、各类海洋红线区面积 1.4 万平方公里，占渤海总面积的 1/5。渤海地区制定生态红线的目标是自然岸线保有率不低于 30%，至 2020 年海水水质达标率不低于 80%，生态红线区陆源入海直排口污染物排放达标率 100%，陆源污染物入海总量减少 10% ~ 15%。值得欣慰的是，渤海地区海洋生态红线制度成果初显，《2014 年北海区海洋环境公报》显示，渤海近岸海域海水富营养化面积比 2013 年减少 10%，重度富营养化海域面积较 2013 年大幅减少，渤海海水环境质量未达到海洋功能区水质要求的海域面积为 16420 平方公里，较 2013 年下降 33%，海洋生态红线带来生态向好发展。

胶州湾作为山东半岛面积最大的河口海湾，近年来因填海造陆、港口建设、海滩采砂、围海养殖等人类活动的影响，及气候变化、地质运动等自然因素的原因，胶州湾海域面积从 1863 年的 578.5 平方公里缩小至 2014 年的 337.4 平方公里，151 年间共减少 241.1 平方公里。同时，胶州湾海域海水污染严重，1985 年胶州湾湿地曾调查到 206 种鸟类，到目前仅有 156 种，部分鸟类已经灭绝或濒临灭绝（见图 5 - 12）。不仅如此，胶州湾还面临着海域面积萎缩、自然岸线消失、湿地功能退化、陆源污染物排放、海洋生态灾害风险等一系列问题，造成胶州湾海域对气候变化的调节能力明显下降，海洋自我净化与恢复能力降低，海洋生态环境不断恶化。鉴于上述分析，胶州湾亟须划定海洋生态红线，保护已受影响的滨海生态环境。

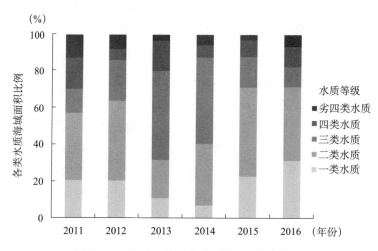

图 5 - 12　2011 ~ 2016 年胶州湾水质等级情况

资料来源：2016 年《青岛市海洋环境公报》。

三、山东省海洋生态环境承载力评价

影响海洋生态环境承载力的因素很多，自 Parke 和 Burgess（1921）提出"承载力"的概念以来，学者们从生态环境承载力评价指标体系构建着手开始研究，取得了一定的研究成果。结合研究区域实际，在总结已有研究成果的基础上，借鉴联合国粮农组织（FAO）的评价思路和框架，本书所研究的海洋生态环境承载力是指在一定时期内，以海洋资源的可持续利用、海洋环境的不被破坏为原则，在符合现阶段社会文化准则的物质生活水平条件下，通过自我维持与自我调节，海洋能够支持人口、环境和经济协调发展的能力或限度。研究从海洋经济发展、海洋资源承载和海洋环境承载三个方面构建指标体系。

（1）海洋经济发展。海洋资源环境承载力是海洋经济发展的基础，一定阶段内的海洋经济发展水平可以从人口指数、经济指数、生活质量和涉海经济这四个二级指标考察。

（2）海洋资源承载。海洋资源是海洋资源环境承载力的核心，使资源最大效率地转化为资本也是海洋经济发展的目标之一。这一指标可以从海洋资源对海洋经济社会发展的支撑、能源资源的消耗以及公共服务与设施的配备这三个二级指标考察。

（3）海洋环境承载。海洋环境是海洋资源环境承载力的重要表现因素，能从一定程度上决定海洋资源环境承载力水平。这一指标可以从海洋生态现状、海洋经济发展过程中的环境污染以及海洋污染治理情况三个二级指标考察。具体指标体系如表5-8所示。

表5-8　海洋生态环境承载力评价指标体系

系统	一级指标	二级指标	三级指标		指标方向
海洋资源环境承载力评价指标体系	海洋经济发展系统	人口指数	A1	人口密度（人/平方公里）	*
			A2	常住人口（万人）	*
			A3	人均GDP	+
		经济指数	A4	二、三产值占比（%）	-
			A5	GDP年增速	+
		生活质量	A6	城镇居民人均可支配收入	+
			A7	恩格尔系数（%）	-
		涉海经济	A8	港口吞吐量（万吨）	+
			A9	接待游客总人数（万人）	+
	海洋资源承载系统	海洋资源	B1	人均海水养殖面积	+
			B2	人均海水产品产量（吨）	+
			B3	人均海岸线保有量（米/人）	+
			B4	人均海洋捕捞强度（吨/人）	*
			B5	人均海域面积（平方公里/人）	+
			B6	人均水源量（立方米/人）	+
		能源资源	B7	万元GDP能耗	-
			B8	万元GDP用电量（千瓦时）	-
		公共服务及设施	B9	每千人拥有医生数	+
			B10	每万人拥有大学以上文化程度人数	+
	海洋环境承载系统	生态状况	C1	建成区绿化覆盖率（%）	+
			C2	近岸海域功能区达标率（%）	+
			C3	海洋自然保护区面积比重（%）	+
		污染状况	C4	单位建成区面积废水排放量	-
			C5	单位建成区面积SO$_2$排放量	-
		治理状况	C6	工业固体废弃物综合利用量（万吨）	+
			C7	工业污染治理投资额占GDP比重（%）	+
			C8	废水治理设施处理能力（万吨/日）	+
			C9	工业用水量重复利用率（%）	+

注：+代表正向指标；-代表逆向指标；*代表适中指标。

（一）研究方法和模型

（1）熵权TOPSIS。TOPSIS（Technique for Order Preference by Similarity to Ideal Solution）是Hwang和Yoon于1981年提出的基于系统工程中有限方案多

目标决策分析的一种常用方法。通过定义目标空间中的某一测度，据此计算目标靠近/偏离正、负理想解的程度，可以评估区域生态环境承载力，全面客观地反映区域生态环境承载力的变化情况。熵权 TOPSIS 评价模型采用熵权法与 TOPSIS 模型相结合的方式，得到评价指标的客观权重，不仅能较为科学地反映评价指标的重要程度，而且能动态地反映指标权重随时间的变化情况，使 TOPSIS 模型的评价结果更加简洁、客观。运用熵权 TOPSIS 法评估海洋生态资源环境承载力，能够科学合理地反映海洋生态环境承载力的动态及变化趋势。

（2）基于熵权 TOPSIS 的海洋生态环境承载力评价模型。

1）标准化评价矩阵构建。设海洋资源环境承载力的原始评价矩阵为：

$$V = \begin{bmatrix} v_{11} & v_{12} & \cdots & v_{1n} \\ v_{21} & v_{22} & \cdots & v_{2n} \\ \vdots & \vdots & \vdots & \vdots \\ v_{m1} & v_{m2} & \cdots & v_{mn} \end{bmatrix} \tag{5-14}$$

由于选取的指标具有不同的量纲和数量级，因此我们需要对选取的指标进行标准化处理。这里将选取的指标划分为正向（效益型）指标、逆向（成本型）指标和适中指标。对于不同的指标，处理方式如下：

对于正向（效益型）指标，公式为：

$$y_{ij} = \frac{x_{ij} - \min_{1 \leq i \leq n}(x_{ij})}{\max_{1 \leq i \leq n}(x_{ij}) - \min_{1 \leq i \leq n}(x_{ij})} \tag{5-15}$$

对于逆向（成本型）指标，公式为：

$$y_{ij} = \frac{\max_{1 \leq i \leq n}(x_{ij}) - x_{ij}}{\max_{1 \leq i \leq n}(x_{ij}) - \min_{1 \leq i \leq n}(x_{ij})} \tag{5-16}$$

对于适中指标，公式为：

$$y_{ij} = \begin{vmatrix} 1 - \dfrac{p - x_{ij}}{\max(p - \min\limits_{1 \leq i \leq n}(x_{ij}), \max\limits_{1 \leq i \leq n}(x_{ij}) - p)}, x_{ij} < p \\ 1 - \dfrac{x_{ij} - p}{\max(p - \min\limits_{1 \leq i \leq n}(x_{ij}), \max\limits_{1 \leq i \leq n}(x_{ij}) - p)}, x_{ij} \geq p \end{vmatrix} \tag{5-17}$$

其中，y_{ij} 为指标的标准值；x_{ij} 为指标的初始值；$\max(x_{ij})$、$\min(x_{ij})$ 为评价区内指标的最大值、最小值，n 为被评价的年份。处理后得到标准化矩阵：

$$R = \begin{bmatrix} r_{11} & r_{12} & \cdots & r_{1n} \\ r_{21} & r_{22} & \cdots & r_{2n} \\ \vdots & \vdots & \vdots & \vdots \\ r_{m1} & r_{m2} & \cdots & r_{mn} \end{bmatrix} \qquad (5-18)$$

其中，V 为初始评价矩阵，v_{ij} 为第 i 个指标第 j 年的初始值；R 为标准化后的评价矩阵，r_{ij} 为第 i 个指标第 j 年的标准化值；$i = 1,2,\cdots,m$，m 为评价指标数；$j = 1,2,\cdots,n$，n 为评价年份数。

2）确定指标权重。熵权法能有效兼顾评价指标的变异程度，客观反映其重要性，熵权计算公式为：

$$w_i = \frac{1 - H_i}{m - \sum\limits_{i=1}^{m} H_i} \qquad (5-19)$$

其中，$H_i = -\dfrac{1}{\ln n}\sum\limits_{j=1}^{n} f_{ij}\ln f_{ij}$ 称为信息熵，$f_{ij} = \dfrac{r_{ij}}{\sum\limits_{j=1}^{n} r_{ij}}$ 称为指标的特征比重，$\ln 0 = 0$。

3）基于熵权的评价矩阵构建。为提高海洋生态环境承载力评价矩阵的客观性，运用熵权 w_i 构建加权规范化评价矩阵 Z，具体计算公式为：

$$Z = \begin{bmatrix} z_{11} & z_{12} & \cdots & z_{1n} \\ z_{21} & z_{22} & \cdots & z_{2n} \\ \vdots & \vdots & \vdots & \vdots \\ z_{m1} & z_{m2} & \cdots & z_{mn} \end{bmatrix} = \begin{bmatrix} r_{11} \cdot w_1 & r_{12} \cdot w_1 & \cdots & r_{1n} \cdot w_1 \\ r_{21} \cdot w_2 & r_{22} \cdot w_2 & \cdots & r_{2n} \cdot w_2 \\ \vdots & \vdots & \vdots & \vdots \\ r_{m1} \cdot w_m & r_{m2} \cdot w_m & \cdots & r_{mn} \cdot w_m \end{bmatrix} \quad (5-20)$$

4）确定正理想值和负理想值。设 Z^+ 为评价数据中第 i 个指标在 j 年内的最大值，称为正理想值；Z^- 为评价数据中第 i 个指标在 j 年内的最小值，称为负理想值，具体计算公式为：

$$Z^+ = \{\max_{1 \le i \le m} y_{ij} \mid i = 1,2,\cdots,m\} = \{z_1^+, z_2^+, \cdots, z_m^+\} \qquad (5-21)$$

$$Z^- = \{\min_{1 \le i \le m} y_{ij} \mid i = 1,2,\cdots,m\} = \{z_1^-, z_2^-, \cdots, z_m^-\} \qquad (5-22)$$

5）计算距离。计算距离的方法较多，本书选用欧式距离计算公式。令 D_j^+ 为第 i 个指标与 z_j^+ 的距离，D_j^- 为第 i 个指标与 z_j^- 的距离，具体计算公式如下：

$$D_j^+ = \sqrt{\sum_{i=1}^{m} (z_i^+ - z_{ij})^2} \qquad (5-23)$$

$$D_j^- = \sqrt{\sum_{i=1}^{m} (z_i^- - z_{ij})^2} \qquad (5-24)$$

其中，z_{ij} 为第 i 个指标第 j 年加权后的规范化值，z_i^+、z_i^- 分别为第 i 个指标在第 n 年取值中正理想值和负理想值。

6）计算综合评价指数。取 d_j 为第 j 年海洋生态环境承载力综合评价指数，且 d_j 在 0 和 1 之间取值，越接近 1 表征评价对象越优，越接近 0 表征评价对象越劣，根据综合评价指数可以确定优劣顺序，计算公式为：

$$d_j = \frac{D_j^-}{D_j^+ + D_j^-} \qquad (5-25)$$

（二）实证研究

（1）评价数据及获取渠道。研究数据源自山东省 2005～2016 年统计年鉴、统计公报，2005～2016 年《中国海洋统计年鉴》《中国海洋年鉴》《中国统计年鉴》等。本书基于山东省海洋资源开发利用现状，运用熵权 TOPSIS 模型对山东省海洋生态环境承载力问题进行定量分析，不仅可以解释山东省海洋生态环境承载力现状，也可以为沿海其他省份评估和提高海洋资源环境承载力水平提供理论依据和实践指导。

（2）标准化与指标权重的确定。在对原始数据标准化处理后（见表 5 - 9），运用公式确定各指标的权重，具体结果如表 5 - 10 所示。

表 5 - 9　海洋生态环境承载力评价指标体系标准化结果

指标		2004	2005	2006	2007	2008	2009	2010	2011	2012	2013	2014	2015
1	A1	0.000	0.061	0.136	0.222	0.321	0.388	0.504	0.636	0.732	0.828	0.919	1.000
2	A2	0.000	0.055	0.102	0.150	0.170	0.178	0.182	0.197	0.215	0.926	0.972	1.000
3	A3	0.000	0.182	0.424	0.545	0.636	0.758	0.697	0.788	0.848	0.879	0.970	1.000
4	A4	0.000	0.063	0.145	0.231	0.320	0.385	0.475	0.597	0.719	0.824	0.929	1.000
5	A5	0.828	0.690	0.276	0.483	0.621	1.000	0.621	0.655	0.310	0.310	0.034	0.000
6	A6	0.000	0.072	0.183	0.305	0.410	0.459	0.559	0.648	0.752	0.881	0.939	1.000
7	A7	0.000	0.059	0.129	0.221	0.240	0.342	0.438	0.546	0.669	0.778	0.883	1.000
8	A8	1.000	0.555	0.558	0.527	0.506	0.160	0.475	0.476	0.165	0.129	0.076	0.000
9	A9	0.983	1.000	0.862	0.692	0.436	0.472	0.593	0.529	0.420	0.095	0.044	0.000
10	B1	0.999	0.846	0.765	0.637	0.308	0.398	0.607	0.457	0.422	0.053	0.016	0.000
11	B2	0.141	0.387	0.003	0.083	0.204	0.295	0.329	0.351	0.914	0.190	1.003	0.931

续表

指标		2004	2005	2006	2007	2008	2009	2010	2011	2012	2013	2014	2015
12	B3	1.000	0.933	0.876	0.819	0.796	0.788	0.783	0.766	0.745	0.061	0.023	0.000
13	B4	1.000	0.804	0.730	0.656	0.153	0.134	0.171	0.180	0.197	0.016	0.010	0.002
14	B5	1.000	0.906	0.849	0.792	0.769	0.761	0.756	0.739	0.718	0.034	0.000	0.001
15	B6	0.077	0.146	0.208	0.269	0.300	0.000	0.008	0.023	0.046	0.908	0.969	1.000
16	B7	0.857	0.909	0.881	0.717	0.449	0.652	1.003	0.979	0.922	1.008	0.171	0.003
17	B8	1.000	0.950	0.830	0.706	0.538	0.447	0.401	0.284	0.183	0.150	0.055	0.000
18	B9	1.005	0.662	0.849	0.138	0.005	0.031	0.152	0.522	0.566	0.485	0.615	0.617
19	B10	0.550	0.565	0.494	0.430	0.412	0.380	0.434	0.392	0.535	0.450	0.409	0.361
20	C1	0.882	0.896	0.910	0.919	0.919	0.919	0.896	0.934	1.000	0.052	0.000	0.403
21	C2	0.029	0.142	0.203	0.000	0.536	0.809	0.809	0.999	1.000	1.000	1.000	1.000
22	C3	0.000	0.104	0.104	0.104	0.104	0.166	0.166	0.166	0.166	0.166	0.941	1.000
23	C4	0.233	0.982	0.185	0.108	1.236	0.029	0.000	0.022	0.033	0.069	0.311	0.048
24	C5	0.000	0.108	0.133	0.141	0.210	0.215	0.427	0.459	1.000	0.878	0.860	0.763
25	C6	1.000	0.776	0.702	0.516	0.485	0.588	0.792	0.758	0.325	0.105	0.155	0.000
26	C7	1.000	0.865	0.590	0.402	0.326	0.312	0.251	0.234	0.128	0.055	0.030	0.000
27	C8	0.344	0.072	0.344	0.344	0.000	0.264	1.000	0.752	0.504	0.504	0.776	0.776
28	C9	0.007	0.222	0.267	0.306	0.231	0.338	0.485	0.632	0.994	0.896	1.007	0.991

表5-10　海洋生态环境承载力靠近/偏离正、负理想解的距离及权重、综合指数

指标	2004	2005	2006	2007	2008	2009	2010	2011	2012	2013	2014	2015
$D+$	0.0242	0.0177	0.0187	0.0197	0.0162	0.0173	0.0137	0.0130	0.0152	0.0180	0.0200	0.0218
$D-$	0.0169	0.0157	0.0128	0.0103	0.0124	0.0134	0.0168	0.0185	0.0192	0.0207	0.0205	0.0218
w	0.0482	0.0354	0.0443	0.0413	0.0548	0.0521	0.0439	0.0393	0.0481	0.0431	0.0361	0.0459
d	0.4115	0.4697	0.4067	0.3440	0.4341	0.4371	0.5502	0.5872	0.5589	0.5348	0.5066	0.5007

（3）正、负理想解与距离计算。根据公式确定正、负理想解，结合标准化矩阵，测算2004～2015年山东省海洋生态环境承载力靠近/偏离正、负理想解的距离以及海洋生态环境承载力综合评价指数（见表5-10）。

（4）结果分析。通过上述测算，已经得出2004～2015年山东省海洋生态环境承载力水平，2004～2007年呈现下降趋势，2008～2011年上升趋势明显，2012年后又呈现下滑趋势。尽管为保护和改善山东省海洋生态环境承载力所采取的措施和行动的力度逐渐加大，但海洋生态环境承载力仍面临较大的威胁，山东省海洋生态环境承载力水平总体评价指数不高。

为深入分析和描述山东省海洋生态环境承载力变化趋势及原因，下面进一步分析三个子系统的特征和动态演化趋势（见图5-13）。

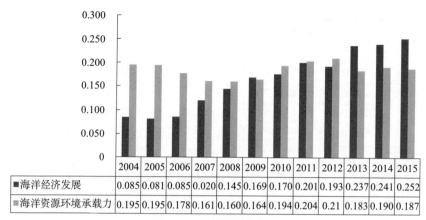

	2004	2005	2006	2007	2008	2009	2010	2011	2012	2013	2014	2015
■海洋经济发展	0.085	0.081	0.085	0.020	0.145	0.169	0.170	0.201	0.193	0.237	0.241	0.252
■海洋资源环境承载力	0.195	0.195	0.178	0.161	0.160	0.164	0.194	0.204	0.21	0.183	0.190	0.187

a.山东省海洋经济发展水平

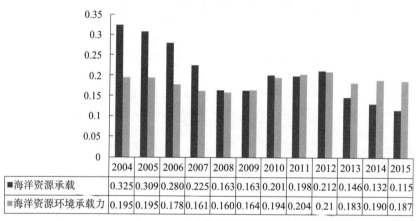

	2004	2005	2006	2007	2008	2009	2010	2011	2012	2013	2014	2015
■海洋资源承载	0.325	0.309	0.280	0.225	0.163	0.163	0.201	0.198	0.212	0.146	0.132	0.115
■海洋资源环境承载力	0.195	0.195	0.178	0.161	0.160	0.164	0.194	0.204	0.21	0.183	0.190	0.187

b.山东省海洋资源承载水平

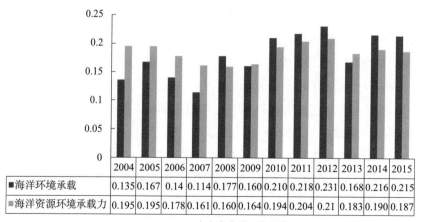

	2004	2005	2006	2007	2008	2009	2010	2011	2012	2013	2014	2015
■海洋环境承载	0.135	0.167	0.14	0.114	0.177	0.160	0.210	0.218	0.231	0.168	0.216	0.215
■海洋资源环境承载力	0.195	0.195	0.178	0.161	0.160	0.164	0.194	0.204	0.21	0.183	0.190	0.187

c.山东省海洋环境承载水平

图5-13 2004~2015年山东省海洋经济发展水平及生态环境承载力

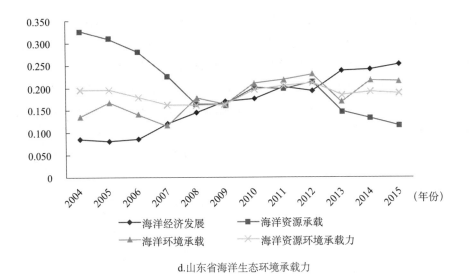

d.山东省海洋生态环境承载力

图 5 – 13　2004 ~ 2015 年山东省海洋经济发展水平及生态环境承载力（续图）

从图 5 – 13d 可以看出，2004 ~ 2012 年山东省海洋生态环境承载力呈现波动上升趋势，不过上升幅度不大，2013 ~ 2015 年山东省海洋生态环境承载力处于平稳并略有下降的趋势。进一步分析发现：

（1）海洋经济发展。从图 5 – 13a 可以看出，山东省海洋经济发展呈逐年上升趋势，从 2004 年的 0.085 上升到 2015 年的 0.252，表明山东省海洋经济实力明显增长，为海洋生态环境承载力提供了较为充裕的经济资源。"十二五"以来，山东省将发展海洋经济作为经济增长的重要着力点，统筹推进山东半岛蓝色经济区和黄河三角洲高效生态经济区建设，开展海洋经济试点，并将以海洋经济为主题的青岛西海岸新区纳入国家级新区序列，通过加快转变海洋经济发展方式，着力提高海洋科技创新能力，有力地促进了山东省海洋经济快速健康发展。海洋经济发展是一把双刃剑，一方面是海洋经济发展速度的加快将会消耗更多的资源，也会带来一定的环境污染；另一方面，海洋经济发展也会给环境改善、资源利用、节能减排等方面提供更多的经济资源，提高海洋资源环境承载力。值得注意的是，2008 年以前，山东省海洋生态环境承载力高于海洋经济发展水平，2009 年以后，虽然海洋资源环境承载力呈现波动上升趋势，但整体水平低于海洋经济发展，表明海洋经济发展对山东省海洋生态环境承载力的贡献大于其带来的负面影响，且为海洋生态环境承载力的提升奠定了经济基础。

（2）海洋资源承载。从图 5 – 13b 来看，山东省海洋资源承载波动起伏，总体呈现下降趋势。2004 年海洋资源承载水平最高，达到 0.325，2015 年海洋资源承载水平最低，仅为 0.115。从该部分内部指标分析，人均养殖面积、人均水产品产量和万元 GDP 能耗 3 个指标起到负面作用，公共服务及设施指标均起到正向作用。总的来看，海洋资源承载内部 7 个指标共同作用，使山东省海洋资源承载水平波动起伏，2004~2008 年海洋资源承载下降幅度较大，这与山东省海洋资源环境承载力的变化一致，表明海洋资源承载水平拉低了海洋资源环境承载力整体水平。虽然 2008 年以后海洋资源承载有波动上升趋势，但幅度不大，且在 2013 年又转为下降趋势，表明海洋资源承载是未来一段时期研究山东省海洋生态环境承载力的关键环节。

（3）海洋环境承载。从图 5-13c 可以看出，2004~2015 年海洋环境承载整体呈波动上升趋势，且与山东省海洋生态环境承载力变化趋势基本吻合。从该系统内部分析，2004~2015 年，建成区绿化覆盖率由 2004 年的 38% 上升到 2015 年的 44.7%，近岸海域功能区达标率从 79.3% 增加到 84.7%，工业用水量重复利用率从 82.2% 增加到 87.5%，这得益于山东省近年来对海洋生态建设和海洋环境保护的重视，使海洋环境承载水平逐年上升。2007 年、2009 年和 2013 年海洋环境承载内部指标工业污染治理投资额与废水治理设施处理能力下降、单位建成区面积废水排放量上升导致海洋环境承载水平出现下降，出现海水富营养化与浒苔暴发情况，因此，上述指标也是未来山东省改进海洋环境承载应关注的问题。

综合上述分析，从山东省海洋生态环境承载力整体水平看，2004~2007 年承载力呈现下降趋势，2008~2011 年上升趋势明显，2012 年又呈现下滑趋势。研究结果表明，山东省各个时期的海洋环境保护政策对山东省海洋生态环境承载力提升方面起到了较为积极的作用，但海洋资源环境承载力仍面临较大的威胁，山东省海洋生态环境承载力水平总体评价指数不高。

从各系统来看，山东省海洋经济发展呈逐年上升趋势，从 2004 年的 0.085 上升到 2015 年的 0.252，表明山东省海洋经济实力明显增长，对海洋资源环境承载力提供了较为充裕的经济资源。山东省海洋资源承载波动起伏，总体呈现下降趋势。2004 年海洋资源承载水平最高，达到 0.3251。2004~2015 年海洋环境承载整体呈波动上升趋势，且与山东省海洋生态环境承载力变化趋势基本吻合。

四、山东省海洋生态环境发展状态评价

（一）海洋生态环境安全评价指标选取原则

海洋生态环境问题是一个涉及多方面的综合的复杂系统，同时，海洋生态环

境安全自身具有战略性、动态性、系统性和层级性的特点，是一个不断发展的动态体系。因此，以下论述将以海洋生态系统安全为目标，为综合协调经济、社会、生态环境系统的平衡，保障海洋生态环境与经济协调、健康发展，根据海洋生态系统安全的影响因素，建立海洋生态安全评价指标体系对海洋生态安全状况进行定量测度。

海洋生态安全是指海洋生态系统能够维持自身稳定及可持续发展，在时间维度上能够维持海洋生态系统结构和功能的自组织性，及时响应外来因素给海洋生态环境带来的压力和胁迫，确保人类在生产和生活过程中不受海洋环境变化的影响。海洋生态安全评价是综合多方面因素的海洋生态环境状态评估，海洋生态安全复合系统结构错综复杂且层级较多，各子系统之间既有相互作用，又有相互之间的输入和输出，个别元素及个别子系统的改变可能导致整个海洋生态安全由优到劣或由劣到优的变化。因此，要从众多的指标中选择那些具有代表性的、便于测量且内涵丰富的主导型指标作为评价指标。根据海洋生态安全研究目标与研究原则等，在海洋生态安全评价指标体系构建过程中应遵循客观性、稳定性、完整性等基本原则，还应遵循下述代表原则：

（1）科学性。海洋生态安全评价指标的选取和设计一定要建立在科学的基础上，以海洋生态安全的演变机理为指导，能够反映海洋生态安全发展演变的内在动力。科学性是实现海洋生态安全评价指标规范、一致的基础。科学性原则同时还要求评价指标的物理意义要简单明确，具体指标的设定能充分反映海洋生态安全评价的内涵和目标的实现情况，除评价指标的定义外，评价方法等都要有科学依据。

（2）准确灵活性。评价指标应该能够准确灵活地反映海洋生态安全发展过程中出现的矛盾问题及未来发展变化趋势。准确灵活性的原则主要体现在两个方面：一是时效性，要求在及时获得海洋生态安全评价各指标统计数据的基础上，评价指标能够及时快速地进行评价，准确反映出海洋生态安全状态的变化趋势；二是显示度，要求评价指标既能对海洋生态安全发展变化强弱有敏锐的反应能力，又能对变化情况予以显示，直观地反映出海洋生态安全发展变化的稳定性及协调程度。

（3）动态性。海洋生态安全的发展是一个具有明显动态特征的过程，海洋生态安全既是一个目标，同时也是一个阶段，其内涵也随着发展演变阶段的不同而相应发生变化。随着时间和周边环境发生改变，某些评价指标可能不具有代表性，也不能准确地评价海洋生态安全的发展情况。因此，需要及时地更新调整指标体系，用符合实际情况的新的评价指标替换不适用的指标，以此保证评价指标能具有较强的代表性，在动态演变过程中能较为准确灵敏地反映海洋生态安全发展情况。

（4）可靠性。可靠性要求选取的评价指标所能获得的数据必须真实可靠，同时，要有足够多的统计数据的样本量，或者有足够长的时间序列，这样才能满足海洋生态安全评价及预测的需要。而且只有基于科学的评价指标体系与充分可靠的数据，才能对海洋生态安全的运行情况进行评价分析，并以此构建动态预测模型，从而及时对海洋生态安全发展情况采取相应措施。

（5）可获得性。目前，由于海洋生态系统的复杂性，若在构建海洋生态安全评价指标体系过程中一味地追求对整个海洋生态系统状态的完整描述，则其指标数量将会极其庞大；同时实际涉及的定性指标也会相对较多，而可获得的定量指标则相对较少，或者存在部分定量指标，其精确计算或者数据的可得性也较差，这样对整个海洋生态安全指标体系的构建提出了很大的挑战。基于上述情况，我们在构建指标体系时，既要充分考虑到指标选取的完整性与代表性，同时还要考虑到数据及其指标量化的难易程度。尽量选取那些资料较易获取且能够在相当程度上保证全面地反映海洋生态安全实际情况的指标，多参考利用已有的统计指标及有关规范标准体系，确保所构建的评价指标体系资料具有充分的数据来源。

（二）海洋生态环境安全评价指标选取方法

海洋生态系统安全评价指标的初步筛选是海洋生态安全研究最重要的一步。构建的海洋生态系统安全评价指标体系是为了研究海洋生态安全的内容及发展水平，因此，海洋生态安全评价指标的选择要结合海洋生态安全的特点，不仅要能够反映海洋生态环境发展现状，还要反映影响海洋生态安全的潜在因素及人类活动等，并非一项简单的工作。海洋生态系统安全评价指标体系的选取应从海洋生态安全研究的目标出发，结合目标法、问题法、因果法等多种选取方法对评价指标进行选择。

在遵循指标选取的动态性、科学性、完整性、可靠性及可获得性的原则基础上，在进行海洋生态安全评价时，为确保能科学、完整地构建评价指标体系，首先将海洋生态安全评价目标进行分解，随后综合现有的生态安全评价指标体系，构建符合海洋生态安全评价的指标体系，明确所要研究的目标对象。为确保选取的指标具有代表性和指导性，接下来运用德尔菲法（Delphi Method）和层次分析法（AHP）对选取的指标进行筛选，对指标可能存在的共线性问题采用主成分分析法（PCA）进行排查，剔除冗余指标。最后，进一步采用定性分析对选取的指标再次进行排查筛选，确保指标选取的重要性和完整性配合。

（1）德尔菲法。德尔菲法也称为专家经验法，主要是依据专家经验和专业知识，对指标的选取进行筛选，这也是最常用、最基本的指标选取方法之一。海洋生态系统安全评价研究是一项理论性和实践性都较强的工作，前人的成果研究和理论积累是极其重要的。指标的筛选可先在理论分析的基础上，初步筛选掉不符合海洋生态系统安全评价相关理论的指标。然后，通过查阅领域内的文献资料，对前人所采用的评价指标进行归纳总结，并与所选取的研究区域进行对比分析，选取那些研究频率较高且符合研究区情况的指标。

（2）层次分析法。从系统论的角度来看，海洋生态系统是一个由多重因子组成的多层次的复杂系统，作为一个开放系统，它和外界环境有着千丝万缕的关系。对复杂系统的评价最有效的方法就是层次分析法，筛选出相对重要的评价指标。层次分析法被广泛应用于生态系统安全评价指标体系的构建，该方法最关键的是评价指标的确定及指标的权重划分，而指标权重的确定很大程度上取决于专家的主观判断，存在一定的主观性，可能会出现评价结果不准确的情况。

（3）主成分分析法。为实现指标选取的独立性，剔除意义重复的指标，较为常用的方法就是主成分分析法。它能将多指标问题简化为少数几个综合指标，使指标之间互不相关且能够基本上代表全部信息，反映问题整体情况。用主成分分析法对原始数据进行筛选，以便在保证数据信息缺失最少的前提下，经线性转换并选择性地舍弃一小部分无关紧要的信息，获取新的综合变量，取代原始的多维变量。

（三）海洋生态环境安全评价指标体系确立

（1）指标体系结构。研究以海洋生态系统安全目标为指导思想，将目前已经形成的其他领域的生态系统安全评价指标作为重要借鉴，并考虑到研究区自然、经济、社会和环境状况等实际情况及数据的可得性和调查情况，遵循指标选取原则并采用多种方法选取评价指标，结合专家经验和因子分析法对指标进行筛选，构建出能反映海洋生态安全现状和趋势，同时能对海洋生态安全趋势进行预测、分析和评价的海洋生态安全评价指标体系。按照"三级叠加、逐层收敛、统一排序"的层次分析方法，从生态安全、经济安全、社会安全三个方面分别考虑制定海洋生态系统安全发展状态的表征指标体系。指标系统总体上分为目标层、系统层、指标层三级：目标层综合表征海洋生态系统安全状态；系统层将海洋生态安全解析成相互联系、相互制约的三大子系统，分别为海洋生态安全子系统、海洋经济安全子系统和海洋社会安全子系统；指标层为可测度、可获得、可对比的指标，共计26个指标。其中，目标层由系统层反映，指标层是定量测度系统层的层级。评价指标根据对海洋生态安全的影响情况，划分为正趋向指标和逆趋向指标，具体划分情况如表5-11所示。

表5-11　海洋生态安全评价指标体系

目标	系统	指标	指标解析	指标性质
海洋生态系统安全评价体系	生态安全	C_1 生物多样性	海洋生态监测区底栖生物多样性均值	正
		C_2 严重污染海域面积	中度污染以上海域占污染海域比重	逆
		C_3 人均海水产品产量	海水产品产量与地区总人口之比	正
		C_4 年均赤潮发生次数	相应海域赤潮发生次数	逆
		C_5 海域养殖面积	海水养殖面积占海水可养殖面积比重	正
		C_6 单位面积工业废水排放量	单位土地面积排放工业废水量	逆
		C_7 单位面积工业固体废物产生量	单位土地面积产生工业固体废弃物	逆
		C_8 海洋自然保护区面积比重	海洋自然保护区面积占国土面积比重	正
		C_9 环保投入占GDP比重	环境污染治理投资占地区GDP的比重	正
		C_{10} 近岸海洋生态系统健康状况	生态监控区近岸海洋生态系统健康状况	正
	经济安全	C_{11} 人均海洋生产总值	海洋生产总值与地区总人口之比	正
		C_{12} 海洋生产总值占GDP比重	海洋生产总值与地区GDP之比	正
		C_{13} 海域利用效率	单位确权海域面积内海洋生产总值	正
		C_{14} 人均固定资产投资增长率	固定资产投资总额与地区总人口之比	正
		C_{15} 海洋第三产业占海洋GDP比重	海洋第三产业占海洋GDP比重	正
		C_{16} 海洋第二产业占海洋GDP比重	海洋第二产业占海洋GDP比重	正
	社会安全	C_{17} 人口密度	单位土地面积承载人口数量	逆
		C_{18} 城镇化水平	非农业人口占总人口数量的比重	逆
		C_{19} 受教育程度	大专以上人口比重	正
		C_{20} 涉海就业人员比重	涉海就业人员占社会总就业人数比重	正
		C_{21} 城镇居民人均可支配收入	城镇居民家庭人均可用最终消费支出和其他非业务性支出以及储蓄的总数	正
		C_{22} 城镇居民人均消费总额	城镇居民个人和家庭用于生活消费以及集体用于个人消费的全部支出	正
		C_{23} 恩格尔系数	食品总支出占人均消费总支出的比重	逆
		C_{24} 海洋科研机构从业人员数增长率	海洋科技人员占涉海就业人员比重	正
		C_{25} 海洋科研课题数增长率	海洋科研机构平均承担科研课题数量	正
		C_{26} 海洋科研机构密度	单位面积内海洋科研机构数量	正

（2）指标体系内容及说明。

1）海洋生态安全子系统。海洋生态安全子系统既是海洋生态系统安全评价的基础，也是海洋生态系统安全的约束条件，其主要作用是保证海洋生态系统功能是否能够正常发挥、系统内部结构的合理性和稳定性，以及系统的自我调节与自我恢复能力。其中，功能健康包括生物多样性和海域面积等方面指标；结构合理包括资源可得性和海域面积可利用程度等方面指标；功能恢复包括海洋自然保护区和环保投入等方面指标。涉及的主要指标有：生物多样性（C_1）、严重污染海域面积（C_2）、人均海水产品产量（C_3）、年均赤潮发生次数（C_4）、海域养殖面积（C_5）、单位面积工业废水排放量（C_6）、单位面积工业固体废弃物产生量（C_7）、海洋自然保护区面积比重（C_8）、环保投入占 GDP 比重（C_9）、近岸海洋生态系统健康状况（C_{10}）等。其中，严重污染海域面积（C_2）、年均赤潮发生次数（C_4）、单位土地面积工业废水排放量（C_6）、单位土地面积工业固体废弃物产生量（C_7）为逆安全趋向指标，C_1、C_3、C_5、C_8、C_9、C_{10} 为正安全趋向指标。

2）海洋经济安全子系统。海洋生态安全的经济安全子系统是海洋生态系统安全的动力条件，也是海洋生态安全发展的有力支撑。其实质是人们通过利用海洋进行生活和生产活动，不断改进海洋利用方式以换取持续、稳定、健康的海洋经济增长，为海洋生态安全有关活动提供经济支撑。海洋生态安全的经济安全子系统可以用海洋经济效益和集约用海水平等指标测度。涉及的主要指标有：人均海洋生产总值（C_{11}）、海洋生产总值占 GDP 比重（C_{12}）、海域利用效率（C_{13}）、人均固定资产投资增长率（C_{14}）、海洋第三产业占海洋 GDP 比重（C_{15}）、海洋第二产业占海洋 GDP 比重（C_{16}）。上述指标均为正趋向指标，其指标值越大，表明海洋经济效益越大，海洋生态系统也就越安全。

3）海洋社会安全子系统。海洋生态安全的社会安全子系统是海洋生态安全的保障和持续条件。其实质是在维持现有的物质条件及社会需求的基础上，能够容纳一定的人口数量、完善的海洋生态系统保障体系，以及海域利用方式为社会服务。它可以用人口增长压力、社会发展程度、海洋生态建设水平、海洋管理水平和海洋科技创新能力等指标来表述。涉及的主要指标有：人口密度（C_{17}）、城镇化水平（C_{18}）、受教育程度（C_{19}）、涉海就业人员比重（C_{20}）、城镇居民人均可支配收入（C_{21}）、城镇居民人均消费总额（C_{22}）、恩格尔系数（C_{23}）、海洋科研机构从业人员数增长率（C_{24}）、海洋科研课题数增长率（C_{25}）、海洋科研机构密度（C_{26}）。其中，人口密度（C_{17}）、城镇化水平（C_{18}）和恩格尔系数（C_{23}）

为逆趋向指标，其余为正趋向指标。

（3）海洋生态安全等级及标准。评价指标安全等级及标准确定是海洋生态系统安全评价的基础和前提。海洋生态系统安全评价指标体系确定后，还需要确定指标体系中各项指标的安全标准，才能定量测度海洋生态系统安全状态。查阅相关文献资料发现，目前学术界尚未形成公认的海洋生态系统安全等级及标准。根据国内外有关标准及相关文献，本书在制定海洋生态系统评价指标安全等级及标准时采取以下方法：

1）绝对确定法，指借鉴采用已有的国际标准或国家标准的指标值作为海洋生态系统安全等级及标准。

2）相对确定法，指在综述国内外海洋生态系统安全研究现状的基础上，根据区域发展水平、区域环境背景和全国平均值等综合确定海洋生态系统安全等级及标准。

3）借鉴法，借鉴已有的生态、经济与社会协调发展的相关理论，将其定量化作为海洋生态系统安全等级及标准。

4）替代法，指对那些较为重要但缺乏相关数据的指标，暂用近似或类似指标值替代。

5）专家咨询法，对部分没有参考标准的指标，通过咨询生态学、经济学、环境学及社会学等领域的专家学者进行综合判定。

根据上述方法，将海洋生态系统安全状况按照等分原理划分为五个安全等级，分别为安全、较为安全、临界安全、较不安全和极不安全，其描述及对应分值如表 5 - 12 所示。

表 5 - 12　安全分级标准

等级	安全状态	描述	分值
V	安全	海洋生态服务功能处于理想状态，海洋生态系统拥有较强的再生能力，海洋利用进行良性循环	[0, 0.2]
IV	较为安全	海洋生态服务功能可以满足社会需求，海洋生态系统基本上实现可持续发展，生态灾害发生频率较低	(0.2, 0.4]
III	临界安全	海洋生态服务功能基本具备，但已经出现退化迹象，生态灾害发生频率上升	(0.4, 0.6]
II	较不安全	海洋丧失大部分生态服务功能，生态灾害严重并危害人们正常生活，生态恢复所需时间较长、恢复成本较高	(0.6, 0.8]
I	极不安全	海洋完全丧失生态服务功能，受到灾害性毁灭，不适合居住，海洋生态系统已经崩溃，无法修复	(0.8, 1.0]

（四）基于 BP 神经网络的山东省海洋生态环境安全评价

（1）研究区概况。山东省位于中国东部沿海、黄河下游，境域包括半岛和内陆两部分，总面积 15.71 万平方公里，约占全国总面积的 1.64%。山东半岛三面环海，海岸线长 3024 公里，占全国大陆海岸线的 1/6，居全国第二。全省近海海域 17 万平方公里，占渤海和黄海总面积的 37%，海洋物种资源丰富，生物种类繁多，为全省海洋经济的发展和生态建设提供了重要的物质基础。但是，在海洋经济迅速发展的同时，相应的生态环境、经济和社会矛盾等发展不协调问题也日益凸显，海洋经济的迅速发展给海洋生态安全带来了前所未有的挑战。

据统计，2016 年山东省春季、夏季、秋季和冬季符合一类海水水质标准的海域面积分别是 14.33 万、14.69 万、14.91 万和 14.8 万平方公里，约占全省海域面积的 89.9%、92.1%、93.5% 和 92.8%；劣四类海水水质标准的海域面积分别为 3610、2349 和 1875 和 974 平方公里，主要分布在莱州湾、丁字湾和渤海湾南部等近岸水体交换较差的区域。全省实施监测的陆源入海排污口 91 个，其中 3 月、5 月、7 月、8 月、10 月和 11 月，入海排污口达标排污比率分别为 47.8%、62.2%、51.6%、49.5%、45.1% 和 42.9%。全年入海排污口的总达标排放次数占监测总次数的 49.8%，比上年升高 15.8%，但达标排放率仍然较低。对 14 个重点入海排污口邻近海域水质监测结果显示，5 月仅有 4 个达到所在海洋功能区水质要求，8 月有 6 个达到所在海洋功能区水质要求。2016 年是黄海海域绿潮面积近 5 年来最大的一年，较近 5 年均值增加了 37%，其中，绿潮最大分布面积为 5.75 万平方公里，最大覆盖面积为 554 平方公里。山东省海域内绿潮最大分布面积为 3.66 万平方公里，最大覆盖面积为 412 平方公里。[①]

因此，山东省海洋生态系统安全形势日益严峻，海洋生态系统安全问题在一定程度上制约了山东省海洋经济的可持续发展。因此，以山东省为例进行海洋生态系统安全的评价研究，有助于协调海洋经济、社会发展和海洋生态环境之间的矛盾，为海洋经济的后续发展提供经验借鉴。

（2）研究方法。

1）评价方法选择。总体来看，在融合相关学科及相关领域研究成果的基础上，已形成一系列评估生态安全的方法，主要有综合指数评价方法、生态足迹法、景观生态模型等（见表 5-13）。

---

① 《2016 年山东省海洋环境状况公报》。

表 5 – 13　国内外生态安全评价方法

评价模型	典型评价方法	适用情况分析
数学模型	综合指数法	适合定量指标多的评价，能体现评价的综合性、整体性和层次性，适用于做横向和纵向的比较评价，但容易将问题简单化，较难全面地反映问题
	层次分析法	适用于定性指标多的评价，但主观性较强，难以准确反映生态安全评价的真实情况
	模糊综合评价	兼顾客观事物内部错综复杂的关系与价值系统的模糊性，但模糊隶属函数的确定及指标的模糊化容易造成部分信息缺失，且指标权重的确定存在一定的主观性
	灰色关联分析	对参数的要求不高，但分辨系数存在一定的主观性，进而影响评价结果，且计算较为复杂
	主成分分析法	综合原有指标的大部分信息，且不受主观因素的影响，具有较强的客观性，但未考虑指标的实际含义，权重的确定容易出现与实际相悖的情形
	物元可拓模型	有助于从变化的角度去识别变化中的影响因子，具有较强的直观性，但关联函数的确定不规范，实用性差
生态足迹模型	生态足迹法	表达简明，较易理解，但过于强调社会、经济对环境的影响，忽略其他环境影响因素的作用
景观生态模型	景观生态安全格局	可以从生态系统结构出发，综合评价各种潜在的生态影响类型，适用于城市、自然的评价
	景观空间连接	特别适用于空间尺度上生态安全的评价，主要从宏观角度进行分析
其他方法	其他	RS 与 GIS 相结合，逻辑运算简单，但是对软件和数据的要求相对较高，可用于预测未来或潜在风险
		对于不同的生态系统，有不同的评价模型，如对海滨生态系统风险评价的 LERAM 模型、分析水生态系统的 SIMPLE 模型以及用于评价森林生态系统的 GAP 模型

目前，海洋领域评价计算以客观性熵值法、主观性层次分析法居多，得到的结果往往具有较大模糊性，容易降低评价结果的客观性和准确性，不适于海洋生态安全此类常规评价工作的需要。而且，鉴于海洋生态系统是一个复杂的非线性自组织体系，伴随时空变换，目前选择的评估指标对海洋生态安全状态的反映力度也会发生变化。经过筛选，BP 人工神经网络（BP-ANN）作为一种极其复杂的非线性系统动力学模型，其强大的非线性映射能力、学习能力和容错能力，对解决规律不显著、用统计方法难以处理的非线性预测问题有着得天独厚的优势，其 Kolmogorov 连续定理更是从数学方面证实了神经网络用于时间序列预测的可行性及有效性。

美国学者 Meculloch 和 Pitts 于 1943 年构建出第一个人工神经网络模型，并由此提出抽象的神经元数理原理。随着神经解剖学、生理学以及神经元电生理等领域研究不断形成突破，学者们综合物理学、数学、信息学等学科的理论与方法，开始对人脑神经网络运行机制进行简化、抽象，并建立起相应的数据信息处理模型，被称为人工神经网络（Artificial Neural Network，ANN），目前人工神经网络已作为一门活跃的交叉边缘学科成为非线性动力学、人工智能等领域的研究热点。经过多年的发展，BP 人工神经网络以其高度的仿真功能能有效修正误差，避免传统主观评价对结果的影响。另外，BP 人工神经网络的非线性运算能更好地进行数理回归，便于厘清各变量之间的关系，同时又能把隐形变量对结果的影响纳入到整体计算过程中，因此，BP 人工神经网络在进行海洋生态系统安全的评价中具有较高的应用价值。BP 人工神经网络（Back Propagation Network，BP Network）由输入层、隐层、输出层三层构成（见图 5 - 14）。三层 BP 人工神经网络模型用于海洋生态安全评价相比其他传统方法有其独特的优越性，下面我们将基于 BP 人工神经网络模型对山东省 2002 ~ 2014 年的海洋生态安全进行评价。

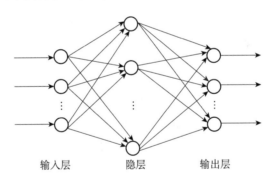

输入层　　　　隐层　　　　输出层

图 5 - 14　BP 神经网络结构示意图

假设神经网络有 n 个输入层、m 个输出层和 p 个隐层，则神经网络的输入表示为：

$$x_i^1 = \sigma\left(\sum_{j=1}^{n} w_{ij}^0 x_j + w_{i0}^0\right), i = 1,2,\cdots,p \tag{5-26}$$

神经网络的输出层输出为：

$$y_i = \sum_{j=1}^{p} w_{ij}^0 x_j^1 + w_{i0}^0, i = 1,2,\cdots,m \tag{5-27}$$

激发函数采用对数 sigmoid 函数 $\sigma(x) = 1/(1 + e^{-x})$，输出层误差计算模型为 $\Delta y_i = y_i(1 - y_i)(Y_i - y_i)$，其中，$w_{ij}^0$ 代表相互两层神经元之间的权重，Y_i 为期望输出值。

2）评价模型与评价指数。状态空间是欧式几何空间用于定量描述系统状态的一种有效方法。本书结合状态空间模型，采用"超载度"表征海洋生态安全状况，超载度越高，系统越不安全。超载度的表达式为：

$$O_p = 1/|M_p| = 1/\sqrt{\sum_{i=1}^{n} w_i y_{ij}^2} \qquad (5-28)$$

$$REO = 1/|M| = 1/\sqrt{\sum_{p=1}^{3} w_p |O_p|^2} \qquad (5-29)$$

其中，$O_p(p=1,2,3)$ 为各个子系统的评价指数，当 $O_p > 1$ 时，海洋生态系统超载且处于不安全状态；当 $O_p < 1$ 时，海洋生态系统低载且处于安全状态；当 $O_p = 1$ 时，海洋生态系统处于安全与不安全的临界状态。y_{ij} 为经标准化处理后的指标值；n 为指标个数；w_i 为 y_{ij} 的权重。REO 为海洋生态安全的总评价指数，当 $REO > 1$ 时，海洋生态系统处于不安全的超载状态；当 $REO < 1$ 时，海洋生态系统处于安全的低载状态；当 $REO = 1$ 时，海洋生态系统处于安全与不安全的临界状态。w_p 代表三个子系统的权重。

（3）数据来源及处理。研究数据主要来源于 2002～2015 年《山东统计年鉴》、《中国统计年鉴》、《中国海洋统计年鉴》、《中国环境统计年鉴》、《中国海洋环境质量公报》、山东省统计信息网，部分较难获得的数据由笔者根据资料整理而得。

由于 sigmoid 函数的取值及神经网络的最终输出范围是 [0, 1]，因此需要先对样本进行归一化处理，以消去单位及数量级对评级结果的影响。

对于正趋向指标（即效益型指标），公式为：

$$y_{ij} = \begin{cases} 1 & (x_{ij} = \max x_j) \\ x_{ij} - \min x_j / \max x_j - \min x_j & (\min x_j < x_{ij} < \max x_j) \\ 0 & (x_{ij} = \min x_j) \end{cases} \qquad (5-30)$$

对于逆趋向指标（即成本性指标），公式为：

$$y_{ij} = \begin{cases} 1 & (x_{ij} = \min x_j) \\ \max x_j - x_{ij} / \max x_j - \min x_j & (\min x_j < x_{ij} < \max x_j) \\ 0 & (x_{ij} = \max x_j) \end{cases} \qquad (5-31)$$

以年份数据作为样本，总样本数为 13，指标数为 26。因此，$i = 1, 2, \cdots, 26$；$j = 1, 2, \cdots, 13$。归一化处理后的数据如表 5-14、图 5-15 所示。

表 5-14 2002～2014 年各指标无量纲化数据

年份 指标	2002	2003	2004	2005	2006	2007	2008	2009	2010	2011	2012	2013	2014
C_1	0.79	0.77	0.77	0.75	0.73	0.72	0.64	0.57	0.47	0.45	0.46	0.46	0.45
C_2	0.89	0.92	0.93	0.72	0.45	0.67	0.52	0.34	0.45	0.46	0.45	0.45	0.44
C_3	0.39	0.38	0.39	0.39	0.39	0.40	0.40	0.37	0.38	0.39	0.39	0.39	0.40
C_4	0.98	0.94	0.94	0.90	0.80	0.78	0.85	0.87	0.85	0.81	0.80	0.81	0.81
C_5	0.61	0.60	0.59	0.50	0.46	0.44	0.42	0.44	0.41	0.39	0.41	0.41	0.40
C_6	0.95	0.95	0.95	0.95	0.94	0.94	0.93	0.92	0.91	0.91	0.90	0.90	0.90
C_7	0.91	0.90	0.89	0.89	0.87	0.85	0.82	0.80	0.78	0.76	0.74	0.74	0.72
C_8	0.06	0.09	0.11	0.14	0.14	0.14	0.14	0.13	0.12	0.12	0.13	0.13	0.14
C_9	0.38	0.42	0.41	0.41	0.40	0.43	0.37	0.40	0.48	0.46	0.48	0.47	0.48
C_{10}	0.44	0.38	0.30	0.22	0.17	0.16	0.15	0.14	0.12	0.10	0.12	0.12	0.11
C_{11}	0.03	0.03	0.04	0.06	0.08	0.10	0.15	0.19	0.22	0.24	0.22	0.23	0.24
C_{12}	0.20	0.21	0.22	0.29	0.31	0.32	0.42	0.44	0.44	0.43	0.42	0.43	0.42
C_{13}	0.01	0.01	0.01	0.01	0.02	0.02	0.03	0.04	0.05	0.05	0.05	0.05	0.05
C_{14}	0.04	0.05	0.07	0.12	0.17	0.24	0.29	0.32	0.40	0.50	0.51	0.51	0.52
C_{15}	0.08	0.10	0.10	0.14	0.27	0.30	0.46	0.47	0.47	0.46	0.46	0.46	0.45
C_{16}	0.73	0.67	0.64	0.67	0.72	0.73	0.27	0.28	0.27	0.25	0.24	0.24	0.22
C_{17}	0.14	0.14	0.14	0.14	0.14	0.14	0.14	0.14	0.14	0.15	0.16	0.16	0.16
C_{18}	0.13	0.15	0.16	0.19	0.21	0.24	0.26	0.27	0.28	0.28	0.28	0.28	0.28
C_{19}	0.04	0.12	0.21	0.20	0.20	0.16	0.21	0.22	0.20	0.23	0.24	0.23	0.24
C_{20}	0.14	0.15	0.17	0.18	0.19	0.19	0.21	0.22	0.22	0.22	0.22	0.22	0.22
C_{21}	0.05	0.07	0.10	0.13	0.17	0.23	0.29	0.38	0.47	0.53	0.58	0.58	0.57
C_{22}	0.06	0.07	0.09	0.12	0.15	0.20	0.26	0.33	0.41	0.47	0.51	0.51	0.51
C_{23}	0.84	0.87	0.86	0.90	0.85	0.90	1.00	0.95	0.91	0.95	0.98	0.98	0.96
C_{24}	0.37	0.34	0.31	0.29	0.27	0.25	0.27	0.26	0.26	0.28	0.26	0.26	0.26
C_{25}	0.30	0.25	0.24	0.27	0.31	0.34	0.26	0.29	0.34	0.37	0.34	0.34	0.34
C_{26}	0.04	0.04	0.05	0.05	0.04	0.04	0.05	0.05	0.05	0.06	0.06	0.06	0.06

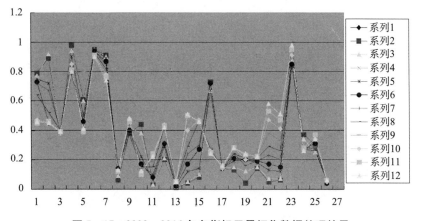

图 5-15 2002～2014 年各指标无量纲化数据处理结果

（4）计算指标权重。

1）熵权法求权重。熵权法是一种较为客观的权重获取方法，能够克服人为确定权重的主观性及多指标变量间信息的重叠。某项指标的熵值越大，其信息的效用值越小，则该指标的权重越小；某项指标的熵值越小，其信息的效用值越大，则该指标的权重越大。设 w^* 为第 i 个评价指标的熵权，计算各指标的熵权：

$$q_{ij} = x_{ij} \bigg/ \sum_{i=1}^{n} x_{ij} \qquad (5-32)$$

$$E_j = -\frac{1}{\ln n} \sum_{i=1}^{n} q_{ij} \ln q_{ij} \qquad (5-33)$$

$$w^* = \frac{1 - E_j}{n - \sum_{i=1}^{n} E_j} \qquad (5-34)$$

其中，E^* 为第 i 个评价指标的熵值；q_{ij} 为第 i 个评价指标的特征比重；x_{ij} 为指标的原始数。

2）变异系数法求权重。设 μ^* 为第 i 个评价指标由变异系数法求得的权重，计算各指标的变异系数：

$$\mu^* = \frac{\sqrt{\sum_{j=1}^{m} (x_{ij} - \overline{x^*})^2 / m}}{\overline{x^*}} \bigg/ \sum_{i=1}^{n} \frac{\sqrt{\sum_{j=1}^{m} (x_{ij} - \overline{x^*})^2 / m}}{\overline{x^*}} \qquad (5-35)$$

其中，$\overline{x^*}$ 为第 i 个指标所有被评价年指标的均值；n 为评价指标个数；m 为被评价年的年数。

3）组合权重的确定。设 γ_k^* 为两种赋权方法组合后第 k 个指标的综合权重，将 γ_k^* 表示为 w_k^* 和 μ_k^* 的线性组合（$k = 1,2,3,\cdots,n$），即：

$$\gamma_k^* = \alpha w_k^* + (1 - \alpha)\mu_k^* \qquad (5-36)$$

其中，α 为 w_k^* 占组合权重的比例；$(1 - \alpha)$ 为 μ_k^* 占组合权重的比例。

以组合权重与两赋权方法权重偏差的平方和最小为目标建立目标函数，即：

$$\min z = \sum_{i}^{n} \left[(\gamma_k^* - w_k^*)^2 + (\gamma_k^* - \mu_k^*)^2 \right] \qquad (5-37)$$

将式（5-36）代入式（5-37）得：

$$\min z = \sum_{i}^{n} \left[(\alpha w_k^* + (1 - \alpha)\mu_k^* - w_k^*)^2 + (\alpha w_k^* + (1 - \alpha)\mu_k^* - \mu_k^*)^2 \right]$$

$$(5-38)$$

对式（5-38）关于 α 求导并令一阶导数为零，解方程得 $\alpha = 0.5$，因而解得

组合后的综合权重 $\gamma_k^* = 0.5w_k^* + 0.5\mu_k^*$。组合赋权的权重获取方法能客观有效地反映真实情况并对未来进行预测，避免人为主观赋权对重要性程度评价的偏差和知识认知的局限。根据以上方法计算各指标权重，海洋生态系统安全评价指标具体权重计算情况如表 5 - 15 所示。

表 5 - 15　海洋生态安全评价指标体系权重分配

目标	指标	熵权法	变异系数法	综合
海洋生态安全评价体系	C_1 生物多样性	0.0179	0.0274	0.0226
	C_2 严重污染海域面积	0.0248	0.0280	0.0264
	C_3 人均海水产品产量	0.0344	0.0344	0.0344
	C_4 年均赤潮发生次数	0.0502	0.0266	0.0384
	C_5 海域养殖面积	0.0111	0.0220	0.0166
	C_6 单位面积工业废水排放量	0.0149	0.0215	0.0182
	C_7 单位面积工业固体废物产生量	0.0400	0.0293	0.0346
	C_8 海洋自然保护区面积比重	0.0614	0.0463	0.0538
	C_9 环保投入占 GDP 比重	0.0317	0.0315	0.0316
	C_{10} 近岸海洋生态系统健康状况	0.0448	0.0409	0.0429
	C_{11} 人均海洋生产总值	0.0336	0.0436	0.0386
	C_{12} 海洋生产总值占 GDP 比重	0.0398	0.0480	0.0439
	C_{13} 海域利用效率	0.0392	0.0266	0.0329
	C_{14} 人均固定资产投资增长率	0.0260	0.0296	0.0278
	C_{15} 海洋第三产业占海洋 GDP 比重	0.0342	0.0506	0.0424
	C_{16} 海洋第二产业占海洋 GDP 比重	0.0400	0.0300	0.0350
	C_{17} 人口密度	0.0343	0.0281	0.0312
	C_{18} 城镇化水平	0.0266	0.0363	0.0314
	C_{19} 受教育程度	0.0772	0.0307	0.0540
	C_{20} 涉海就业人员比重	0.0438	0.0366	0.0402
	C_{21} 城镇居民人均可支配收入	0.0472	0.0352	0.0412
	C_{22} 城镇居民人均消费总额	0.0171	0.0512	0.0341
	C_{23} 恩格尔系数	0.0334	0.0563	0.0448
	C_{24} 海洋科研机构从业人员数增长率	0.0404	0.0480	0.0442
	C_{25} 海洋科研课题数增长率	0.0254	0.0200	0.0227
	C_{26} 海洋科研机构密度	0.0282	0.0338	0.0310

（5）评价结果分析及讨论。

1）BP 神经网络评价结果。根据实际情况，山东省海洋生态安全的各项指标与安全状况间存在着较为复杂的非线性函数关系 $f(x_1, x_2, \cdots, x_{26})$。运用 MatlabR 2012b 应用软件的 newrb 工具箱，先将 2002 ~ 2014 年的数据进行归一化处理（见图 5 - 16），然后将 2002 ~ 2009 年的各项指标数据作为神经元的节点输入，对 BP

神经网络进行训练，完成神经网络的自学习过程，获得各指标与海洋生态安全程度的关系。再输入 2010～2014 年的各项指标数据，最终得到三个子系统安全等级的评价结果（见表 5－16）。其中，确定隐层激活函数为 tansig，输出层激活函数为 logsig，网络训练函数为 trainrp，训练误差设置为 0.00001，学习速率设置为 0.1，最大训练次数为 20 万次，隐层节点数为 7，动态参数及 sigmoid 参数等为默认值。结果运行 10 次后，输出结果，样本拟合误差为 5.18E－4，模拟结果较为满意。

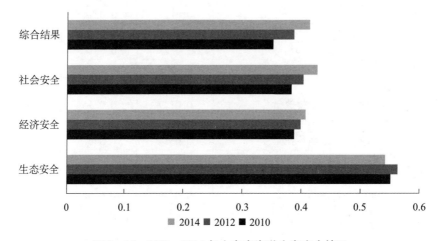

图 5－16　2010～2014 年山东省海洋生态安全情况

表 5－16　2010～2014 年山东省海洋生态安全评价结果

年份	各子系统生态安全评价结果			综合结果
	生态安全	经济安全	社会安全	
2010	0.551（Ⅲ）	0.387（Ⅳ）	0.382（Ⅳ）	0.351（Ⅳ）
2012	0.563（Ⅲ）	0.398（Ⅳ）	0.403（Ⅲ）	0.387（Ⅳ）
2014	0.541（Ⅲ）	0.406（Ⅲ）	0.427（Ⅲ）	0.415（Ⅲ）

　　2）结果分析。从时序上看，三个海洋生态子系统的变化各有特点。2010～2014 年山东省海洋生态安全子系统、经济安全子系统和社会安全子系统安全程度间的差异正在缩减，表明山东省海洋生态安全正在向着均衡方向发展。分开来看，生态安全子系统评价结果由 2010 年的 0.551 到 2014 年的 0.541，生态安全程度呈上升趋势，但其数值始终位于三大子系统之首，且一直处于临界安全等级 Ⅲ，表明生态安全子系统的安全等级最低；经济安全子系统评价结果由 2010 年的 0.387 到 2014 年的 0.406，生态安全等级由较为安全等级Ⅳ下降到临界安全等级Ⅲ，表明经济安全子系统的安全程度下降；社会安全子系统和经济安全子系统的安全程度呈同向发展，由 2010 年的 0.382 到 2014 年的 0.427，生态安全等级

由较为安全等级Ⅳ下降到临界安全等级Ⅲ，两者均表现出下降趋势；综合生态安全程度呈下降趋势，由 2010 年的 0.351 到 2014 年的 0.415，生态安全等级由较为安全等级Ⅳ下降到临界安全等级Ⅲ，在生态安全子系统呈转好趋势下，表明经济安全和社会安全两个子系统给海洋生态系统安全整体安全程度带来了不小的影响，是海洋生态安全等级下降的主要因素。

从生态安全子系统看，2010～2014 年海洋生态安全子系统总体呈现转好的趋势但出现反复的情况，主要原因在于海域污染面积、海域养殖面积及环保投入占 GDP 比重，而海域污染面积及可利用海域养殖面积的大小又在很大程度上取决于海洋环境的治理情况。2011 年国务院正式批复《山东半岛蓝色经济区发展规划》，其中明确提出要从生态层面建设国家重要的海洋生态文明先行区，这也是山东省海洋生态系统安全状况出现好转的原因。然而对比经济安全和社会安全两个子系统，生态安全子系统的安全程度相对较低，这是由于前期重海洋经济发展轻海洋环境保护的发展理念，未意识到海洋环境保护的重要性导致海洋生态系统的恶化，且海洋生态环境的修复与改善需要一个较为漫长的过程。

从经济安全子系统看，海洋经济安全子系统安全程度呈下降趋势。目前山东省经济的发展模式仍以粗放、外延式为主，海洋经济发展对海洋资源能源依赖性较高，海洋资源消耗和环境污染的问题仍然突出，如果继续漠视海洋经济发展能源消耗和海洋生态环境的治理，那么区域海洋经济可持续发展的实现问题将不容乐观。随着一系列民生工程和绿色工程的逐步推进，山东省海洋经济发展水平将进一步提升，高污染、高能耗行业的污染治理力度也将进一步加大，未来山东省海洋生态环境保护和海洋经济发展将实现协同推进，共同促进海洋经济安全子系统的健康发展。

从社会安全子系统看，海洋社会安全子系统的安全程度也出现了下滑。这是由于山东省近年来快速城市化、工业化吸引了大量外来人口，不断增大的人口密度和较高的人口自然增长率正在逼近区域的承载力极限，而就业人员的比重增幅较小。根据山东统计年鉴相关数据，山东省人口密度由 1982 年的 478 人/平方公里上升到 2014 年的 620 人/平方公里，32 年间上升了 29.71%，人口自然增长率近 5 年来均值约为 5.3%；就业人员的比重由 1982 年的 43.63% 上升到 2014 年的 67.48%，增幅为 23.85%，小于人口密度的增长情况。持续增长的人口压力使人均各种资源量呈逐年下降趋势，这也给山东省区域环境承载力提出了极大挑战。同时，海洋科研从业人员数和涉海科研课题数增长率的下滑也是海洋社会安全系统出现下降趋势的原因。从社会安全角度看，山东省海洋生态系统安全将面临严峻考验。

从综合评价结果看，2010年和2012年山东省海洋生态系统安全程度处于较为安全状态，2014年则处于临界安全状态，尽管海洋生态安全子系统的安全状态处于上升阶段，但是由于经济安全子系统和社会安全子系统的下降，总体上看，山东省海洋生态系统安全状况出现了衰退的趋势，从2010年、2012年的Ⅳ级下降到2014年的Ⅲ级，表明山东省海洋生态系统安全发展形势不容乐观。要提高山东省海洋生态系统安全等级，海洋经济安全子系统和海洋社会安全子系统方面尤其值得注意。

3）讨论。近年来，山东省海洋生态安全发展态势未得到根本性转变，这与其城市化快速扩张、工业化迅速发展、人口快速增长、产业结构失衡、海洋利用方式不合理等因素有重要联系。2010～2014年山东省海洋经济安全程度和社会安全程度均呈现单调下降态势，标志着海洋生态服务功能已出现退化症状，海洋资源利用率不高，极有可能发生海洋生态灾害事件；山东省的海洋生态安全子系统的安全程度已经出现转好的趋势，在这个关键时期，决不能放松对海洋环境的治理，杜绝生态环境问题的反弹。为促进山东省海洋生态安全向着可持续、健康的趋势发展，建议采取以下措施：

加快建设资源节约型、环境友好型社会，转变海洋经济发展模式，提高自然资源的集约化利用程度，立足海洋资源环境的承载能力，完善海洋环境管理体制，加大海洋生态环境保护力度，加快海洋生态城市建设步伐，统筹改善海域生态环境，走资源节约与环境友好的可持续发展道路。

近年来，山东省的人口密度不断攀升，城镇化的发展速度滞后于人口增加的速度。因此，应立足于山东省的资源、环境条件和区域功能逐步构建外来人口的调控机制，合理引导人口流向，实现人口与资源环境、生态、经济和社会之间协调发展。

在处理产业关系时，要注重产业结构和区域经济结构的优化调整，加快推进新型工业化步伐，大力发展战略性新兴产业和现代服务业，倡导发展海洋环保产业，推动海洋产业发展由"劳动主导型经济"向"智力主导型经济"、"工业生产型经济"向"服务生产型经济"的海洋产业转型升级，提高海洋第三产业的比重，促进涉海就业。

进一步推进海洋资源环境领域的科技创新，加强海洋生态建设、新能源开发、绿色生产等方面的科技攻关，加大对海洋科研的投入力度，开发循环利用技术，提高资源利用率，鼓励海洋技术创新，积极推进海洋科研成果的产业化应用，促进海洋产业发展。

随着生态环保和资源节约观念日益深入人心及山东省在海洋生态压力影响下积极采取应对措施，海洋生态安全子系统发展态势良好，在未来"两型社会"建设步伐的稳步推进中，应进一步提高全省海洋生态环境综合整治和保护的水平，延续全省海洋生态安全子系统发展趋好的态势。

第三节 海洋产业与海洋生态环境耦合发展时间序列测度

一、海洋产业发展与海洋生态环境互动演化规律

海洋产业发展与海洋生态环境演化存在动态相互作用关系。海洋资源禀赋与利用以及海洋生态环境本底是海洋产业发展的基础支撑，而海洋产业的发展是海洋生态环境演化的重要推动力，两者之间的互动演化作用构成了一个典型的开放系统。在开放系统中，海洋产业的发展与海洋生态环境水平变化是系统演化的最重要特征之一（见图 5-17）。

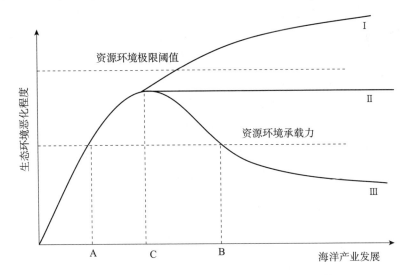

图 5-17 海洋产业与海洋生态环境互动演化规律

如图 5-17 所示，在海洋产业发展初期，海洋资源开发强度低，对海洋资源和海洋生态环境影响较小，此时海洋产业发展与海洋生态环境演化相互作用程度较弱；随着海洋资源开发强度的提高，大规模的海域资源利用推动了海洋经济发

展，也打破了原有的海洋生态环境系统平衡，海洋产业发展对海洋生态环境演化的胁迫程度明显增强，海洋生态环境污染恶化程度及生态压力不断增大。当海洋产业发展速度大于海洋生态环境系统恢复速度时，将造成海洋生态环境承载力相对下降甚至超过海洋生态环境承载能力（A 点）。当达到海洋生态环境承载极限阈值时，海洋生态环境系统将对海洋产业发展产生巨大的负响应效应。当海洋产业发展对海洋生态环境演化的胁迫影响以及海洋环境水平的恶化程度达到拐点 C时，两者的演化互动作用将出现三种可能的情景：①在不采取任何应对措施的情况下，随着海洋产业结构的发展，海洋生态环境系统进一步恶化，并越过极限承载阈值（曲线Ⅰ），海洋产业结构与海洋生态环境演化将走向无序发展、不可持续的道路；②通过采取一定的应对措施，使基于海洋产业结构演变导致的海洋生态环境恶化程度维持在相对稳定状态（曲线Ⅱ），但始终处于较高水平，海洋生态环境系统仍承受较大压力；③为确保海洋经济实现可持续发展，采取强有力的应对措施促使海洋产业发展模式转变以及海洋生态环境利用方式优化，使海洋产业发展对海洋生态环境水平演化的胁迫程度逐渐减弱，海洋生态环境的恶化程度不断下降到海域承载范围之内（B 点），形成类似于环境库兹涅茨倒"U"型曲线的演化轨迹（曲线Ⅲ）。

总体来看，海洋产业结构与海洋生态环境演变相互作用系统中，人类活动处于主导地位。如果人类不合理利用海洋生态环境，且不采取积极措施应对海洋生态环境水平的下降，将会给海洋生态环境系统带来不可修复的破坏，海洋经济发展将变得不可持续。如果人类合理利用与改造海洋生态环境，且采取积极应对措施减弱对海洋生态环境的胁迫影响，将促进海洋产业发展与海洋生态环境相互作用协调演进。从长远来看，海洋产业发展与海洋生态环境演化的相互影响和制约将长期存在，而定量评估区域海洋产业发展与海洋生态环境的耦合关系并揭示其影响因素对于指导中国海洋产业发展与海洋生态环境建设实践具有重要借鉴价值。

（一）评价指标体系构建

（1）指标选取方法。海洋产业与海洋生态环境之间的耦合作用相对复杂，不仅海洋产业结构与海洋生态环境之间存在错综复杂的关系，而且海洋产业结构内部和海洋生态环境内部同样存在复杂的关系，采用单一指标无法真实反映两系统之间的内在耦合机理。在借鉴以往产业结构与生态环境耦合研究成果的基础上，本书采用频度分析法、理论分析法及专家意见咨询等方法甄选各个评价指标，初步拟定一般评价指标体系。借助 SPSS21.0 统计分析软件对指标进行相关分析和主成分分析，最终得到相对独立的指标评价体系。

（2）指标体系基本框架。从目标层、系统层、指标层三个层次构建海洋产业与海洋生态环境耦合评价指标体系，海洋生态环境效益评价指标体系的构建应当综合体现研究海域生态环境系统的内在结构，遵循可操作性、可比性和区域特殊性等原则，因此，以海洋生态环境质量的综合评价为目标选取 12 个指标。海洋产业结构的效益评价，也就是在一定的期限范围内合理配置海洋资源，实现资源利用的效益最大化。通过文献比对分析，遵循阶段性、整体性和生态经济平衡发展原则，从中选取反映海洋产业结构效益的 12 项指标，最终构建具有递阶层次结构的指标体系（见表 5 - 17）。

表 5 - 17　海洋生态环境系统与海洋产业系统耦合评价指标体系

目标	系统	指标定义及方向	指标解析
海洋产业系统与海洋生态环境系统耦合	海洋生态环境系统	C_1 生物多样性（+）	海洋生态监测区底栖生物多样性均值
		C_2 严重污染海域面积（-）	中度污染以上海域占污染海域比重
		C_3 人均海水产品产量（+）	海水产品产量与地区总人口之比
		C_4 年均赤潮发生次数（-）	相应海域赤潮发生次数
		C_5 海域养殖面积（+）	海水养殖面积占海水可养殖面积比重
		C_6 单位面积工业废水排放量（-）	单位土地面积排放工业废水量
		C_7 单位面积工业废水排放达标量（+）	单位土地面积排放达标工业废水量
		C_8 单位面积工业固体废物产生量（-）	单位土地面积产生工业固体废弃物
		C_9 单位面积工业固体废弃物综合利用量（+）	单位土地面积工业固体废弃物利用量
		C_{10} 海洋自然保护区面积比重（+）	海洋自然保护区面积占国土面积比重
		C_{11} 环保投入占 GDP 比重（+）	环境污染治理投资占地区 GDP 的比重
		C_{12} 近岸海洋生态系统健康状况（+）	生态监控区近岸海洋生态系统健康状况
	海洋产业系统	C_{13} 人均海洋生产总值（+）	海洋生产总值与地区总人口之比
		C_{14} 海洋生产总值占 GDP 比重（+）	海洋生产总值与地区 GDP 之比
		C_{15} 海域利用效率（+）	单位确权海域面积内海洋生产总值
		C_{16} 人均固定资产投资增长率（+）	固定资产投资总额与地区总人口之比
		C_{17} 海洋第三产业占海洋 GDP 比重（*）	海洋第三产业占海洋 GDP 比重
		C_{18} 海洋产业多元化程度（+）	海洋产业结构熵值
		C_{19} 海洋第一产业占海洋 GDP 比重（*）	海洋第一产业占海洋 GDP 比重
		C_{20} 滨海旅游产业外汇收入（+）	涉海旅游服务业的生产总值
		C_{21} 涉海就业人员比重（+）	涉海就业人员占社会总就业人数比重
		C_{22} 海洋科研机构从业人员数增长率（+）	海洋科技人员占涉海就业人员比重
		C_{23} 海洋科研课题数增长率（+）	海洋科研机构平均承担科研课题数量
		C_{24} 海洋科研机构密度（+）	单位面积内海洋科研机构数量

注：（+）表示效益型指标，（-）表示成本型指标，（*）表示适中型指标。

（二）数据来源及预处理

（1）数据来源。近年来，山东省海洋经济年均提高25%，远超经济增长速度，海洋经济占地区生产总值的比例也逐年提高，由2001年的9.14%上升到2011年的18.99%，海洋经济的发展日益成为山东省经济发展新的增长点。本书根据预期的研究目的和设计的指标体系，选择较为典型的山东省海洋产业结构与海洋生态环境演化较快、互动关系明显的2002～2014年作为数据分析时间尺度。各指标基础数据来源于《山东统计年鉴》、《中国统计年鉴》、《中国海洋统计年鉴》、《中国环境统计年鉴》、《中国海洋环境质量公报》、国家海洋局网站、中国科技部网站、国家统计局网站、山东统计信息网，部分较难获得的数据由笔者根据资料整理而得。

（2）数据标准化及权重计算。由于海洋产业结构与海洋生态环境两个系统内指标量纲及指向不同，并且选择指标的含义及其属性情况均存在差异，因此需要先对样本进行归一化处理，以消去单位及数量级对评级结果的影响。

（3）求相关系数矩阵、特征值、方差贡献率及因子提取。为了消除变量之间的相关影响，减少指标选取的工作量，本书利用SPSS21.0统计分析软件，应用主成分分析方法对标准化后的数据进行分析。主成分分析法能实现综合指标之间的独立性，减少信息的交叉，从而获得相关系数矩阵及初始因子载荷矩阵，求出主成分载荷和主成分个数，使分析评价结果具有客观性和准确性。根据主成分分析法，凡累计贡献率大于85%的前 n 个成分已基本反映了原变量的主要信息，因此选取前 n 个指标作为主成分。主成分方程为：

$$S_i = \partial_i X = \partial_{i1} X_1 + \partial_{i2} X_2 + \cdots + \partial_{im} X_m \quad i = 1, 2, 3, \cdots, m \qquad (5-39)$$

$$S = \lambda_1 S_1 + \lambda_2 S_2 + \cdots + \lambda_i S_i \qquad (5-40)$$

其中，S 为综合得分；S_i 为第 i 主成分得分；λ_i 为第 i 主成分权重，即对各主成分因素的贡献率赋值；∂_i 为第 i 主成分的载荷值矩阵；$\partial_{i1}, \partial_{i2}, \cdots, \partial_{im}$ 为第 i 个主成分的载荷值；$X_1, X_2, \cdots, X_m$ 为标准化后的指标值。

二、山东省海洋产业与海洋生态环境耦合发展状态评价

（一）海洋产业结构与海洋生态环境耦合发展的评价模型构建

耦合度是描述系统或要素相互影响程度的度量指标。根据耦合度的定义及其

在物理学中的应用,耦合度模型通常采用容量耦合系数模型:

$$C_n = \left\{ \frac{U_A(u_1) U_A(u_2) \cdots U_A(u_n)}{\prod [U_A(u_i) + U_A(u_j)]} \right\}^{1/n} \quad (5-41)$$

容量耦合系数又称为变异系数或离散系数,它仅是一个数值并没有量纲化处理,反映 n 组数据,尤其是来源于不同单位资料的数据序列之间的变异或者离散程度。此处的研究介于海洋产业结构与海洋生态环境两个系统之间,因此 n 界定为 2。海洋产业结构与海洋生态环境之间存在相互依存、相互制约的耦合关系,表现为压力—状态—响应之间的互动关系。海洋产业结构的演变会对海洋生态及环境带来压力,海洋生态及环境的破坏也会制约海洋产业结构的发展和提升,两者相互作用、彼此影响、相互协调、相互促进,我们将这种相互作用概括为海洋产业系统与海洋生态环境系统的耦合。

本书提出的海洋产业结构与海洋生态环境的耦合度主要是测度海洋产业结构与海洋生态环境的耦合程度。其理论含义在于:一方面定量测度海洋产业结构与海洋生态环境的耦合程度,另一方面还能定量测度出两者耦合水平高低及对耦合系统有序度贡献的大小。由于耦合度 C 在反映海洋产业结构与海洋生态环境之间协调发展程度时,不能全面地衡量两系统协调程度的发展质量水平,即对于同一协调程度,不能准确反映出两系统是处于高水平协调还是处于低水平协调。因此,为进一步定量测度海洋产业结构与海洋生态环境的耦合程度,我们在构建"海洋产业结构与海洋生态环境耦合度"模型的同时,尝试引入耦合协调度函数 R,其计算公式为:

$$R = \sqrt{C \cdot P} \quad (5-42)$$

$$C = \frac{2\sqrt{Ind(x) \cdot Env(y)}}{Ind(x) + Env(y)} \quad (5-43)$$

$$P = \alpha Ind(x) + \beta Env(y) \quad (5-44)$$

其中,R 为海洋产业结构与海洋生态环境的耦合协调度;C 为海洋产业结构与海洋生态环境的耦合度,且 $C \in [0,1]$,C 值越大,表明两系统之间的耦合性越好,当 $C = 1$ 时,两系统之间完全耦合,完全相互影响,当 $C = 0$ 时,两系统之间无耦合,表明两系统之间无影响、无作用;P 为海洋产业结构与海洋生态环境的综合评价指数,综合反映海洋产业结构与海洋生态环境的发展质量水平;$Ind(x)$ 为海洋产业结构综合评价指数,其计算公式为:

$$Ind(x) = \sum_{i=1}^{m} \lambda_i x_i (i = 1,2,3\cdots,m) \quad (5-45)$$

其中，λ_i 为 i 指标权重值，x_i 为 i 指标的标准化值。$Env(y)$ 为海洋生态环境评价指数，其计算公式为：

$$Env(y) = \sum_{j=1}^{n} \gamma_j y_j (j = 1,2,3\cdots,n) \qquad (5-46)$$

其中，γ_j 为 j 指标权重值，y_j 为 j 指标的标准化值；α、β 为待定参数，设定 $\alpha + \beta = 1$。结合海洋产业结构与海洋生态环境的相互关系及其在耦合系统中的作用，设定 $\alpha = \beta = 0.5$。分析可得，在实际中 $C \in (0,1]$、$R \in (0,1)$，且 R 越大，说明海洋产业结构与海洋生态环境耦合程度越大；反之则越小。

与耦合度模型 C 相比，耦合协调度模型 R 综合了两系统的评价指数，因此能更好地反映其发展质量水平的协调程度，不仅可以定量评价和比较不同系统之间的耦合发展情况，还可用于判断不同时期系统之间协调发展演变情况，具有更强的实用性和操作性。

据此，借鉴前者的研究成果，结合海洋产业结构与海洋生态环境相互关系的特殊性，设定耦合度等级及其划分标准如表 5-18 所示。

表 5-18   海洋产业发展与海洋生态环境的耦合度划分

耦合度（R）	类型	$Env(y)$ 和 $Ind(x)$ 的关系	解释
≥ 0.215	优质协调发展	$Env(y) > Ind(x)$	优质协调发展产业滞后型
		$Env(y) = Ind(x)$	优质协调发展同步型
		$Env(y) < Ind(x)$	优质协调发展环境滞后型
0.195 ~ 0.215	良好协调发展	$Env(y) > Ind(x)$	良好协调发展产业滞后型
		$Env(y) = Ind(x)$	良好协调发展同步型
		$Env(y) < Ind(x)$	良好协调发展环境滞后型
0.185 ~ 0.195	中级协调发展	$Env(y) > Ind(x)$	中级协调发展产业滞后型
		$Env(y) = Ind(x)$	中级协调发展同步型
		$Env(y) < Ind(x)$	中级协调发展环境滞后型
0.175 ~ 0.185	初级协调发展	$Env(y) > Ind(x)$	初级协调发展产业滞后型
		$Env(y) = Ind(x)$	初级协调发展同步型
		$Env(y) < Ind(x)$	初级协调发展环境滞后型
0.165 ~ 0.175	濒临失调衰退	$Env(y) > Ind(x)$	濒临失调衰退产业损益型
		$Env(y) = Ind(x)$	濒临失调衰退同步型
		$Env(y) < Ind(x)$	濒临失调衰退环境损益型
0.15 ~ 0.165	轻度失调衰退	$Env(y) > Ind(x)$	轻度失调衰退产业损益型
		$Env(y) = Ind(x)$	轻度失调衰退同步型
		$Env(y) < Ind(x)$	轻度失调衰退环境损益型

续表

耦合度（R）	类型	$Env(y)$ 和 $Ind(x)$ 的关系	解释
0.05 ~ 0.15	中度失调衰退	$Env(y) > Ind(x)$	中度失调衰退产业损益型
		$Env(y) = Ind(x)$	中度失调衰退同步型
		$Env(y) < Ind(x)$	中度失调衰退环境损益型
0.02 ~ 0.05	严重失调衰退	$Env(y) > Ind(x)$	严重失调衰退产业损益型
		$Env(y) = Ind(x)$	严重失调衰退同步型
		$Env(y) < Ind(x)$	严重失调衰退环境损益型
≤ 0.02	极度失调衰退	$Env(y) > Ind(x)$	极度失调衰退产业损益型
		$Env(y) = Ind(x)$	极度失调衰退同步型
		$Env(y) < Ind(x)$	极度失调衰退环境损益型

（二）海洋产业结构与海洋生态环境耦合发展的综合效度评价

运用上述模型对山东省海洋产业系统和海洋生态环境系统的耦合度及耦合协调程度进行计算，得到如下结果（见图 5 – 18、表 5 – 19）。

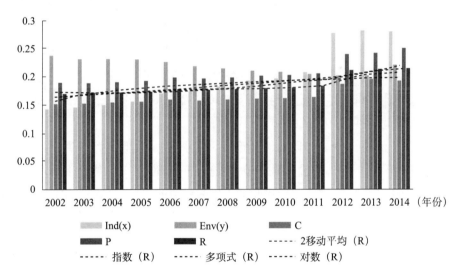

图 5 – 18　山东省海洋产业结构与生态环境及耦合度变化

表 5 – 19　海洋产业系统与生态环境系统耦合度

年份	$Ind(x)$	$Env(y)$	C	P	R	耦合发展类型
2002	0.1423	0.2374	0.1518	0.1899	0.1498	中度失调衰退海洋产业损益型
2003	0.1453	0.2312	0.1528	0.1883	0.1696	轻度失调衰退海洋产业损益型
2004	0.1498	0.2309	0.1541	0.1904	0.1713	濒临失调衰退海洋产业损益型
2005	0.1556	0.2299	0.1556	0.1928	0.1732	濒临失调衰退海洋产业损益型
2006	0.1703	0.2266	0.1591	0.1985	0.1731	濒临失调衰退海洋产业损益型

续表

年份	Ind（x）	Env（y）	C	P	R	耦合发展类型
2007	0.1748	0.2181	0.1579	0.1965	0.1777	初级协调发展海洋产业滞后型
2008	0.1826	0.2147	0.1592	0.1987	0.1778	初级协调发展海洋产业滞后型
2009	0.1921	0.2101	0.1607	0.2011	0.1798	初级协调发展海洋产业滞后型
2010	0.1965	0.2079	0.1613	0.2022	0.1806	初级协调发展海洋产业滞后型
2011	0.2069	0.2048	0.1635	0.20585	0.1875	中级协调发展海洋环境滞后型
2012	0.2774	0.2014	0.1867	0.2394	0.2114	良好协调发展海洋环境滞后型
2013	0.2813	0.2013	0.1953	0.2413	0.2131	良好协调发展海洋环境滞后型
2014	0.2801	0.2003	0.1921	0.2502	0.2142	良好协调发展海洋环境滞后型

三、山东省海洋产业与海洋生态环境耦合发展的协调性判断

（一）山东省海洋产业指数与海洋生态环境评价指数

从图 5-18 和表 5-19 可以看出，山东省海洋产业指数呈逐年递增的趋势，测算数值由 2002 年的 0.1423 上升到 2014 年的 0.2801，上升了 0.1378，其中，2006 年和 2012 年的海洋产业发展增幅较为明显，表明山东省海洋产业结构得以不断优化，海洋产业化发展势头良好；海洋生态环境评价指数则呈逐年递减的趋势，测算数值由 2002 年的 0.2374 下降到 2014 年的 0.2003，下降了 0.0371，表明海洋生态环境逐年恶化，发展态势不容乐观。

值得注意的是，2011 年以前海洋产业评价指数一直低于海洋生态环境评价指数，2011 年海洋产业评价指数为 0.2069，首次超过海洋生态环境评价指数 0.2048，2011 年以后海洋产业指数迎来了更为快速的增长。总的来说，山东省的海洋产业化的发展情况较为满意，但是忽视了对海洋生态环境的治理，海洋生态环境情况亟须改善。

（二）山东省海洋产业与海洋生态环境耦合度演变趋势

山东省海洋产业系统与海洋生态环境系统的耦合度曲线演变轨迹基本符合经济—环境库兹涅茨曲线。2002 年来，山东省海洋产业系统与生态环境系统的耦合度呈先上升后下降的发展趋势，这也与山东省的实际情况比较吻合。在 2002 年以前，山东省海洋产业发展以粗放型的生产模式为主，走高能耗、高污染、高排放的发展之路，导致了山东省 2002 年的海洋产业评价指数与海洋生态环境评价指数的耦合度和耦合协调度指数为近年来的最低值，分别为 0.1518 和 0.1498，

2002 年以后，山东省海洋产业评价指数和海洋生态环境评价指数的耦合度呈现递增的发展态势，2007 年两者的耦合度出现了下降，而后继续增长，经过一段时间的磨合，山东省海洋产业系统与海洋生态环境系统之间保持相对稳定的耦合状态。值得一提的是，政府需要意识到海洋产业发展带来的环境污染与资源消耗对海洋生态环境造成的严重危害，应及时采取相应措施遏制海洋生态环境的持续恶化，走集约型、环境友好型的产业发展道路。

通过对山东省海洋产业系统与海洋生态环境系统的分析发现，两者之间的耦合度指数与耦合协调度指数的发展趋势一致。起初，山东省长期以来实行的是粗放式的生产模式，制约了海洋产业的可持续健康运行，2002 年两大系统处于中度失调状态。随着政府推行的一系列海洋产业结构调整政策，海洋产业结构得以不断优化升级，2003～2006 年两者进入轻度失调状态，2007 年进入初级协调发展阶段。从海洋产业评价指数和海洋生态环境评价指数来看，2011 年两大系统之间 $Ind(x)/Env(y) = 1.0103 > 1$，海洋产业系统开始占据主导地位，2012 年以后，两者之间的耦合关系进入了良好协调稳定发展轨道。综合来看，山东省在大力发展海洋产业、推动海洋产业结构升级上取得了较为理想的成果，海洋产业集聚效果显著，下一步应该重点关注海洋生态环境的发展，贯彻可持续发展理念，走海洋产业系统与海洋生态环境系统协调发展的可持续发展道路。

运用耦合度及耦合协调度模型计算山东省海洋产业与海洋生态环境的协调水平和耦合程度，结果表明：2002 年来，山东省海洋产业与海洋生态环境的协调度呈波动上升趋势（由 2002 年的 0.1498 上升到 2014 年的 0.2142），但总体协调水平较低，处于初级协调发展阶段。此外，山东省海洋产业与海洋生态环境的综合评价指数 P 不断提高（由 2002 年的 0.1899 提高到 2014 年的 0.2502），由此促使山东省海洋产业与海洋生态环境的耦合度 C 呈逐年增大的态势，由 2002 年的 0.1518 上升到 2014 年的 0.1921，表明山东省海洋产业与海洋生态环境的耦合程度不断提高。

基于上述的发展态势判断，今后一段时期内，在山东省海洋产业结构不断调整的带动下，山东省海洋产业发展与海洋生态环境的综合评价指数将进一步提高。同时，两者的总体协调水平将平稳上升运行，由此将促进山东省海洋产业与海洋生态环境的耦合程度不断提升、耦合关系日趋紧密。

（三）山东省海洋产业与海洋生态环境响应度及影响因素

（1）海洋产业与海洋生态环境响应度模型。在耦合度分析的基础上，进一步研究海洋产业发展的海洋生态环境响应度，定量测度海洋产业发展对海洋生态环境演变的影响特征及影响程度。本书研究所使用的海洋产业发展的海洋生态环境响应度模型主要包括两部分：一是响应指数模型，主要是用来测度并刻画海洋产业发展对海洋生态环境的影响变化趋势及特征；二是响应度模型，主要是用来反映和比较不同时期海洋产业发展对海洋生态环境的影响程度。借鉴已有的研究成果，定义响应指数测度模型为：

$$I = \frac{dEnv(y)}{dInd(x)} \cdot \frac{Ind(x)}{Env(y)} \qquad (5-47)$$

其中，I 为海洋产业发展的生态环境响应指数；$\frac{dEnv(y)}{dInd(x)}$ 为海洋生态环境水平对海洋产业发展的导数；$Ind(x)$、$Env(y)$ 分别为海洋产业评价指数与海洋生态环境评价指数。

在式 5-47 的基础上进一步定义海洋产业发展的海洋生态环境响应度 V，且 V 与 I 的关系为：

$$V = |I| \qquad (5-48)$$

通过构建响应指数模型进而测度海洋产业发展的海洋生态环境响应的演变趋势及表现特征，当 $I > 0$ 时，表示海洋生态环境对于海洋产业发展具有正响应的态势，海洋产业发展在较大程度上影响了海洋生态环境，对海洋生态环境产生胁迫影响，海洋生态环境压力紧张；反之，当 $I < 0$ 时，表示海洋生态环境对于海洋产业发展具有负响应的态势，海洋产业发展会导致海洋生态环境压力的下降，海洋生态环境压力状况得到一定程度上的缓解；当 $I = 0$ 时为临界状态，理论上表示海洋产业发展对海洋生态环境压力水平无影响。理论上，V 值越大，海洋产业发展对海洋生态环境变化的影响程度越大；反之，则越小。

（2）海洋产业与海洋生态环境响应度变化。基于式（5-47），首先利用SPSS21.0 对 2002~2014 年山东海洋产业评价指数 $Ind(x)$ 与海洋生态环境评价指数 $Env(y)$ 进行曲线估计与拟合，两者的线性函数、二次项函数、对数函数、三次项函数、指数函数和逻辑斯蒂函数曲线模拟情况如图 5-19，因此得出两者的最优响应函数方程：

$$Env(y) = 0.353 - 0.919 Ind(x) + 4.804 Ind(x)^3 \qquad (5-49)$$

该响应函数为三次曲线方程，拟合优度 $R^2 = 0.964$，$F = 107.99$，通过显著性检验，说明拟合效果较好。

Linear

Model Summary

R	R Square	Adjusted R Square	Std. Error of the Estimate
.881	.777	.752	.006

The independent variable is VAR00001.

ANOVA

	Sum of Squares	df	Mean Square	F	Sig.
Regression	.001	1	.001	31.343	.000
Residual	.000	9	.000		
Total	.002	10			

The independent variable is VAR00001.

Coefficients

	Unstandardized Coefficients		Standardized Coefficients		
	B	Std. Error	Beta	t	Sig.
VAR00001	-.283	.051	-.881	-5.598	.000
(Constant)	.271	.009		28.922	.000

Quadratic

Model Summary

R	R Square	Adjusted R Square	Std. Error of the Estimate
.981	.961	.952	.003

The independent variable is VAR00001.

ANOVA

	Sum of Squares	df	Mean Square	F	Sig.
Regression	.001	2	.001	99.631	.000
Residual	.000	8	.000		
Total	.002	10			

The independent variable is VAR00001.

Coefficients

	Unstandardized Coefficients		Standardized Coefficients		
	B	Std. Error	Beta	t	Sig.
VAR00001	-1.498	.198	-4.658	-7.578	.000
VAR00001 ** 2	2.938	.475	3.801	6.184	.000
(Constant)	.390	.020		19.737	.000

Logarithmic

Model Summary

R	R Square	Adjusted R Square	Std. Error of the Estimate
.925	.855	.839	.005

The independent variable is VAR00001.

ANOVA

	Sum of Squares	df	Mean Square	F	Sig.
Regression	.001	1	.001	53.041	.000
Residual	.000	9	.000		
Total	.002	10			

The independent variable is VAR00001.

Coefficients

	Unstandardized Coefficients		Standardized Coefficients		
	B	Std. Error	Beta	t	Sig.
ln(VAR00001)	-.059	.008	-.925	-7.283	.000
(Constant)	.117	.014		8.349	.000

Cubic

Model Summary

R	R Square	Adjusted R Square	Std. Error of the Estimate
.982	.964	.955	.003

The independent variable is VAR00001.

ANOVA

	Sum of Squares	df	Mean Square	F	Sig.
Regression	.001	2	.001	107.995	.000
Residual	.000	8	.000		
Total	.002	10			

The independent variable is VAR00001.

Coefficients

	Unstandardized Coefficients		Standardized Coefficients		
	B	Std. Error	Beta	t	Sig.
VAR00001	-.919	.100	-2.859	-9.150	.000
VAR00001 ** 3	4.804	.742	2.024	6.478	.000
(Constant)	.353	.013		26.425	.000

Exponential

Model Summary

R	R Square	Adjusted R Square	Std. Error of the Estimate
.887	.787	.764	.028

The independent variable is VAR00001.

ANOVA

	Sum of Squares	df	Mean Square	F	Sig.
Regression	.025	1	.025	33.309	.000
Residual	.007	9	.001		
Total	.032	10			

The independent variable is VAR00001.

Coefficients

	Unstandardized Coefficients		Standardized Coefficients		
	B	Std. Error	Beta	t	Sig.
VAR00001	-1.304	.226	-.887	-5.771	.000
(Constant)	.277	.012		23.935	.000

Logistic

Model Summary

R	R Square	Adjusted R Square	Std. Error of the Estimate
.887	.787	.764	.028

The independent variable is VAR00001.

ANOVA

	Sum of Squares	df	Mean Square	F	Sig.
Regression	.025	1	.025	33.309	.000
Residual	.007	9	.001		
Total	.032	10			

The independent variable is VAR00001.

Coefficients

	Unstandardized Coefficients		Standardized Coefficients		
	B	Std. Error	Beta	t	Sig.
VAR00001	3.684	.832	2.429	4.426	.002
(Constant)	3.604	.151		23.935	.000

图 5 – 19　山东省海洋产业评价指数与生态环境评价指数曲线拟合结果

进一步求导得：

$$\frac{dEnv(y)}{dInd(x)} = -0.919 + 14.412Ind\,(x)^2 \qquad (5-50)$$

将式（5-49）、式（5-50）代入式（5-47）、式（5-48），在此基础上计算 2002～2014 年山东省海洋产业发展的海洋生态环境响应指数 $I_{山东}$ 及响应度 $V_{山东}$。由图 5-20 可以看出，2002～2014 年 $Env(y)$ 对 $Ind(x)$ 始终表现出"负响应"特征，但 $I_{山东}$ 不断增大，由 -0.3781 增长到 -0.2448，说明这一时期山东省海洋产业发展对海洋生态环境演变产生了"胁迫"影响，引致海洋生态环境水平总体下降，但下降幅度不大。并且，$V_{山东}$ 由 0.3781 下降到 0.2448，表明这一时期山东省海洋产业发展对海洋生态环境的胁迫影响程度波动减小。

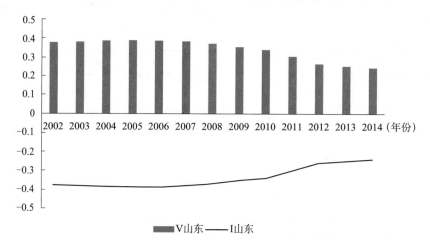

图 5-20　山东省海洋产业发展的生态环境响应度变化

总体来看，2002～2014 年山东省海洋产业结构的发展对海洋生态环境变化的影响有一定的对应性和连续性。随着山东省海洋开发战略的不断推进，其对海洋生态环境产生明显的胁迫影响，但胁迫程度处于不断下降的趋势。但不能就此断定未来山东省海洋产业发展对海洋生态环境的胁迫影响日趋弱化且两者将实现良性协调发展。原因在于，山东省海洋产业发展与海洋生态环境变化的相互关系复杂、影响因素多元化，加之诸多资源环境新问题和矛盾的约束，两者之间胁迫、促进与约束关系仍然存在波动变化的可能。因此，对于未来山东省海洋产业发展与海洋生态环境变化的走势有待于进一步观察。

（3）海洋产业与海洋生态环境响应度演变的影响因素。山东省海洋产业发展的海洋生态环境响应指数 $I_{山东}$ 是关于海洋产业评价指数 $Ind(x)$ 与海洋生态环

境评价指数 $Env(y)$ 的函数关系式，即 $I_{山东} = f[Ind(x), Env(y)]$，随着 $Ind(x)$ 和 $Env(y)$ 的变化，$I_{山东}$ 也会随之变化。从山东省海洋产业发展的海洋生态环境响应变化来看，$I_{山东}$ 呈逐渐变大的态势。为了寻找这种变化的影响因素，首先明确山东省海洋产业结构及海洋生态环境的内部要素变化与响应指数 $I_{山东}$ 变化的关系，并进行海洋产业发展的海洋生态环境响应指数 $I_{山东}$ 变化与各自内部变量因素相关性判断两者相互作用的关系。

利用 SPSS21.0 软件分析得出，$I_{山东}$ 与 $Ind(x)$ 和 $Env(y)$ 均有强相关性，相关系数分别为 0.978 和 0.923，证明 $Ind(x)$ 和 $Env(y)$ 对于响应指数具有极高的解释力。对于具体因素展开进一步的分析得知，$I_{山东}$ 与 C_{10}、C_{11} 和 C_{15} 的相关性最高，相关系数分别为 0.913、0.956、0.986，证明海域利用效率的提升是山东省海洋产业发展对海洋生态环境演变胁迫程度减小的主要影响因素，同时，环保投入增加及海洋保护区面积比重加大也对 $I_{山东}$ 增大有一定的推动作用。因此，未来山东省海洋经济发展应注重海域利用效率的提高，加大海洋环保投入力度，积极推进海洋产业结构调整，加快海洋高新技术的产业化进程，以此推进海洋资源开发与海洋环境保护的协调发展。

2016 年，山东省应加快推进沿海经济带开发建设，以积极主动的姿态参与到国家"一带一路"倡议中，参与"一带一路"沿岸国家的海洋经济建设，开展海洋装备和产能合作，科学开发海洋资源，加快发展海洋优势产业；积极推进新兴海洋产业发展培育，鼓励扶持海洋生物医药业、绿色海洋产业、新兴海洋装备等战略性新兴海洋产业发展；充分利用山东省港口、机场优势，加快发展临港、临空产业，积极开展与海洋产业相关的国际航线合作，打造海洋产业新的经济增长点；积极推动农业供给侧结构调整，按照需求侧的要求，探索海水增养殖业的绿色健康发展，培育建设现代化、标准化渔业增养殖基地；在海洋生态环境保护方面，要严格执行水污染防治行动计划，推进水污染防治、生态环境保护和海洋资源管理协同发展；强化海洋生态环境监测与预警，加强湿地保护与管理。

第四节　海洋产业与海洋生态环境耦合
发展空间状态评价

为进一步深入研究海洋产业结构与海洋生态环境发展状态，这一部分我们将进一步验证海洋产业与海洋生态环境在空间层面的耦合状态，探究我国海洋经济增长与海洋环境污染之间的演变趋势，实现海洋经济增长与海洋生态环境"脱钩"发展。在现有的发展模式与生态承载力的约束下，经济增长一定会伴随着污染排放。但经济增长率与污染排放变化率并不必然表现为同比例的变化关系，经济增长率或快于污染排放变化率，或慢于污染排放变化率，为深度理解和把握经济增长与污染排放是否同步变化的关联性，脱钩理论应运而生，并逐渐成为研究可持续发展的工具。

一、分析方法

在脱钩理论产生之前，学术界往往用 EKC 曲线描述环境污染与经济增长之间倒"U"型的关联性，即 EKC 假说描述的是经济发展与资源环境负荷的非线性关系。EKC 假说是由 Grossman 和 Krueger 首先提出，用于描述环境污染与人均 GDP 水平之间的倒"U"型曲线关系。该假说指出，在经济增长初期，环境污染会伴随着人均收入的提高而增加，但是从中长期来看，在经济活动的结构效应和技术效应以及政府环境规制的共同作用下，环境污染会逐渐下降。倒"U"型的 EKC 假说得到诸多学者的验证。一些学者将环境资源视为生产要素，认为环境污染的下降是由技术或人力资本对环境资源要素的替代所引起的；还有学者认为环境污染是生产的负外部性体现，当技术水平、政府环境规制随着经济发展水平的提高而增强时，这种负外部性减弱，环境污染随之下降。当然，EKC 假说的真实性也受到一些质疑。一些学者认为不同国家或地区的经济增长所引致的环境污染存在"异质性"和"空间相关性"，并且不同的样本区域及计量模型也会导致不同的曲线结果。因此，要么出现了由于人均 GDP 二次项系数显著造成 EKC 存在的假象，要么不存在单一的且适合所有地区及所有污染物的倒"U"型曲线关系。

2002 年，经济合作与发展组织（OECD）首次将"脱钩"（Decoupling）这一物理概念引入农业政策研究，此后，脱钩理论逐步完善并广泛应用于资源环境领域，成为测度经济发展与物质消耗或生态环境之间的压力状况、衡量经济发展模式可持续性的有效工具。依据 OECD 给出的定义，脱钩即指经济增长与环境冲击耦合关系的破裂，具体可分为绝对脱钩和相对脱钩，其实现轨迹可用环境库兹涅茨曲线来表征，根据环境库兹涅茨曲线假说，在经济增长初期，经济增长会导致环境压力的增大；但从中长期来看，在经济活动的结构效应、技术效应以及政府环境规制的共同作用下，环境污染达到一个峰值后出现改善的趋势，并最终实现经济发展与环境污染强脱钩的最佳状态。当涉及资源消耗问题时，脱钩即为打破经济增长与资源消耗之间的联系。海洋产业发展与海洋生态环境"脱钩"，主要是指在海洋经济发展过程中，海洋产业发展与海洋生态环境之间的依赖程度从强关联到弱相关，并逐渐减弱，最后呈现为反向变化或不相关态势，具体表现为海洋产业在发展的同时向"绿色模式"转变，资源利用总量从快速上升转向减缓上升，进而转向"零增长"，这对于实现海洋资源可持续利用具有重大而深远的意义。

（一）Tapio 脱钩模型

1. 脱钩弹性系数测算

目前，脱钩指标评价方法主要有变化量综合分析法、脱钩指数法、弹性分析法、基于完全分解技术的脱钩分析方法、IPAT 模型法、描述统计分析法、计量分析法和差分回归系数法等。其中，基于增长弹性变化的 Tapio 脱钩状态分析模型由于综合了总量变化和相对量变化两类指标，有效地提高了脱钩关系分析的客观性与准确性，成为目前国内外研究中最为常用的分析方法之一。Tapio 模型是 Tapio 基于交通容量与 GDP 的脱钩问题提出的脱钩模型，其将相对量变化和总量变化两个指标进行综合考虑，采用某一时间尺度的弹性分析反映变量间的脱钩关系，克服了 OECD 脱钩模型在基期选择上的局限性，提高了脱钩关系测度的准确性和分析的客观性。该方法为了避免将轻微变化过度解释为显著变化，将弹性值为 1 处上下浮动20% 的区间看作耦合，然而 0.8～1.2 的弹性区间事实上包含了扩张负脱钩和弱脱钩或者衰退脱钩和弱负脱钩，这样的划分看似更为精细，却容易导致脱钩类型和脱钩概念的混乱。鉴于此，构建海洋产业发展与海洋生态环境压力的脱钩模型如下：

$$E_{(MP,GOP)} = \frac{\%\Delta MP}{\%\Delta GOP} = \frac{(MP_n - MP_{n-1})/MP_{n-1}}{(GOP_n - GOP_{n-1})/GOP_{n-1}} = \frac{MP_n/MP_{n-1} - 1}{GOP_n/GOP_{n-1} - 1}$$

$$(5-51)$$

其中，$E_{(MP,GOP)}$ 是脱钩弹性系数；$\%\Delta MP$ 为海洋资源环境消耗量的变化情况，MP_{n-1}、MP_n 为第 i 时期始年和末年的海洋资源环境消耗量；$\%\Delta GOP$ 为海洋产业总值的变化情况，GOP_{n-1}、GOP_n 为第 i 时期始年和末年的海洋产业总值；海洋资源环境消耗量的变化率与海洋生产总值变化率之比即表征海洋产业发展与资源环境消耗的脱钩状态。

2. 脱钩关系等级划分

如果仅用脱钩弹性系数来判定海洋产业与生态环境的脱钩程度并不能准确反映两者的脱钩关系，还必须考虑到海洋生态环境与地区海洋生产总值变化趋势对脱钩状态的影响。根据变化量综合分析法，综合海洋资源压力、海洋经济增长及单位 GDP 海洋资源压力的变化量来判定脱钩类型及脱钩程度，考虑 $\%\Delta MP$ 和 $\%\Delta GOP$ 分别大于 0 和小于 0 的情况，将 $E_{(MP,GOP)}$ 以 0 和 1 为分界点进行划分，可将脱钩类型分为强脱钩、弱脱钩、衰退脱钩、扩张负脱钩、弱负脱钩、强负脱钩六大类，该方法相对于 Tapio 模型而言简单明了。为进一步说明脱钩关系的动态演变过程，将脱钩弹性系数值分成若干个区间，并赋值排序，在强负脱钩状态中，$E_{(MP,GOP)} = （-\infty, -0.75） \cup [-0.75, -0.50) \cup [-0.50, -0.25) \cup [-0.25, 0)$，各区间分别赋值 1、2、3、4，以此类推，强脱钩状态分别赋值 21、22、23、24。赋值越大表示海洋产业与生态环境脱钩越理想，即海洋产业与海洋生态环境耦合发展状态越好，具体等级划分如表 5-20 所示。

表 5-20　海洋产业与海洋生态环境脱钩等级划分

脱钩状态	$\%\Delta MP$	$\%\Delta GOP$	$E_{(MP,GOP)}$	$E_{(MP,GOP)}$	脱钩指数
强脱钩	< 0	> 0	$(-\infty, 0)$ 经济增长，环境压力下降	$(-\infty, -0.75)$	24
				$[-0.75, -0.50)$	23
				$[-0.50, -0.25)$	22
				$[-0.25, 0.00)$	21
弱脱钩	> 0	> 0	$[0, 1)$ 经济增长，环境压力缓慢增长	$[0.00, 0.25)$	20
				$[0.25, 0.50)$	19
				$[0.50, 0.75)$	18
				$[0.75, 1.00)$	17
衰退脱钩	< 0	< 0	$(1, +\infty)$ 经济缓慢下降，环境压力大幅上升	$[1.75, +\infty)$	16
				$[1.50, 1.75)$	15
				$[1.25, 1.50)$	14
				$(1.00, 1.25)$	13
扩张负脱钩	> 0	> 0	$(1, +\infty)$ 经济缓慢增长，环境压力大幅上升	$(1.00, 1.25)$	12
				$[1.25, 1.50)$	11
				$[1.50, 1.75)$	10
				$[1.75, +\infty)$	9
弱负脱钩	< 0	< 0	$[0, 1)$ 经济衰退，环境压力缓慢下降	$[0.75, 1.00)$	8
				$[0.50, 0.75)$	7
				$[0.25, 0.50)$	6
				$[0.00, 0.25)$	5

续表

脱钩状态	%ΔMP	%ΔGOP	$E_{(MP,GOP)}$	$E_{(MP,GOP)}$	脱钩指数
强负脱钩	> 0	< 0	$(-\infty, 0)$ 经济衰退， 环境压力增长	$[-0.25, 0.00)$	4
				$[-0.50, -0.25)$	3
				$[-0.75, -0.50)$	2
				$(-\infty, -0.75)$	1

3. 指标选取和数据来源

参考现有研究成果，依据国家海洋局颁布的《中国海洋环境状况公报》，江河携带污染物入海和陆源入海排污口排污是影响我国近岸海洋环境质量的主要原因；进入海洋的全部污染物中有 80% 以上来自陆地污染源，而其中沿海地区的废水排放是最主要的污染源。鉴于此，本书选取沿海地区工业废水排放入海量、工业固体废弃物排放量、工业废水中化学需氧量（Chemical Oxygen Demand，COD）入海量和工业废水中氨氮（Ammonia Nitrogen，AN）入海量作为海洋环境污染指标。海洋经济增长则以按可比价格计算的 GOP 增长率表示。各指标的统计标准及其来源说明如下：

工业废水中 COD 排放入海量和 AN 排放入海量是以各指标的总排放量乘以相应的工业废水排放入海量占工业废水总排放量的比重间接测算得到。各地区工业废水中 COD 总排放量、工业废水中 AN 总排放量、工业废水排放入海量和工业固体废弃物排放入海量的原始数据均源自于 2003～2015 年的《中国统计年鉴》，选取 2002～2014 年作为研究期间。其中，工业废水中 AN 排放量的统计始于 2003 年，因此选取 2003～2014 年作为工业废水中 AN 排放入海量的研究期间。

参考前人的研究成果，GOP 当年可比价格增速可以表示如下（其中各海洋产业增加值数据源自历年的《中国海洋经济统计公报》，产业价格指数源自《中国统计年鉴》）：

$$GOP \text{ 当年可比价格增速} = \left(\frac{\sum \text{本年各海洋及相关行业可比价增加值}}{\sum \text{上年各海洋及相关行业现价增加值}} - 1 \right) \times 100\%$$

$$\text{本年某海洋产业可比价增加值} = \frac{\text{本年该产业现价增加值}}{\text{本年该产业价格指数（比上年）}} \quad (5-52)$$

（二）集对方法

集对分析（Set Pair Analysis）是在 1989 年由我国学者赵克勤在包头召开的

全国系统理论会上第一次提出的一种新的系统分析方法，已经广泛应用于政治、经济、军事及社会生活等诸多领域。沿海地区海洋经济复合系统的开放性和复杂性导致其存在许多确定性和不确定性因素，因此本书选用集对分析法对海洋经济可持续发展协调能力进行评价。所谓集对，简单来讲是指具有某种联系的两个集合组成的一个对子，从系统科学的角度上来讲，系统内任意两个组成部分（系统与环境、系统与人等），都可以在一定条件下看作集对的例子，可由 $W = (A, B)$ 表示。

1. 集对分析的基本思路

在一定的问题背景下对所论的两个集合所具有的特性做同异反分析并加以测度，得出这两个集合在所研究问题背景下的同异反联系度表达式，继而推广到系统内多个集合组合下的情况，在此基础上深入分析有关系统的联系、预测、控制和仿真等问题。其本质是将系统内确定性与不确定性予以辩证分析与数据处理，借助对系统中确定性与不确定性相互联系和在一定条件下相互转化的规律来对不确定性进行评价。根据集对分析的研究思路，将确定性定义为同一和对立两个方面，而将不确定性定义为差异，这样就可以从"同、异、反"三方面分析系统。这三者相互联系、相互影响、彼此制约，在一定条件下相互转化。其表达式为：

$$\mu = \frac{N_1}{N} + \frac{N_2}{N}i + \frac{N_3}{N}j \tag{5-53}$$

其中，N 为集对特性总数，N_1 为集对相同的特性数，N_3 为集对相异的特性数，N_2 为集对中既不相同也不相异的特性数，且 $N_3 = N - N_1 - N_2$；i 为差异度标示数，$i \in [-1, 1]$；j 表示相异度标示数，通常情况下 $j = -1$。而 N_1/N、N_2/N 和 N_3/N 分别为组成集对的两个集合在 W 背景下的同一度、差异度和对立度，反映了集对分析中集合的正、反和不确定趋势。

2. 集对分析评价模型构建

设所要评价系统有 $M_1, M_2, \cdots, M_n$ 共 n 个待优选的对象组成的被选集合，每个对象有 $C_1, C_2, \cdots, C_m$ 共 m 个评价指标，将每个评价指标的值标记为 $d_{ij}(i = 1, 2, \cdots, n; j = 1, 2, \cdots, m)$，其中正向型（即效益型）指标为 I_+，逆向型（即成本型）指标为 I_-。因此，基于集对分析的评价模型矩阵为：

$$H = \begin{vmatrix} d_{11} & d_{12} & \cdots & d_{1n} \\ d_{21} & d_{22} & \cdots & d_{2n} \\ \vdots & \vdots & & \vdots \\ d_{m1} & d_{m2} & \cdots & d_{mn} \end{vmatrix} \tag{5-54}$$

理想目标值为 $M_0 = [d_{01}, d_{02}, \cdots, d_{0j}, \cdots, d_{0m}]^T$，其中 d_{0j} 为目标理想值 M_0 第 j 个指标的值，取值为 H 矩阵中 j 个指标中的最优值。比较评价矩阵 H 和理想目标值 M_0 中对应的指标情况，可形成被评价对象与理想方案指标的统一度矩阵，表示为：

$$Q = \begin{vmatrix} a_{11} & a_{12} & \cdots & a_{1n} \\ a_{21} & a_{22} & \cdots & a_{2n} \\ \vdots & \vdots & & \vdots \\ a_{m1} & a_{m2} & \cdots & a_{mn} \end{vmatrix} \qquad (5-55)$$

其中，指标 a_{ij} 表示被评价对象指标值与目标理想值对应指标的对比情况，即：

$$a_{ij} = \frac{d_{ij}}{d_{0j}}, d_{ij} \in I_+; \quad a_{ij} = \frac{d_{0j}}{d_{ij}}, d_{ij} \in I_- \qquad (5-56)$$

构建的协调能力评价指标体系如表 5-21 所示。

表 5-21　中国海洋经济可持续发展协调能力评价指标体系

因素	权重	指标	权重	指标	权重	指标性质
生态环境	0.38	生态压力	0.40	A_1海洋自然保护区面积比重	0.45	+
				A_2环保投入占 GDP 比重	0.23	+
				A_3近岸海洋生态系统健康状况	0.32	+
		生态条件	0.25	A_4生物多样性	0.13	+
				A_5严重污染海域面积比重	0.18	−
				A_6人均海水产品产量	0.25	+
				A_7海水浴场健康指数	0.08	+
				A_8年均赤潮发生次数	0.36	−
		生态响应	0.34	A_9单位面积工业废水排放量	0.11	−
				A_{10}单位面积工业固体废物产生量	0.29	−
				A_{11}单位海域疏浚物倾倒量	0.21	−
				A_{12}海平面上升	0.10	−
				A_{13}年均单位岸线灾害损失	0.29	−
经济发展	0.33	经济规模	0.59	B_1人均海洋生产总值	0.24	+
				B_2海洋生产总值占 GDP 比重	0.29	+
				B_3海域利用效率	0.28	+
				B_4人均固定资产投资	0.19	+
		经济结构	0.18	B_5海洋第三产业比重	0.25	+
				B_6海洋第二产业比重	0.42	+
				B_7海洋产业多元化程度	0.33	+
		经济活力	0.23	B_8相对劳动生产率	0.20	+
				B_9海洋产业竞争优势指数	0.61	+
				B_{10}海洋产业区位熵	0.19	+

因素	权重	指标	权重	指标	权重	指标性质
社会发展	0.29	社会人口	0.19	C₁人口密度	0.25	−
				C₂城镇化水平	0.19	+
				C₃受教育程度	0.41	+
				C₄涉海就业人员比重	0.15	+
		生活质量	0.35	C₅城镇居民人均可支配收入	0.38	+
				C₆城镇居民人均消费总额	0.45	+
				C₇恩格尔系数	0.16	−
		科技水平	0.19	C₈海洋科技研究人员比重	0.32	+
				C₉海洋科技创新能力	0.29	+
				C₁₀海洋科研机构密度	0.18	+
				C₁₁海洋科研课题承担能力	0.20	+
		管理能力	0.27	C₁₂单位岸线海滨观测台站密度	0.24	+
				C₁₃年均出台政策文件	0.56	+
				C₁₄当年确权海域面积占已确权面积比重	0.20	+

注：指标性质的（＋）、（－）判断是相对海洋经济可持续发展的协调性而定。

3. 数据来源

根据数据的可获得性和可比性原则，本书选取的是 2014 年时间截面数据，为保证研究的客观性，相关指标数据来源于 2015 年《中国海洋统计年鉴》、《中国统计年鉴》、沿海省份的海洋环境质量公报及各省份的《国民经济和社会发展统计公报》。

二、中国海洋产业与海洋生态环境脱钩状态评价

（一）海洋产业与海洋生态环境脱钩关系时序分析

结合脱钩模型及上述表格中脱钩分类对 2002～2014 年中国海洋产业与海洋生态环境的脱钩关系进行总体评价，得到海洋产业与海洋生态环境脱钩关系如表 5-22 所示，其中弱脱钩状态占 55.56%，强脱钩状态占 27.79%，扩张负脱钩状态占 16.65%，表明海洋产业与海洋生态环境之间以弱脱钩为主。

表 5-22　中国海洋产业与海洋生态环境的脱钩关系评价

年份	海洋产值增长	海洋环境压力	脱钩弹性系数	脱钩指数	脱钩状态
2002	28.989	10.087	0.348	19	弱脱钩
2003	24.513	6.843	0.279	19	弱脱钩
2004	56.915	80.543	1.415	11	扩张负脱钩

续表

年份	海洋产值增长	海洋环境压力	脱钩弹性系数	脱钩指数	脱钩状态
2005	22.264	-6.538	-0.294	22	强脱钩
2006	26.647	45.852	1.721	10	扩张负脱钩
2007	18.041	-31.089	-1.723	24	强脱钩
2008	18.304	12.069	0.659	18	弱脱钩
2009	8.928	7.851	0.879	17	弱脱钩
2010	22.604	-7.998	-0.354	22	强脱钩
2011	14.968	3.359	0.224	20	弱脱钩
2012	9.998	4.438	0.444	19	弱脱钩
2013	8.538	0.537	0.063	20	弱脱钩
2014	11.759	9.365	0.796	17	弱脱钩

2003 年以前，中国海洋产业与海洋生态环境之间呈现弱脱钩关系，这一时期中国海洋经济处在"高投入、高消耗"的发展模式中，对海洋资源的依赖性较强。2003～2006 年海洋产业与海洋生态环境之间以扩张负脱钩为主，由于沿海各省份海洋产业加快发展，海洋捕捞及海水养殖量、海洋化工产品、海洋油气、原盐、海滨砂矿消耗量快速增加，资源压力大幅增长。2006～2014 年海洋产业与海洋生态环境之间以弱脱钩为主，中国主要海洋产业发展势头良好，海洋经济保持快速增长态势。这一时期沿海各省份纷纷出台政策制度，加强对近海渔业资源的保护，海洋捕捞量大幅下降；伴随海水制盐业限产压库政策和体制改革的深入推进，海洋原盐消耗量也有所下降；与此同时，海洋油气开采量减少，海洋资源开发量得到一定程度控制。

进一步分析四项海洋生态环境内部指标的脱钩指数变动情况如下（见表 5 -23）：

表 5 -23　海洋生态环境内部指标的脱钩指数

年份	工业废水排放入海量		工业固体废弃物排放量		工业废水中 COD 排放量		工业废水中 AN 入海量	
	脱钩弹性系数	脱钩状态	脱钩弹性系数	脱钩状态	脱钩弹性系数	脱钩状态	脱钩弹性系数	脱钩状态
2002	1.469	扩张负脱钩	0.048	弱脱钩	-0.604	强脱钩	—	—
2003	1.738	扩张负脱钩	0.260	弱脱钩	-0.533	强脱钩	—	—
2004	2.433	扩张负脱钩	0.095	弱脱钩	-0.139	强脱钩	0.438	弱脱钩
2005	0.682	弱脱钩	-0.340	强脱钩	2.521	扩张负脱钩	5.295	扩张负脱钩
2006	-1.066	强脱钩	0.214	弱脱钩	-1.261	强脱钩	-3.499	强脱钩
2007	1.265	扩张负脱钩	-0.684	强脱钩	0.577	弱脱钩	-0.875	强脱钩
2008	0.104	弱脱钩	0.431	弱脱钩	0.588	弱脱钩	0.298	弱脱钩
2009	-1.759	强脱钩	-0.069	强脱钩	-3.497	强脱钩	-2.993	强脱钩

续表

年份	工业废水排放入海量		工业固体废弃物排放量		工业废水中 COD 排放量		工业废水中 AN 入海量	
	脱钩弹性系数	脱钩状态	脱钩弹性系数	脱钩状态	脱钩弹性系数	脱钩状态	脱钩弹性系数	脱钩状态
2010	-0.971	强脱钩	0.106	弱脱钩	1.226	扩张负脱钩	-0.211	强脱钩
2011	0.228	弱脱钩	-1.465	强脱钩	-0.441	强脱钩	-0.871	强脱钩
2012	0.228	弱脱钩	-0.062	强脱股	1.382	扩张负脱钩	-0.356	强脱钩
2013	1.163	扩张负脱钩	0.292	弱脱钩	5.819	扩张负脱钩	-1.364	强脱钩
2014	-0.054	强脱钩	-0.025	强脱钩	-0.650	强脱钩	0.018	弱脱钩

从表 5 - 23 分析来看：

（1）工业废水排放入海量的脱钩指数总体上呈波动上升趋势。在 2002 ~ 2004 年脱钩指数维持在较低水平，表现出扩张负脱钩状态。随后，脱钩指数呈现出"N"形波动发展趋势，其中 2006 年（-1.066）、2009 年（-1.759）和 2010 年（-0.971）表现出强脱钩状态。

（2）工业固体废弃物排放量的脱钩指数总体上呈现波动上升趋势，2002 ~ 2004 年期间脱钩指数呈现弱脱钩，随后稳定维持在强脱钩、弱脱钩交替演化状态，2014 年（-0.025）呈现为强脱钩状态，表明研究期间工业固体废弃物与海洋产业之间处于较为协调发展状态。

（3）工业废水中 COD 入海量脱钩指数总体上波动较大。2002 ~ 2005 年期间脱钩指数呈下降趋势，脱钩状态由强脱钩逐步恶化至扩张负脱钩；2006 ~ 2009 年期间脱钩指数回升并稳定维持在 20 以上，呈现弱脱钩和强脱钩状态；随后在 2010 年（1.226）脱钩指数再次显著下滑，恶化至扩张负脱钩状态。

（4）工业废水中 AN 入海量脱钩指数较为平稳，仅在 2005 年（5.295）出现显著下降，表现出扩张负脱钩状态，随后稳定维持在弱脱钩、强脱钩状态，说明多数时期我国海洋经济增长与工业废水中 AN 入海量之间保持良好的协调共生关系。

综合来看，2002 ~ 2014 年期间，我国海洋产业与海洋生态环境之间主要呈现出扩张负脱钩、弱脱钩和强脱钩三种状态，其中工业废水排放入海量脱钩状态表现出一定的波动性，但总体在趋于好转；工业固体废弃物排放量脱钩状态呈现平稳向好趋势；工业 COD 入海量和工业 AN 入海量脱钩状态较为稳定，仅在个别年份出现恶化情形。综上所述，我国海洋产业与各项海洋环境压力指标之间尚未完全进入稳定的强脱钩状态，海洋生态环境依旧面临不同程度的压力。

（二）海洋产业与海洋生态环境脱钩关系时空演变

根据沿海 11 省份海洋产业与海洋生态环境脱钩弹性系数及脱钩指数值，2002～2003 年天津、河北、江苏、浙江、福建、广东海洋产业与海洋生态环境之间以弱脱钩为主，辽宁、上海、山东、广西、海南海洋产业与海洋生态环境之间以扩张负脱钩为主，沿海各省份海洋经济在增长的同时海洋生态环境压力均呈现上升趋势，这一时期以渔业捕捞和养殖为主的传统海洋产业增长方式高度粗放；海洋油气资源、海滨砂矿资源的开发仅限于浅海水域，可利用的滩涂与浅海基本饱和，资源压力不断增大；海洋盐业受技术和设备的限制生产规模较小、产品种类单一，海洋资源开发利用结构层次偏低。

2004～2008 年河北、辽宁、上海、江苏海洋产业与海洋生态环境脱钩指数较高且变化趋于平稳，海洋资源消耗的弹性特征集中于弱脱钩和强脱钩类型，单位 GDP 的海洋资源消耗量有所减少；而天津、浙江、福建、山东、广东、广西、海南在这一时期脱钩指数波动较大。

2008～2010 年沿海 11 省份海洋产业与海洋生态环境脱钩指数均呈现不同程度的下降，受国际金融危机及滞后效应的影响，沿海各省份海洋经济呈现衰退或缓慢增长的态势，河北省海洋产业与海洋生态环境之间出现强负脱钩状态，上海呈现衰退脱钩状态，其余省份则以扩张负脱钩为主。

2010～2014 年沿海 11 省份海洋产业与海洋生态环境脱钩指数均呈现上升趋势，2014 年天津、河北、辽宁、江苏、福建、山东、广东海洋产业与海洋生态环境之间呈弱脱钩状态，上海、浙江呈强脱钩状态。目前，上海正在积极申报"国家海洋经济创新发展示范城市"和"国家海洋经济发展示范区"，上海将结合自身作为全球科创中心建设，推动上海市海洋生物、海洋高端装备、海水淡化等重点海洋产业科技创新和集聚发展，促进上海市经济发展方式转变和产业结构优化升级，同时按照全国"十三五"海洋经济发展规划的部署大力推进全球海洋中心城市建设，这更将极大地推动上海海洋经济的发展进程。2011 年 2 月《浙江海洋经济发展示范区规划》的正式批复，浙江海洋经济发展示范区建设上升为国家战略，极大地刺激了浙江省海洋经济的发展动能。这些省份依托国家政策和产业基础加快转变海洋经济发展方式，在海水养殖、海盐加工、水产品加工、近海油气资源勘探等重点领域组织技术推广和应用，通过开发海洋资源经过深加工获得高附加值海洋产品，实现了资源的高效利用，海洋经济增长的同时海洋生态环境压力呈减缓或下降趋势；而广西、海南则呈现扩张负脱钩状态，其海洋经济发展相对缓慢，海洋渔业等资源消耗型产业仍处在高资耗、高能耗、低效率的发展模式中，导致海洋经济增长的同时资源压力大幅增长（见表5－24、图5－21、表5－25、图5－22）。

表5－24　沿海地区海洋产业与海洋生态环境脱钩弹性系数值

年份	天津	河北	辽宁	上海	江苏	浙江	福建	山东	广东	广西	海南
2002	0.48	0.33	1.16	-0.16	0.33	0.03	0.14	1.26	0.18	1.62	2.59
2003	0.72	0.27	-0.72	-0.27	0.24	0.44	0.24	-0.08	0.12	3.83	-0.01
2004	0.11	-0.41	0.48	0.01	0.39	1.27	1.50	-0.02	0.36	0.09	-0.76
2005	0.40	0.90	0.31	-0.11	-0.99	-1.36	1.95	0.91	-0.05	-0.06	3.21
2006	-0.87	0.19	0.16	0.08	-0.01	0.31	-0.11	0.62	0.52	0.12	3.36
2007	0.25	0.29	-1.31	-0.26	0.43	-1.71	1.19	0.44	-0.25	1.80	-4.99
2008	0.08	-0.87	1.09	-1.11	-2.43	2.63	0.45	0.06	0.27	0.09	0.36
2009	0.92	-0.26	0.36	1.17	0.22	0.61	-1.71	1.54	-0.08	-0.17	2.04
2010	1.11	-0.21	-1.53	-1.32	1.70	-3.03	0.04	-0.14	0.15	-1.30	0.13
2011	-0.29	-0.07	0.17	6.57	-2.11	0.58	0.77	0.91	-0.27	-0.21	0.17
2012	-0.18	0.57	2.63	2.49	7.15	0.09	1.73	0.53	0.15	0.62	0.99
2013	-0.09	-2.35	-0.05	-0.43	-0.77	-2.86	0.68	0.87	0.52	11.46	-1.28
2014	0.18	0.83	0.76	-0.29	0.58	-0.26	0.53	0.70	0.21	1.24	2.14

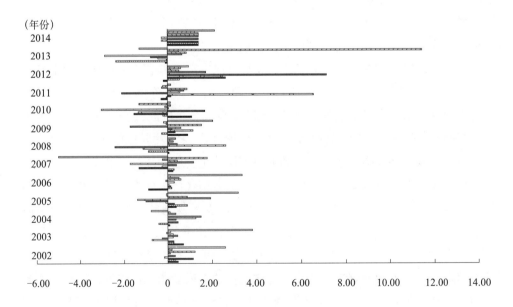

图5－21　沿海地区海洋产业与海洋生态环境脱钩弹性系数

表 5 - 25　沿海地区海洋产值增长率

年份	天津	河北	辽宁	上海	江苏	浙江	福建	山东	广东	广西	海南
2002	0.549	0.100	0.268	0.174	0.288	0.795	0.516	0.183	0.098	0.242	0.070
2003	0.365	0.434	0.183	0.172	1.048	0.088	0.297	0.486	0.143	-0.617	0.333
2004	0.851	0.530	0.716	1.313	0.246	0.635	0.292	0.312	0.537	1.109	0.511
2005	0.377	0.162	0.116	0.174	0.308	0.194	-0.135	0.247	0.441	0.211	0.138
2006	-0.054	2.365	0.422	0.737	0.740	-0.192	0.159	0.522	-0.040	1.043	0.242
2007	0.169	0.129	0.190	0.084	0.456	0.209	0.314	0.217	0.101	0.142	0.191
2008	0.180	0.133	0.179	0.109	0.129	0.193	0.174	0.194	0.285	0.160	0.158
2009	0.143	-0.339	0.100	-0.123	0.285	0.267	0.191	0.089	0.143	0.114	0.102
2010	0.400	0.249	0.148	0.243	0.307	0.145	0.150	0.216	0.239	0.236	0.183
2011	0.165	0.259	0.277	0.075	0.198	0.168	0.163	0.135	0.114	0.119	0.167
2012	0.119	0.118	0.014	0.058	0.110	0.091	0.046	0.117	0.143	0.240	0.152
2013	0.156	0.074	0.103	0.060	0.042	0.063	0.122	0.081	0.074	0.182	0.173
2014	0.105	0.178	0.047	-0.009	0.136	0.034	0.189	0.164	0.172	0.135	0.021

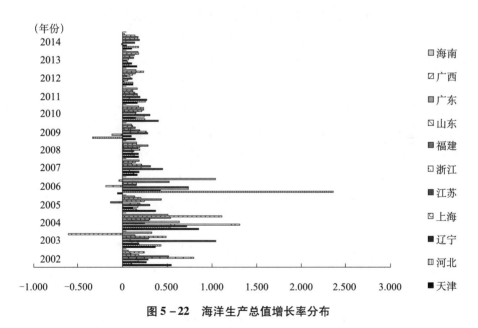

图 5 - 22　海洋生产总值增长率分布

　　结合脱钩程度判定标准和沿海 11 省份海洋产业与海洋生态环境脱钩弹性系数的计算结果,从各沿海省份空间层面看,2003 年广东、山东、天津、上海海洋产业与海洋生态环境脱钩指数出现大幅增长,到 2014 年广东、山东、天津海洋产业与海洋生态环境的脱钩关系为弱脱钩状态,上海则表现为强脱钩状态,海洋经济增长对海洋生态环境的依赖性逐渐减弱。河北、江苏、福建海洋产业与海洋生态环境脱钩指数变化较为平稳,两者之间脱钩关系主要呈弱脱钩状态,海洋经济增长的同时生态环境压力缓慢增长。浙江、辽宁海洋产业与海洋生态环境脱钩指数波动较大，呈现先上升后下降最后又上升的趋势，2014 年浙江为强脱钩状态，辽宁呈现弱脱钩状态。2002～2014 年海南脱钩指数变化幅度较大，2014年脱钩指数在沿海 11 省份中达到最低，海洋生态环境的弹性特征为扩张负脱钩状态；而广西也主要呈现扩张负脱钩类型，海洋经济缓慢增长，海洋生态环境压力却大幅增长。

总体而言，地区层面上实现强脱钩和弱脱钩的省域数量上升较快。在空间格局上，2002 年海洋产业与海洋生态环境之间呈现强脱钩和弱脱钩的区域分布较为分散，脱钩程度具有较大的地区差异；到 2014 年脱钩显著的区域呈现空间集聚的态势，除广西、海南外，地区脱钩程度的差距逐渐缩小（见图 5 - 23）。利用 Tapio 脱钩模型对 2002～2014 年中国海洋产业与海洋生态环境的脱钩指数进行综合测度，其中弱脱钩状态占 55.56%，强脱钩状态占 27.78%，扩张负脱钩状态占 16.66%，海洋经济增长与生态环境之间以弱脱钩为主。在对中国海洋产业与海洋生态环境脱钩关系综合测度的基础上分别测算了沿海 11 省份海洋产业与海洋生态环境的脱钩指数，以此为依据进行海洋产业与海洋生态环境脱钩关系的时空格局演变分析，广东、山东、浙江、江苏、天津、福建、辽宁、河北海洋产业与海洋生态环境之间以弱脱钩为主；上海海洋产业与海洋生态环境之间以强脱钩为主；海南、广西海洋产业与海洋生态环境之间以扩张负脱钩为主，海洋经济增长对生态环境的依赖性仍然较强。2014 年脱钩显著的区域呈现空间集聚的态势，除广西、海南外，地区脱钩程度的差距逐渐缩小。

接着，将 Tapio 脱钩模型从海洋生态环境角度进一步分解为工业废水排放脱钩指标和工业固体废弃物排放脱钩指标：

$$E_{(IWW,GOP)} = \frac{\%\Delta IWW}{\%\Delta GOP} = \frac{(IWW_n - IWW_{n-1})/IWW_{n-1}}{(GOP_n - GOP_{n-1})/GOP_{n-1}} = \frac{IWW_n/IWW_{n-1} - 1}{GOP_n/GOP_{n-1} - 1}$$

$$(5-57)$$

$$E_{(IWT,GOP)} = \frac{\%\Delta IWT}{\%\Delta GOP} = \frac{(IWT_n - IWT_{n-1})/IWT_{n-1}}{(GOP_n - GOP_{n-1})/GOP_{n-1}} = \frac{IWT_n/IWT_{n-1} - 1}{GOP_n/GOP_{n-1} - 1}$$

$$(5-58)$$

其中，$E_{(IWW,GOP)}$ 代表工业废水排放与海洋产值的脱钩，为实现两者关系的背离，就需要我国不断改进污水排放系统，引进合理处置、优化废水的技术，故称为工业废水排放脱钩指标；$E_{(IWT,GOP)}$ 代表工业固体废弃物排放脱钩指标。

根据上述公式，测算出 $E_{(IWW,GOP)}$ 和 $E_{(IWT,GOP)}$ 与海洋总产值的脱钩弹性指标，

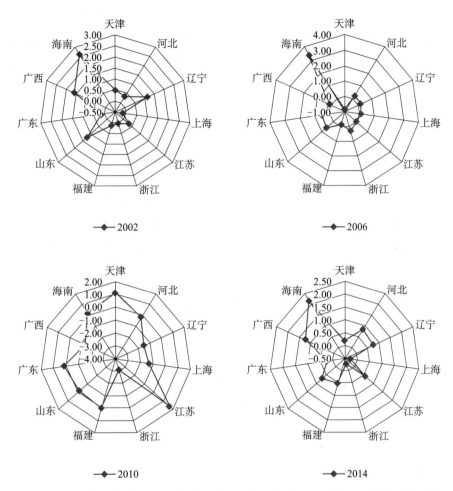

图 5 - 23　2002 年、2006 年、2010 年、2014 年海洋产业与海洋生态环境的脱钩指数

得到 2002 ~ 2014 年沿海 11 省份的脱钩情况（见图 5 - 24、图 5 - 25）。我国 8 个沿海省份工业废水排放量和海洋总产值增长的关系表现为强脱钩，占比为 72.73%，3 个省份脱钩状态表现为弱脱钩，占比 27.27%（见表 5 - 26、图 5 - 26）。这表明在 2002 ~ 2014 年间，我国绝大多数沿海省份，如天津、河北、江苏、浙江、福建、山东、广东和广西，在较好保持海洋经济增长的同时，有效地控制了工业废水排放量的增长，一定程度上遏制了海洋环境污染局面的扩大之势。但也需清醒地认识到，还有辽宁、上海和海南三省份工业废水排放量和海洋总产值表现为弱脱钩，即在海洋经济增长的同时，工业废水排放量也得到了较大幅度的增加，这些沿海省份工业废水治理的程度还得强化。这需要当地的管理者采取积极有效的措施，通过有效的环境规制手段来刺激海洋经济发展。

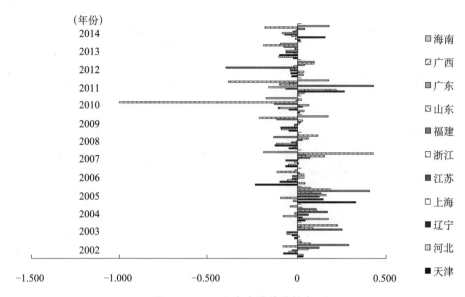

图 5 - 24　工业废水排放增长率

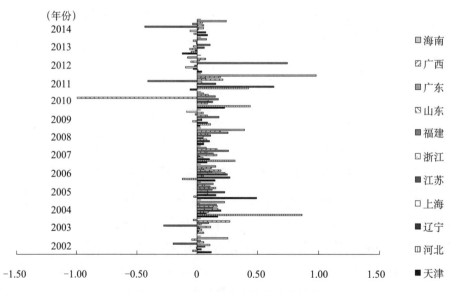

图 5 - 25　工业固体废弃物排放增长率

表 5 - 26　工业废水排放量脱钩指数

年份	天津	河北	辽宁	上海	江苏	浙江	福建	山东	广东	广西	海南
2002	0.061	0.362	-0.282	-0.267	-0.106	0.079	0.244	-0.406	2.936	0.302	0.346
2003	-0.044	0.034	-0.167	-0.336	-0.055	0.003	0.853	0.179	0.175	-0.370	0.005
2004	0.056	0.332	0.041	-0.059	0.263	-0.026	0.586	0.353	0.198	0.026	-0.078

续表

年份	天津	河北	辽宁	上海	江苏	浙江	福建	山东	广东	广西	海南
2005	0.875	−0.138	1.251	−0.537	0.403	0.849	−1.011	0.325	0.920	0.885	0.562
2006	4.355	0.020	−0.233	−0.073	−0.042	−0.194	−0.161	0.073	−0.338	−0.110	−0.043
2007	−0.394	−0.405	0.026	−0.190	−0.141	0.039	0.220	0.709	0.489	3.000	−0.991
2008	−0.262	−0.144	−0.712	−1.099	−0.253	−0.019	0.151	0.322	−0.470	0.740	0.033
2009	−0.340	0.270	−0.956	0.132	−0.052	0.055	0.103	0.363	−0.800	−1.883	1.707
2010	0.031	0.152	−0.326	−0.450	0.097	0.475	−0.868	−4.639	−0.040	0.095	−0.970
2011	0.036	0.144	0.955	2.865	−0.335	−0.962	2.616	−0.741	−0.396	−3.264	1.075
2012	−0.287	0.297	−2.633	0.666	−0.375	−0.414	−8.619	−0.146	0.293	0.389	0.622
2013	−0.142	−1.410	−0.987	−0.333	−1.567	−1.067	−0.128	−0.166	−1.138	−1.051	−0.557
2014	0.163	−0.067	3.370	3.639	−0.523	−2.554	−0.131	−0.039	0.241	−1.367	8.533

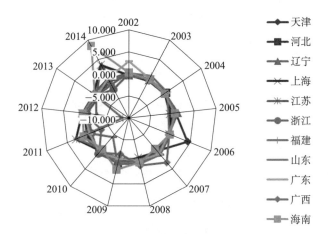

图 5 −26　工业废水排放量脱钩雷达图

从沿海 11 省份 $E_{(IWT, GOP)}$ 来看，工业固体废弃物排放相对稳定，除天津、河北、辽宁和海南 4 省份工业固体废弃物排放量 2002 ~ 2014 年平均增长率超过 10% 以外，其余省份均控制在 10% 以下水平（见表 5 − 27、图 5 − 27）。2014 年工业固体废弃物脱钩指数河北、福建和广东 3 省份表现为强脱钩，占比达到 27.3%，其余省份均表现为弱脱钩，表明这些省份工业固体废弃物仍存在过量排放的问题，说明近些年我国工业固体废弃物任意排放问题尚未得到有效控制，个别年份工业固体废弃物排放超标现象较为严重。综上，我国海洋经济增长与各项海洋环境压力指标之间尚未完全进入稳定的强脱钩状态，各省份的海洋环境依旧面临不同程度的压力。未来应当从以下几个方面着力实现海洋经济的可持续发展：一是优化海洋产业结构，大力发展海洋第三产业和海洋高新技术产业，助推海洋经济转型发展；二是依托节能环保技术的提升，打造海陆循环经济体系；三是严格控制陆源污染，推动实施排污许可证制度；四是加强安全生产管理，重点是制定海上船舶溢油和有毒有害物质应急响应体系，防止、减少突发性污染事故发生。

表 5 – 27 工业固体废弃物排放脱钩指数

年份	天津	河北	辽宁	上海	江苏	浙江	福建	山东	广东	广西	海南
2002	0.215	-0.389	0.134	-0.036	0.237	0.137	-0.378	0.302	0.282	-0.176	3.635
2003	0.004	0.128	0.070	0.234	0.025	1.269	-0.938	0.071	0.687	-0.441	-0.096
2004	0.199	1.638	0.107	0.070	0.813	0.272	0.436	0.537	0.301	0.019	0.452
2005	1.305	-0.179	1.329	0.486	0.752	0.437	-0.909	0.639	0.249	0.286	0.972
2006	-2.775	-0.053	0.641	0.068	0.337	-1.203	0.774	0.384	-1.382	0.111	0.651
2007	0.489	2.431	0.538	0.592	0.048	0.799	0.434	0.387	2.568	1.173	0.392
2008	0.318	0.436	0.585	0.771	0.391	0.247	0.665	0.455	0.893	1.202	2.489
2009	0.174	-0.329	0.874	0.321	0.138	0.123	0.951	0.999	-0.133	0.447	-0.853
2010	0.571	1.773	0.020	0.354	0.421	0.633	1.196	-4.639	0.631	0.400	0.302
2011	-0.358	1.638	2.297	-0.031	0.787	0.248	-2.514	1.599	0.634	1.631	5.898
2012	0.324	0.084	-2.536	-1.708	-0.217	0.039	16.13	-0.481	0.139	0.295	-0.548
2013	-0.802	-0.679	-0.185	-1.086	1.471	-0.578	0.869	-0.115	-0.122	-0.199	0.436
2014	0.853	-0.177	1.523	7.021	0.047	1.647	-2.289	0.344	-0.242	0.348	11.509

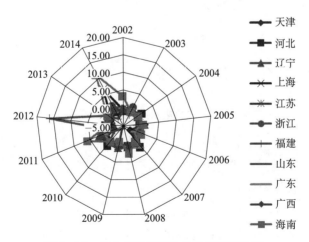

图 5 – 27 工业固体废弃物排放脱钩雷达图

（1）海洋生态环境是海洋经济发展的前提和基础，海洋资源环境禀赋的差异决定了区际分工格局。由于海洋资源所具有的地域性的特点，导致其分布是不均衡的，进而影响到沿海各省份在区际分工中的地位。海洋经济发展对海洋资源环境具有高度依赖性，而这种资源依赖性决定了沿海各省份海洋资源开发利用状况；由于各省份海洋资源拥有量不同，各海洋产业在地区海洋产业系统中的地位作用是不同的，最终导致中国沿海各省份海洋产业与海洋生态环境脱钩程度的差异。本书着重分析了中国沿海 11 省份海洋产业与海洋生态环境的脱钩关系及空间分异格局，以期针对具体影响因素提出发展对策，使研究问题更有针对性，为实现海洋资源高效利用和海洋经济可持续发展提供科学依据。

（2）通过对中国海洋产业与海洋生态环境的脱钩分析，中国海洋产业与海洋生态环境之间尚未达到强脱钩状态，特别是广西、海南海洋经济缓慢增长，资源压力却大幅增长，因此还需进一步研究和思考优化海洋产业与海洋生态环境脱钩关系的路径。由于中国海洋经济发展起步较晚，整体水平有待进一步提高，对此中国在发展海洋经济的过程中要积极借鉴发达国家海洋经济发展成功的经验，在海洋资源要素调控、区域海洋产业定位等方面加强政策引导和区域统筹能力，优化海洋资源配置管理，实现海域资源配置市场化、管理精细化、使用有偿化；完善海洋经济综合管理机制，切实提高对海洋经济发展的保障能力。

沿海各省份要依据区域功能定位和海洋资源禀赋，实行差别化的海洋产业发展策略，广东、山东、浙江、江苏、天津、福建、辽宁、河北要以转变海洋经济增长方式为主线，以海洋科技创新为动力，以海洋生物资源、海水资源、油气资源、矿产资源等为重点推进海洋开发技术由浅海向深远海拓展，使海洋经济增长的同时生态环境压力进一步下降。上海则要依托人才、技术、区位优势加快推进海洋渔业转型升级，积极培育海洋生物医药、海洋新能源等战略性新兴产业，保持海洋产业与海洋生态环境的强脱钩状态。广西、海南要进一步优化海洋产业结构，加快渔业绿色转型，压缩近海捕捞；完善水产养殖产业化生产体系，积极发展水产品精深加工，实现渔业资源的高效利用；以港口为龙头集聚资本、技术等生产要素，积极探索临港产业空间资源科学配置的有效途径；通过政策引导加大海洋产业科技创新力度，构筑海洋科技园区等多种形式的科技创新平台，加快改造提升海洋传统产业，重点发展海洋生物制药、海洋可再生能源、海水综合利用等海洋新兴产业，充分释放海洋优势资源的供给潜力。

三、中国海洋产业与海洋生态环境耦合发展的协调性判断

（一）熵值法测算

计算沿海 11 省份海洋产业结构熵数值（见表 5-28），上海、天津两市的海洋产业结构熵数值较大，领先于沿海其他省份，表明其海洋产业结构较为多元

化，海洋产业部门之间的发展情况较为均衡；福建、广东、山东等省份的海洋产业结构熵数值处于中间，表明其海洋产业结构多元化程度适中；广西、河北的海洋产业结构熵数值较小，表明其海洋产业结构较为单一，海洋产业发展不均衡（见图5-28）。

表5-28   中国沿海11省份海洋产业结构熵数值

地区	辽宁	河北	天津	山东	江苏	上海	浙江	福建	广东	广西	海南	全国
熵值	0.903	0.260	3.257	1.082	0.697	2.919	1.055	1.397	1.159	0.190	0.992	1.265
排名	8	10	1	5	9	2	6	3	4	11	7	—

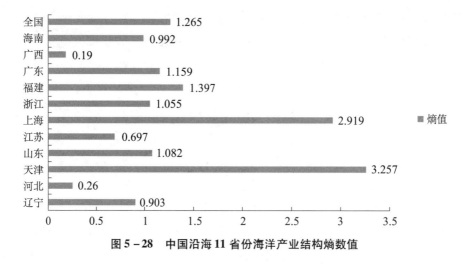

图5-28   中国沿海11省份海洋产业结构熵数值

（二）集对分析方法测算

基于构建的海洋经济协调能力评价指标体系，利用获取的基础数据及熵值法计算的权重，采用集对分析方法对沿海11省份海洋经济的协调程度进行测算，并按照综合得分进行了排序，结果如表5-29至表5-31所示。排名在前，说明海洋经济的协调程度较好；排名在后，说明海洋经济的协调程度较差。其中，上海、天津两市的综合得分较高，远高于其他省份，海洋经济的协调能力较强；河北、广西及海南三省份的海洋经济协调能力较差，综合排名靠后。

表5-29   沿海各省份海洋经济协调能力评价综合评价结果

地区	辽宁	河北	天津	山东	江苏	上海	浙江	福建	广东	广西	海南
协调能力	0.501	0.463	0.673	0.566	0.549	0.745	0.527	0.572	0.567	0.450	0.469
排名	8	10	2	5	6	1	7	3	4	11	9

表 5 - 30　　一级指标综合评价结果

地区	辽宁	河北	天津	山东	江苏	上海	浙江	福建	广东	广西	海南
生态	0.190	0.230	0.380	0.208	0.220	0.125	0.190	0.181	0.212	0.237	0.190
经济	0.153	0.129	0.099	0.171	0.151	0.330	0.166	0.190	0.178	0.088	0.160
社会	0.158	0.105	0.195	0.187	0.179	0.290	0.171	0.201	0.177	0.125	0.119

表 5 - 31　　二级指标综合评价结果

地区	辽宁	河北	天津	山东	江苏	上海	浙江	福建	广东	广西	海南
生态压力	0.259	0.296	0.146	0.325	0.313	1.000	0.340	0.396	0.534	0.163	0.300
生态条件	0.553	0.433	0.348	0.680	0.443	0.444	1.000	0.987	0.520	0.407	0.615
生态响应	0.834	0.636	0.360	0.581	0.667	1.000	0.492	0.526	0.481	0.729	0.760
经济规模	0.378	0.179	0.201	0.381	0.262	1.000	0.380	0.500	0.394	0.157	0.466
经济结构	0.883	1.000	0.663	0.888	0.938	0.873	0.926	0.862	0.971	0.613	0.637
经济活力	0.310	0.414	0.234	0.526	0.534	1.000	0.436	0.489	0.513	0.255	0.369
社会人口	0.424	0.218	0.700	0.293	0.341	1.000	0.348	0.374	0.360	0.153	0.379
生活质量	0.637	0.547	0.765	0.639	0.715	1.000	0.840	0.721	0.815	0.596	0.585
科技水平	0.388	0.188	0.565	0.569	0.775	1.000	0.266	0.313	0.522	0.176	0.151
管理能力	0.499	0.268	0.461	0.818	0.439	0.787	0.535	1.000	0.456	0.504	0.296

(三) 综合分析

根据上述方法综合评价 (见图 5 - 29),我国沿海 11 省份海洋经济可持续发展协调能力大致可以分为三类:

第一类:上海、天津,海洋经济可持续发展协调能力最强。从海洋产业结构的熵值来看,上海、天津两市的海洋产业结构较为多元化,海洋产业布局较为合理,这也在一定程度上增强了海洋经济的可持续发展能力。集对分析结果表明,生态环境是上海海洋经济发展的短板,海洋生态环境发展现状不容乐观,尤其是海洋生态条件的弱势作用明显,但经济发展和社会发展的强效拉动弥补了上海生态环境的劣势,使上海海洋经济可持续发展能力较强。因此,未来上海市亟须转变海洋经济发展方式;天津的生态环境优势弥补了经济发展的不足,也使天津海洋经济协调能力有较大幅度改善,天津海洋经济的发展重点在于调整海洋产业布局,建立起环境友好型、产业结构合理的海洋经济格局。

第二类:福建、广东、山东、江苏、浙江、辽宁等沿海省份的海洋经济可持续发展协调能力较强。从海洋产业结构熵值来看,福建、广东、山东三省份海洋产业结构多元化适中,海洋产业布局尚存在调整空间。集对分析结果表明,广东、山东海洋经济发展水平较高,但生态环境的劣势拉低了海洋经济整体可持续发展水平；浙江、辽宁的生态环境发展状况良好，需进一步壮大海洋产业，提升海洋经济发展水平。

第三类：海南、河北、广西，海洋经济可持续发展协调能力最弱。河北、广西的海洋产业结构熵数值较小，其海洋产业结构较为单一，海洋产业布局亟待改善。集对分析结果表明，影响协调能力的主要因素是经济发展水平，河北海洋产业结构缺乏合理性，海洋经济基础薄弱，海洋科技研发投入不足也制约海洋产业自主创新能力的提升；海南、广西两省的海洋经济发展仍相对落后，海洋经济规模较小，加之海洋科技的产业化水平低和海洋产业结构不合理等因素阻碍其海洋经济的协调发展。因此，仍需大力挖掘海洋产业的发展潜力，提升海洋经济发展规模。

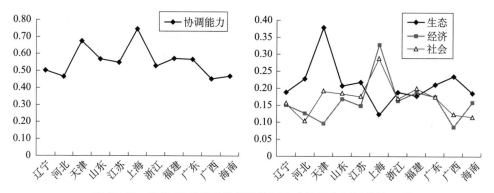

图 5 - 29　沿海 11 省份海洋经济协调能力及要素层评价结果

经过上述的分析，总结得出：运用区位商和集对分析方法，对中国沿海 11 省份海洋经济可持续发展协调能力进行综合评价，两种方法的综合排名大致相同。将中国海洋经济可持续发展协调能力划分为三个层次：上海、天津两市的海洋经济协调能力最强，位居全国之首；福建、广东、山东、江苏、浙江、辽宁六省的海洋经济协调能力较强；海南、河北、广西的海洋经济协调能力最弱。评价结果较为客观地反映了我国沿海地区海洋经济可持续发展协调能力水平。由此可见，沿海地区应充分利用自己的区位优势，提高海洋资源的利用效率，增加海洋科技研发投入，不断壮大海洋产业规模，提升海洋经济发展水平。在发展海洋经济的同时，应协调好经济发展与生态保护间的关系，实现两者统筹发展、协调发展。

第五节　本章小结

本章首先对山东省海洋产业系统与海洋生态环境系统发展现状进行了分析，包括海洋产业发展现状、海洋生态环境发展现状，得出山东省海洋产业结构近年来不断优化，而山东省海洋生态安全状况出现了衰退的趋势，2014 年处于临界安全状态。其次，在对海洋产业结构与海洋生态环境互动演化规律分析的基础上，定量测度了 2002～2014 年山东省海洋产业结构与海洋生态环境耦合发展情况。再次，对上述期间山东省海洋产业结构与海洋生态环境耦合发展的协调发展状况进行了评价，分析得出，在山东省海洋产业结构不断调整的带动下，山东省海洋产业结构与海洋生态环境的综合评价指数将进一步提高，两者的总体协调水平将平稳上升运行，由此将促进山东省海洋产业结构与海洋生态环境的耦合程度不断提升、耦合关系日趋紧密。又次，利用 Tapio 脱钩模型和空间分析技术研究了中国海洋产业与海洋生态环境脱钩关系的时空格局演变规律，结果表明：2002～2006 年中国海洋资源消耗量随海洋经济增长而不断增加，海洋经济增长对生态环境的依赖性较高；2006～2014 年海洋资源消耗量增长趋势减缓，海洋经济增长正逐步实现与海洋生态环境的脱钩；2002～2014 年广东、山东、浙江、江苏、天津、福建、辽宁、河北海洋产业与海洋生态环境之间以弱脱钩为主，上海海洋产业与海洋生态环境之间以强脱钩为主，海南、广西海洋产业与海洋生态环境之间以扩张负脱钩为主，到 2014 年脱钩显著的区域呈现空间集聚的态势，其中，着力提高技术效率、适度控制人口规模、合理调控海洋经济发展规模是实现海洋经济增长与资源消耗"脱钩"的关键。最后，运用区位商和集对分析方法，对中国沿海 11 省份 2014 年海洋经济可持续发展协调能力进行了综合评价，将中国海洋经济可持续发展协调能力划分为三个层次：上海、天津两市的海洋经济协调能力最强，位居全国之首；福建、广东、山东、江苏、浙江、辽宁六省的海洋经济协调能力较强；海南、河北、广西的海洋经济协调能力最弱。评价结果较为客观地反映了我国沿海地区海洋经济可持续发展协调能力水平。

第六章
海洋产业与海洋生态环境耦合发展的优化机制构建

第一节 海洋产业与海洋生态环境耦合发展优化机制的总体思路

海洋产业与海洋生态环境耦合系统优化机制构建的核心是要协调海洋产业系统与海洋生态环境系统关系，最终实现海洋经济的可持续发展。从某种意义上来讲，实现海洋经济的可持续发展归根结底在于协调好海洋经济发展与海洋生态环境保护之间的平衡关系。

一、海洋产业与海洋生态环境耦合发展机制构建依据原则

环保部已经编制完成的《国家环境保护"十三五"规划基本思路》（以下简称《基本思路》）中明确提出了环境保护"十三五"规划的基本形式、发展目标、重大战略任务、重大工程项目、环保法规及制度建设和政策创新。《基本思路》同时要求，在"十三五"期间，要着重构建污染物排放控制总量和环境质量改善双重体系，分门别类地实施大气、水和土壤等的污染防治计划，分区域持续改善生态环境，实现大气生态系统、水生态系统及土壤生态系统全要素的指标管理。在经济新常态下，需要创新环境管理的思维，应继续坚持、深化并完善控制制度，实施重点区域与重点行业相结合的总量控制，尝试向分区域、分时段的流量控制转变，这种基于环境承载力的精细化管理模式，既能在确保环境质量的前提下最大限度地发挥自然环境的自我净化及恢复能力，也能在环境恶化的条件

下采取精准措施保证环境质量的稳定。在"坚持在发展中保护，在保护中发展"的环保原则和主体思想指导下，环境质量恶化趋势得到遏制，生态系统稳定性增强，环境风险得到有效管控，实现生态文明制度和体系的完整。

按照上述规划和原则，结合我国沿海海域面临的主要环境问题和资源环境约束，需要加快转变海洋经济发展方式，优化海洋产业布局，切实解决影响科学发展和损害群众健康的突出海洋环境问题，实现可持续发展。对于区域重点海洋产业的发展，要遵循海洋生态环境保护与海洋经济协同发展的原则，按照"优布局、严标准、调结构、控规模、保红线"的总体策略，确保海洋生态功能不退化、水土资源不超载、污染物排放总量不突破、环境准入不降低。坚持污染物总量控制与质量控制相结合，确保海洋生态环境质量不降低；坚持海洋产业发展与海洋生态空间管制相结合，保证海洋生态环境质量不下降，优化现有海洋产业空间布局；秉承海洋产业结构优化升级与海洋环境有效准入的原则，搭建现代化的海洋产业发展体系，坚持海洋经济与海洋资源环境协调发展的原则，统筹配置海洋环境资源。

（一）以海洋产业发展的作用力为耦合切入点

根据上述的耗散结构理论，海洋产业与海洋生态环境耦合系统是一个开放性的、非平衡的自组织系统，系统内部各要素之间存在非线性的、相互作用的动态涨落机制，海洋产业与海洋生态环境耦合系统的形成、发展、演变是靠向其输入负熵流而得以维持。耦合系统中的生物过程和非生物过程都存在不同程度的相互叠加的人文过程，海洋经济在其高速发展过程中，不断采用原始技术、工业技术、农业技术等获取海洋资源以满足海洋产业发展的高物质消费需求，与之而来的海洋资源超载极限、海洋生境破损严重等问题造成海洋生态环境容量接近或者超过饱和状态，随之海洋生态需求推动耦合系统的整体进化与发展，因此海洋产业发展成为耦合系统矛盾演化的主要推动力。

同时，海洋产业系统具有识别和获取负熵流信息，从耦合系统中获取所需的资源、生态和环境储备的能力，促进耦合系统的耗散结构从低级状态向高级状态转化，这也成为耦合系统维持有序状态的重要保障。无论是基于耦合系统的矛盾、问题，还是基于耦合系统的宏观调控，海洋产业系统是系统耦合发展的着眼点，也是系统耦合的重点所在，因此，要将海洋产业的发展作用力作为耦合系统调控的切入点，根据耦合系统中海洋产业发展作用力的内在与基本特点确定耦合系统调控与引导条件。

(二) 以海洋生态环境承载力为耦合约束力

海洋生态环境承载力是指在一定的生产条件和生活水平影响下，海洋空间所能承载的人口、经济等海洋经济活动的"量"的综合体，"量"有其极限阈值。海洋环境具有一定的空间承载力，是海洋经济活动生产的基地和赖以生存的物质基础，海洋产业发展必然要受到海洋资源环境条件的强制性约束和海洋生态平衡的弹性极限约束，海洋环境的空间承载力局限于其自身的综合条件和海洋产业活动的约束与消费行为。因此，海洋环境的空间承载力决定了空间内海洋产业活动强度、生产结构、消费结构、空间组织结构等，海洋环境的空间承载力特点为系统的耦合发展提供了约束性和引导性条件：对于海洋环境承载力较强的区域，可以相对减弱调控力度，以尽可能地满足海洋产业发展的物质需求；对于海洋环境承载力较弱的区域，则应增强调控的强度，以满足海洋产业对海洋生态环境的基本需求和区域海洋生态环境的基本安全，平衡两者发展。此外，由于海洋环境的空间承载力是随着现有的海洋经济社会条件而发生相应变化，因此，实现系统的耦合发展还需要在海洋环境的空间承载力影响因素的基础上，进一步改善并提高其承载的极限阈值。

(三) 以海洋产业—生态环境协调共生为最终目标

海洋产业与海洋生态环境耦合系统调控的最终目标是要促进系统内部各要素关系的积极作用，尽可能地避免或终止系统各要素之间的消极作用，实现海洋产业与海洋生态环境的协调发展。这里所说的协调，指的是不仅要协调满足与人类全面需求有关的相关活动，还要通过协调演进促进海洋产业与海洋生态环境耦合系统的不断协调发展。海洋产业与海洋生态环境系统是相互交织、不可分割的，在功能上相互促进，在物理结构上相互耦合，这些特点使海洋产业体系与海洋生态体系最终融合为一个更高级、结构层次更多、功能更复杂的复合系统——海洋生态环境与海洋产业的复合系统。海洋产业系统与海洋生态环境系统两大系统之间相辅相成，只有两者协调发展才是实现我国海洋经济又好又快发展的前提。

二、海洋产业与海洋生态环境耦合发展的总体思路构建

海洋资源的开发利用活动应以改善人类活动与海洋生态环境相互作用结构、开发人类活动与海洋生态环境相互作用潜力、加快两者相互作用在海洋产业与海

洋生态环境耦合系统中的良性循环为主要目的，为高效进行海洋开发和海洋管理提供科学的理论依据。为了实现海洋产业系统与海洋生态环境系统耦合发展，需要以海洋产业发展的作用力为耦合切入点，以海洋生态环境承载力为耦合约束力，以海洋产业—生态环境协调共生为最终目标等作为基本依据原则，从战略的高度重新审视海洋产业系统与海洋生态环境系统关系，采取多样化的手段调控海洋开发，并以科学的理念指导实现耦合系统内部和系统之间协调共生的目标，制定海洋产业与海洋生态环境耦合发展优化机制的整体思路。

（一）海洋产业与海洋生态环境耦合系统内部调控机制

在上述海洋产业与海洋生态环境耦合系统演变因素、机理及系统调控依据原则基础上，构建海洋产业与海洋生态环境耦合系统调控的基本机制。首先要理解"海洋产业"与"海洋生态环境"的几个基本属性，其中"海洋产业"的基本属性主要有生产力、需求力和调控力：生产力是指在一定的技术水平下将海洋资源环境要素转换成社会产品的基本能力；需求力是指对于海洋生产和生活需求程度的衡量，这与其所处的生产力状态相适应；调控力是指海洋经济发展过程中，为了满足海洋产业发展需求而采取的一系列调控海洋产业结构与海洋生态环境的能力，也是保持耦合系统协调稳定发展的重要因素。

海洋生态环境的基本属性主要有承载力、缓冲力和恢复力。承载力是海洋生态系统对海洋经济活动的支撑能力；缓冲力是指海洋生态系统在维持一定的结构、功能等的前提下，能够承受的海洋环境变化，主要有海洋资源的循环利用、海洋环境污染的自我修复能力、海洋生态系统的弹性缓冲能力等；恢复力是指海洋生态系统在受到外界扰动后重新恢复系统平衡的能力和速度。海洋产业与海洋生态环境耦合系统的优化机制实际上就在于如何构建优化机制，优化"海洋产业"的生产力、需求力和调控力的路径选择和调整、提高"海洋生态环境"的承载力、缓冲力和恢复力。

一方面，从海洋产业对海洋生态环境的作用方式和作用强度而言，从海洋经济活动对海洋生态系统的生产、消费以及影响生产和消费的观念意识等方面予以相应的调整，以清洁生产或循环经济等海洋生态产业的生产方式取代传统的海洋生产方式，以集约型的生产方式取代粗放型的生产方式，以可持续发展观取代传统发展观指导生产，以绿色消费发展模式取代过度的消费发展模式，以能够更好地调整海洋产业对海洋生态环境的作用方式和作用强度。另一方面，从对海洋生态环境进行一定的补偿而言，探索如何更加直接地保持或者恢复海洋生态环境的承载力、缓冲力和恢复力，海洋生态系统结构和功能的保持与修复是海洋产业赖以生存和发展的重要物质基础，因此，如何提高与恢复海洋的生态环境安全水平也是耦合系统健康发展的重要内容。搭建良好的优化机制，构建可持续综合决策的发展机制，以促使海洋产业系统与海洋生态环境系统耦合发展实现制度化，也是保障调控力稳定与可持续的重要议题。

（二）海洋产业与海洋生态环境耦合系统之间调控机制

海洋产业系统与海洋生态环境系统之间相互作用主要体现在系统关系结构和空间开发结构。系统关系结构主要涉及系统之间的经济联系、社会联系和生态环境联系，从整体而言，应逐步实现系统之间综合的经济、社会和生态环境的组织协调，实现海洋产业与海洋生态环境耦合系统协调发展。

此外，在调控过程中，还需根据系统外部条件的发展变化适时做出调节，这也与海洋产业和海洋生态环境耦合系统发展的阶段性和动态性相一致。耦合系统外部环境的变化会不同程度地引起海洋产业与海洋生态环境矛盾的显性体现、强度差异以及一系列发展目标的偏离，这就需要对原有的优化路径、优化对策进行重新调整，若原有的优化路径、优化对策能够适应当前耦合系统发展目标变化，则不需对优化路径进行调整；若原有的优化路径、优化对策不再适应当前耦合系统发展目标变化，则需要对优化路径进行调整，同时，调整后的优化路径又会反馈于外部环境的发展变化。

海洋产业与海洋生态环境耦合系统优化机制主要包括动力机制、创新机制和保障机制三方面，由于外部发展环境的不断变化和系统本身内部要素的不断变化，海洋资源环境问题的显性与隐性暴露，促使人们重新审视原有的海洋经济发展模式与路径，从宏观、中观和微观等角度制定海洋产业与海洋生态环境耦合系统的协调引导机制，而海洋产业与海洋生态环境耦合系统本身具有的耗散结构、自组织和协同发展的特性，促使耦合系统调整性重构的机制形成，海洋产业系统与海洋生态环境系统耦合发展的优化机制正是在这三种机制的不断相互作用下形成的。

第二节　海洋产业与海洋生态环境耦合发展的优化机制

实现海洋产业与海洋生态环境耦合发展，涉及海洋经济增长模式、海洋产业结构调整、海洋产业布局政策、海洋生态环境安全策略、海洋生态资源定价策略及海洋社会管理体系等诸多方面，是一项复杂的系统工程。接下来将从海洋产业与海洋生态环境耦合发展的机制构建以及优化方案的实施，进一步阐述海洋产业系统与海洋生态环境系统耦合发展的具体实施路径。

机制指的是复杂系统内部各要素之间相互作用、相互影响下的系统演变与调节方式，高效综合的协调发展状态也是实现我国海洋产业系统与海洋生态环境系统演进的趋势与发展目标，该目标的实现前提是耦合系统结构的合理性及耦合系统功能的完善性，这需要以一种内在的基本准则、运行逻辑和强化技能来支持和引导。优化机制是海洋产业与海洋生态环境耦合系统保持动力的源泉，能在很大程度上确保耦合系统的运行方向、演进效果和内在机能，只有在优化机制的高效推动下，海洋产业系统与海洋生态环境系统耦合发展的目标体系才能得到充分体现，协调发展的内容才能充分发挥。因此，需要构建一套高效、灵活的海洋产业与海洋生态环境耦合发展的优化保障机制，确保海洋产业系统与海洋生态环境系统耦合发展的顺利实现。

系统耦合，基于系统理论的观点，是复杂系统的两个或两个以上子系统相互作用、相互渗透形成的新系统。一方面，人类对海洋资源高度开发、沿海人口密度不断攀升、工业生产的粗放式增长等过程，对海洋生态环境系统产生威胁；另一方面，海洋生态环境系统在海洋经济社会主体行为作用下，呈现出海洋生态环境恶化、沿海水域污染严重、生物多样性遭到破坏、海洋资源储量衰竭等海洋环境承载力下降的状态，并通过人口迁出、资本退出、海洋资源重组等外部负效应来约束海洋产业的过度发展。

因此，在对海洋产业子系统、海洋生态环境子系统要素内部联系深层次剖析的基础上，认知海洋产业系统与海洋生态环境系统的相互作用关系，从深层次上揭示海洋产业与海洋生态环境耦合系统的优化机制。耦合发展并非子系统单独的孤立式发展，而是海洋产业与海洋生态环境复合系统整体的、综合性的协同一致演变。构建并稳定运行的耦合系统优化机制是促进海洋产业系统与海洋生态环境系统实现耦合协调发展的最有效途径。耦合系统优化机制一方面影响着复合系统现有的状态及演进方向，另一方面，复合系统当前的发展特征也决定着耦合系统优化机制的构建内容和方式。

一、海洋产业与海洋生态环境耦合发展的动力机制

在生态环境保护与可持续发展研究范式中，OECD 率先提出状态、压力和演化（State-Pressure-Evolution）结构模型。从研究逻辑思维框架看，SPF 结构模型从海洋生态环境系统出发，按照自下而上的顺序分析"海洋生态环境发生了什么、惩罚或收益了什么和行为主体如何决策"这三个问题。当海洋生态环境压力增大时，海洋生态承载力发出状态预警，进而实现对人类经济社会的反馈耦合机制；当海洋产业结构不断演进，引起海洋生态功能与经济功能的变化，人类的生产行为在经济利益与生态利益间寻求协调耦合机制；社会经济在其文明演化过程中，为实现新的发展目标，制定生产生活行为规范和制度，实现对人类社会生产和生活的约束，实现海洋生态—产业系统在发展演化过程中的协调耦合。

（1）在海洋生态文明建设的演化博弈论分析框架中，政府、企业和沿海居民是海洋生态文明的重要参与者。政府环境监管部门的首要职责就是确保海洋环境资源的可持续利用与海洋经济发展同步，在一定程度上维持海洋经济的增速与规模也是当地政府的重要职责。沿海地区政府对海洋生态环境保护与发展面临两难选择：在保护海洋环境策略下，必须增加环保财政投资用于海洋生态保护与环境治理，这将导致部分生态建设成本转嫁到沿海企业和居民，影响到涉海企业的经营效益和沿海居民的生活质量；在获取污染利润策略下，对海洋生态环境恶化的现状放任不管也将直接影响到海洋环境资源的可持续利用，以污染海洋环境的方式获取海洋经济的短视行为将面临不可持续发展的威胁，这种情况下，政府将受到行政考核和问责制的严厉惩罚。因此，政府要以海洋经济可持续发展为导向，平衡好海洋资源开发与海洋生态环境保护间的权重关系，使"生态文明"策略收益大于"工业文明"策略收益。

（2）基于理性经济人的观点，利益最大化是涉海企业生产的主要目的。当企业生产过程中排放的污染物超过国家规定的排放标准时，涉海企业可以通过生产技术改造对污染物排放进行预处理，采用多种污染物净化技术降低入海污染物的排放量，尽可能地实现入海污染物的达标排放。此外，市场机制在涉海企业海洋生态保护中扮演着日益重要的角色，当"海洋生态产品"得到消费者的认可时，通过市场自发的传导与竞争机制，生态保护型涉海企业将得到更多的市场份额、更高的产品知名度及更丰厚的收益等一系列连锁效益，"海藻养殖"就是海洋生态产品的典型代表。海藻养殖技术的使用原理主要利用海藻能够有效吸附海

洋环境中的氮和磷，并以此作为养分供给促进生长，当生长到一定大小的时候就可以进行收割，通过这样的方式将海洋环境中的氮和磷有效去除。

国外从 19 世纪 80 年代中期就逐步开展了通过海洋藻类的养殖对污染的海域进行生态修复，建设了一批具有实际应用价值和研究价值的工程项目，并将其投入到海洋生态修复工作中。19 世纪 80 年代开始，日本学者在礁石上修建阶梯式人工藻床，使濑户内海的生态环境得到了有效恢复；美国国家海洋与大气管理局（National Oceanic and Atmospheric Administration）已经制订了多项国家计划，涉及大型藻类、鱼类养殖等物种研究，旨在改善并修复近海生态系统功能；为修复韩国近海由于水产养殖等带来的水体富营养化问题，韩国于 2002 年制订并启动了近海生态系统修复计划，主要研究以大型藻类为海域生物过滤器和生产力系统；我国学者近年来也积极探索富营养化水体的生态修复问题，提出采用大规模的藻类栽培技术，防治近海海域富营养化和赤潮等海洋生态灾害的发生。

（3）根据马斯洛的需求层次理论，人们的需求层次结构是随着区域经济发展水平、文化和受教育程度及科技发展水平的提升而变化的。随着沿海经济社会的不断发展和海洋技术的不断进步，人们对海洋物质资源的需求层次不断变化，随之海洋生态经济系统的功能也不断延伸，例如，海洋的生产功能由传统的海洋捕捞业、海洋港口业、海洋交通运输业及海洋盐业等向海水养殖业、滨海旅游业、海水淡化业及海洋生物医药业等新兴海洋产业演进。根据海洋经济社会需求的变化，海洋生态系统的服务功能需不断提升，人类对海洋生态系统服务功能开发能力需不断拓展，以实现海洋生态环境系统与海洋产业系统的协调耦合发展。因此，沿海居民既是海洋的主人，也是海洋生态环境保护的重要参与者，具有保护海洋生态环境、监督并举报破坏海洋生态环境行为的责任与义务，同时也拥有获得海洋生态环境补偿的权利。

二、海洋产业与海洋生态环境耦合发展的创新机制

实现海洋产业结构与海洋生态环境耦合系统良性运作的关键是及时发现和确认限制因素，克服并转化限制因素，这一过程的实现就是创新，倘若这种创新能够持续不断地实现，耦合系统协调发展的目标就有可能实现。海洋产业结构与海洋生态环境耦合发展创新机制的建立，必须不断接受并创造有利于系统自身发展的新技术、新思想、新观点及新的发展模式，确保耦合系统的发展活力。创新机制是指对海洋产业与海洋生态环境耦合系统的内部构造、运行方式及复合系统与

外部环境之间的互动关系等进行改革的机制，其具有引领、指挥、转化、自我调控、更新拓展等功能。海洋产业与海洋生态环境耦合系统是由海洋产业系统与海洋生态环境系统通过技术、制度、管理等的中介作用耦合而成，因此，此处构建的创新机制是由技术创新、制度创新、管理创新等多要素有机结合与协同的综合性创新机制。

（1）积极创新海洋产业与海洋生态环境耦合发展的具体应用技术。重点围绕海水养殖业、海水加工利用及海洋盐业等领域，探索构筑海洋经济循环产业体系，按照协同发展的目标，引进国外先进的循环经济生产模式和技术，重点发展海洋产业链的链接技术，将涉海关联性企业连接成一个巨循环产业网络。加大海洋石化行业的清洁生产技术研发，推进石油化工、海洋化工及精准化工的协调发展，优化海洋石化产业结构，提升产业的整体竞争力。发展海洋可再生能源和新能源利用技术，积极开发海洋能源综合集成利用技术，加快研发海洋可再生能源独立电力系统，突破温差能等海洋能开发利用瓶颈，加强海洋技术自主研发能力。

（2）实施有针对性的政策扶持和财政倾斜。根据沿海海域的不同区位、资源禀赋和海域环境等自然属性区划海洋功能，对海洋优势产业和重点开发项目给予政策支持，如对其进行财政补助、鼓励投资、税收减免，在资金、技术、人力、项目合作等方面给予多重优惠政策。同时，由财政等多方筹资建立海洋产业与海洋生态环境耦合发展基金，增加资金、科技和人力资本投入，促进海洋科技创新和成果转化。制定积极的环保产业税收政策，建立并完善以海洋生态环境保护为目标的税收制度，构建海洋产业与海洋生态环境耦合系统协同发展的税收制度体系：推行海洋生态环境保护的企业可享受所得税减免、环保设施及设备实行低税率、允许环保设施及设备的增值税作为进项予以抵扣等税收优惠，对海岸带生态环境保护技术的研发、引进及使用实行税收减免等税收优惠政策将有利于海洋产业与海洋生态环境耦合系统协同发展的实现。

（3）创新综合管理和决策机制。建立并完善海洋综合管理机制，一方面是要提高国家海洋管理的规格层次，统筹中央和地方的海洋管理及发展战略，统筹海洋资源开发、海洋事务安全、海洋交通畅通及领海安全维护等综合性职能。另一方面是要加强海洋管理的行政机构建设，构建隶属于国务院的海洋行政管理机构，负责统筹和规划各项海洋行政管理事务，提升海洋行政机构管理效率。同时，在构建海洋行政机构的过程中要避免职能重叠和机构臃肿，处理好自身与其他职能机构的并容关系。不仅如此，政府还应树立整体开发利用海洋资源意识，确保海洋经济的可持续发展。充分利用多媒介手段向公民宣传海洋法律法规，科普海洋领域知识。从生产者角度来讲，涉海企业应加强自身的社会责任感和主人翁意识，在生产过程中要兼顾环境效益和生态效益，力求在最小的环境成本下实现生产效益的最大化。从消费者角度来讲，公众要优先购买有环保标识或低碳标识的海洋类产品或服务，从需求端引导企业发展海洋低碳经济和绿色循环经济。

三、海洋产业与海洋生态环境耦合发展的保障机制

海洋产业系统与海洋生态环境系统耦合发展的互动机制、供需双方的匹配机制、系统发展的协同机制都离不开制度保障、法律保障、资金及人员经费保障、客观环境保障等。海洋产业与海洋生态环境耦合系统保障机制的建立是在一定的资金、技术资本、人力资本等投入保障机制的环境约束下构建和运行的，同时还伴随有决策、执行、监督等调控保障机制，资金、技术及人力资本的投入规模越大，经济发展、生态建设和社会体系完善等目标的实现越有保障。同时，耦合系统也会对相关的政策、制度环境及法律约束等产生反作用。决策、监督和执行体系能够对海洋产业子系统持续发展、海洋生态环境子系统稳定并维持持续供给能力、社会发展子系统逐渐健全完善等各子系统协同发展的总体目标进行有效调控，最终实现海洋产业系统与海洋生态环境系统的耦合发展目标。

保障机制是两者耦合的重要作用机制，不同的环境提供的保障也有所侧重：政治环境为两者的耦合发展提供政策保障，包括政府制定出台的财政政策、涉海法律法规、海洋科研专利保护政策、涉海企业相关政策等政策保障，从宏观层面推动海洋经济发展与海洋生态环境保护协同运行，为两者的耦合发展构建理想的政策环境；经济、融资等环境为两者的耦合发展提供资金投入保障，将海洋产业系统与海洋生态环境系统紧密联系在一起，形成两者在资金、技术、人力方面的耦合；法律及制度环境为海洋产业系统与海洋生态环境系统的耦合发展提供法制和信用保障，为海洋产业与海洋生态环境的耦合提供了信用基础。

（一）海洋产业结构政策

海洋产业结构调整通常采用的手段有财政、信贷等经济杠杆，鼓励并扶持涉海企业通过提高产品技术含量，提高企业经济效益，以此实现海洋产业结构优化及海洋经济增长的目的。但这种传统意义上的方法有其发展的弊端，涉海企业过分重视海洋经济产出效益，往往会忽视生态效益和社会效益，阻碍海洋经济的可

持续发展。因此，政府在制定相关政策时，应鼓励涉海企业不断进行生产技术创新、科技创新和生产方式创新，实现海洋产业结构升级。从培育新型海洋生态产业体系出发，选择有利于海洋经济可持续发展的产业结构政策，从短视的以海洋GDP增速为主要考核方式向培育现代海洋产业体系、实现海洋经济发展与海洋生态环境保护并行的考核方式转变。同时，政府还应尝试从多角度多方面构建有利于海洋产业可持续发展的激励机制与约束机制，如财税政策和补贴政策等，对环境友好型、注重技术创新的涉海企业给予财政补贴或者税收优惠，对粗放型生产的涉海企业采取严格的能耗减排要求，采取重税负或高处罚等约束政策限制其高能耗、高污染的发展方式。以恰当、有效的海洋产业结构调整政策引导涉海企业向资源节约型、环境友好型的海洋产业发展。

（二）海洋产业技术政策

海洋产业结构的优化升级需要克服海洋资源与环境的约束，这就需要海洋产业技术的不断创新，提升海洋资源与环境的利用效率。政府应制定目的明确、切实可行的海洋产业技术发展规划，出台具体的激励措施鼓励涉海企业进行海洋产业技术创新。其中，要重点鼓励涉海企业进行海洋生态技术的创新，以节约资源、环境友好作为评判标准，从海洋发展战略、清洁生产、循环经济等生态理念出发，对涉海企业废弃物利用和污染物治理等生态技术提出具体能耗及排污要求，鼓励涉海企业科研人员进行生态产业技术研发，利用技术渗透和扩散原理，为海洋生态产业体系的构建创造条件。基于海洋生态产品的公共物品属性，为防止其他主体的"搭便车"行为，涉海企业应尝试探索海洋生态技术的研发，并将技术产业化。

海洋生态文明发展趋势是人海关系发展的必然，而完善成熟的海洋生态产业体系则是海洋生态文明建设的重要依托。在市场经济的驱动下，涉海企业应在市场自发的调节作用下，积极探索海洋生态技术的创新与研发工作。同时，作为典型的公共物品，政府在海洋生态产品的推广使用中担任着重要的角色，通过创造积极有利的制度环境扶持海洋生态技术的研发与创新工作。在市场驱动和政策支撑的双重作用下，才能实现海洋产业结构稳定向着生态化转型升级，逐步构建海洋生态产业体系，最终实现海洋生态文明建设。

第三节　海洋生态—产业共生对耦合发展的作用机制

海洋产业作为海洋资源的消耗者、海洋生态环境的破坏者和涉海产品与服务的提供者，在海洋产业与海洋生态环境耦合系统的可持续发展过程中发挥着关键作用，也就意味着其在促进海洋产业生态转型、促进海洋产业与海洋生态环境协调发展中都承担着重要作用。海洋产业生态转型要求海洋产业发展不仅能提高沿海地区海洋经济发展水平和满足居民的物质文化生活需求，更要最大限度地减少其开发海洋资源的过度损耗和海洋生态环境的破坏，特别是对海洋环境的破坏，提高海洋生态经济发展综合效率。因此，要改变现有传统海洋产业系统与海洋生态环境系统之间物质交换和能量单向流动、传递的线性作用关系，建立一种海洋产业与海洋生态环境之间的物质、能量循环利用的网络组织关系，即海洋产业与海洋生态环境相互适应的共生关系。

一、海洋生态—产业共生对海洋产业的作用分析

传统意义上的海洋产业结构调整优化理论在当前发展形势下有其局限性，因此，需要从新的角度对海洋产业结构优化的内涵进行重新定义和规划。海洋产业结构优化的最终目标是实现海洋产业系统与海洋生态环境系统协调发展，提高海洋产业在海洋资源与环境约束下的稳定发展。海洋生态—产业共生的研究对象是海洋产业与海洋生态环境，是指两者之间形成类似于自然界生物体之间的以不同的获益关系而存在的错综复杂的关联关系，这也是产业生态学的重要概念。海洋生态—产业共生的基本特征、属性及实现过程决定它是海洋产业结构优化的必然选择，我们将从以下几点进行解释：

（1）海洋生态—产业共生的基本特征是资源的循环使用，海洋产业与海洋生态环境耦合系统内部是各个共生体之间通过互利共生、寄生、偏利共生等共生模式存在，形成相互联系、互相作用的有机联合体，这种有机联系不仅指的是海洋产业与海洋生态环境相互作用下的投入产出关系，还指海洋产业生产过程中废弃物和副产品的循环利用，最终实现海洋产业与海洋生态环境耦合系统内封闭式的资源循环利用模式。此外，海洋产业与海洋生态环境耦合系统内共生体之间通

过信息交流和资源共享等方式进一步强化有机体的产业关联关系，从而加强海洋产业与海洋生态环境的耦合程度，提高各种资源在海洋产业体系中的利用效率，实现生态效益的最大化。

（2）海洋生态—产业共生是受内外驱动力作用自发形成的。内在驱动力指的是海洋产业与海洋生态环境之间相互联系、相互作用的性质关系；外在驱动力指的是内在驱动力的相互联系、相互作用关系所带来的外部效应。这种外部效应是通过海洋产业与海洋生态环境耦合系统内资源、信息和能量的传递和循环利用实现的，是耦合系统本身的发展诉求。海洋生态—产业共生的过程是海洋产业系统与海洋生态环境系统在一定的空间范围内实现协同进化的过程。与单独的海洋产业系统进化过程有所不同的是，协同进化过程可能会产生新的共生单元或产生新的海洋生态—产业共生形态，进化后的结果会使海洋产业系统呈现类似海洋生态系统的多样性特征。因此，海洋生态—产业共生能提高海洋产业系统内部的复杂程度，增强海洋产业结构在外在因素冲击下的抵抗能力和恢复能力，确保海洋产业系统的稳定性。

二、海洋生态—产业共生对海洋生态环境的作用分析

我国海洋面源污染日益严重的一个重要原因，就是涉海企业有着生产规模小且分布分散的特点，而基于共生耦合原理构建海洋生态产业链就是改变这种现状的有效途径。海洋生态产业链指的是海洋生态系统遵照循环经济的发展理念，仿照自然生态系统，通过废弃物和资源循环利用、生产要素耦合及产业链接等方式构建类似"生产者—消费者—分解者"相互联系、密切配合的产业网络系统。海洋生态产业链是推行循环经济的有效载体和媒介，其根本特征是参与者之间的耦合和共生。也就是说，构建海洋生态产业链并不是个体能独自实施的，而是需要不同参与主体之间的密切协作，构建紧密联系的利益和风险分担机制，共同构建互惠共生的海洋产业联盟。值得注意的是，海洋产业链不同于传统意义上的一般产业链，它引入了一个海洋生态环境变量，目的是将海洋环境成本内部化，从而解决其动力机制问题，实现生态理性和经济理性的统一。

（1）资源的循环利用。海洋生态产业链的核心在于实现海洋资源的循环利用，提高资源的利用效率，减少海洋资源浪费与海洋环境污染。实现海洋资源的循环利用能有效提高海洋资源的使用价值和利用效率，减少原有不合理利用海洋资源所投入的成本。但海洋生态环境具有较强的外部性，因此，政府应将海洋资

源的合理利用纳入到区域经济发展和社会发展的规划中，构建以公权性环境权为
主导的海洋环境保护立法体系，为海洋生态产业链中的共生耦合提供物质支撑和
生存载体，实现海洋生态产业链与海洋经济发展的有机统一，达到海洋资源利用
的高效率、集约化和综合化的目标。

（2）生态环境的价值补偿。海洋生态产业链的发展既注重海洋生态价值，
又注重海洋经济价值，两者需同时进行。海洋生态环境的价值补偿其实质就是将
海洋产业生产过程所产生的负外部性内部化，实现海洋生态产业链参与主体生态
理性和经济理性的统一。海洋生态环境的价值补偿就是协调处理海洋生态产业链
上参与主体的海洋产业发展与海洋生态环境保护之间的关系，改善、恢复并稳定
海洋生态资源价值体系的一种生态补偿。在进行海洋生态环境价值补偿过程中，
一方面是来自政府的财政补贴，另一方面是海洋生态产业链上下游企业之间的反
哺，也就是企业之间的互相补偿。只有充分调动政府和企业两个主体的参与积极
性，才能真正解决海洋环境成本内部化的问题。

三、海洋生态—产业共生对系统耦合发展的作用分析

海洋产业系统与海洋生态环境系统之间有着紧密的联系：一方面，海洋生态
环境本底是海洋产业进行生产活动的前提和基础，海洋产业的发展离不开海洋资
源禀赋和海洋环境的支撑；另一方面，海洋生态环境受海洋产业生产活动的双重
影响，可持续发展的海洋产业战略规划能有效改善并优化现有的海洋生态环境，
并为海洋生态环境保护给予充足的资金和技术保障，反之，粗放式的海洋产业发
展方式将导致海洋资源的不可持续利用、海域承载力下降、海洋生境的不可逆破
坏等一系列海洋环境污染问题。由于我国的海洋经济快速发展是以较高的资源环
境破坏为代价，关于海洋生态—产业共生的研究与实践也停留在资源节约、环境
保护层面上，为保护海洋生态环境盲目主张限制海洋产业发展。在很长一段时间
内，我国海洋产业结构仍以资源投入为主要特征，资源短缺与环境问题等矛盾日
益尖锐。因此，海洋生态—产业共生不仅仅将其定位在低层次的发展水平上，单
纯地将海洋资源与海洋环境质量不受海洋产业发展影响作为基本目标，而应在高
层次水平上实现海洋产业发展与海洋环境保护协同发展，实现海洋经济绿色循环
发展。同时，要充分认识到海洋产业与海洋生态环境的相互作用关系，才能有目
的性地转变短视性的海洋经济发展方式，统筹协调海洋产业发展与海洋生态环境
保护之间的关系，减少彼此之间的负面影响。同时，积极探索以海洋生态环境改

善促进海洋产业发展路径，实现海洋环境保护与海洋经济增长的良性互动，确保人海关系和谐发展。

从空间发展角度看，海洋产业系统都是处于特定的海洋生态系统中，这也是国家乃至地球生态经济大系统的重要组成部分，因此，在平衡海洋生态环境系统与海洋产业系统耦合协调发展过程中，应注重考虑不同区域不同层级海洋产业系统与海洋生态环境系统之间的协调发展关系，既要认识到整体海洋生态环境的优化不能单纯依赖局部环境的改善，还要认识到抑制整体生态环境的恶化不能寄托于局部环境的作用，要统筹协调好局部与整体的关系。海洋产业结构趋同是沿海地区普遍存在的问题，海洋产业选择定位与海域环境承载力不匹配现象较为严重，因此，在海洋生态—产业共生实现过程中，一方面要根据不同海域自然条件和资源特征，在海洋生态系统的生产和承载力范围内充分利用海洋资源与环境，维持海洋生态环境的持续生产能力；另一方面，从海洋生态系统的整体性和系统性出发，以海洋产业系统与海洋生态环境系统的良性互动协调发展为目标，分区域进行合理规划，实现海洋生态—产业共生的发展战略。

从时间发展角度看，中国的海洋产业发展同世界上海洋发达国家所经历的阶段不同，海洋产业结构的升级改造并非一蹴而就，不是在短期内通过技术改造或规划所能实现的发展目标，而是一个长期的、动态的发展演变过程，需要用长远的、发展的视角去选择海洋产业发展与海洋生态环境保护的协调发展路径。目前推行的绿色、循环发展及废弃物循环利用等方法，虽然能在一定程度上解决海洋资源和环境问题，但从长远的、动态的海洋生态—产业共生发展角度上讲，更应注重将海洋产业优化调整、主导海洋产业确定、调整海洋产业布局等作为海洋生态—产业发展的重点内容。

第四节　本章小结

目前鲜有文献对海洋产业与海洋生态环境耦合发展的优化机制进行系统的论述，因此，本书在此设计了此环节。首先，对海洋产业与海洋生态环境耦合发展优化机制构建的必要性进行了阐述，遵循以海洋产业发展的作用力为耦合切入点、以海洋生态环境承载力为耦合约束力、以海洋产业—生态环境协调共生为最终目标的原则，从动力机制、创新机制及保障机制三个方面构建起海洋产业与海洋生态环境耦合发展的优化机制；其次，提出改变现有传统海洋产业系统与海洋生态环境系统之间物质和能量的单向流动、传递的线性作用关系，建立起海洋产业与海洋生态环境相互适应的共生关系；最后，在海洋生态—产业共生关系的基础上，分别论述了海洋生态—产业共生对海洋产业结构优化的作用、对海洋生态环境的作用以及对两者耦合发展的作用。

第七章
海洋产业与海洋生态环境耦合发展优化路径与对策

第一节　海洋产业与海洋生态环境耦合发展优化路径

我国政府对海洋产业与海洋生态环境耦合发展的认识经历了由陌生到理解、由概念理念引入到不断发展提升形成国家决策和具体操作层面。"环境治理"这一说法在 2009 年还是一个具有前瞻性的发展理念，发展到现在，实现国家环境治理体系现代化、全面提升国家环境治理能力已经成为国家战略目标之一。2014年，在最新修订的《环境保护法》中，明确提出要倡导"多元共治"的治理理念，这也成为新的环境保护法体现和秉承的基调。环境保护公共参与、环境信息公开及环境诉讼的公益性等特点成为新环境保护法的重大亮点和看点。过去一段时间，中国经济增长是以速度换质量的过程，"十二五"期间，国家重点建设各类生态文明，同时制定出台了最严厉的环境保护法，中国经济增长模式正在悄然发生转变。

2015 年，国家海洋局颁布的《国家海洋局海洋生态文明建设实施方案》(2015—2020) 中明确要求，沿海各级海洋行政管理部门以及下设的附属部门应积极贯彻实施方案，并将该方案作为"十三五"期间海洋事业发展的重要的也是基础性的工作。实施方案遵循"问题导向、需求牵引"及"海陆统筹、区域联动"的基本原则，以海洋生态环境保护和海洋资源的合理利用为主导，以能力建设和制度体系构建为重点内容，经过五年的发展，构建基于海洋生态系统的综合管理体系，推动并完善海洋生态文明制度体系建设，显著提升海洋综合管理保障能力，以期在海洋生态环境保护和资源合理开发利用方面取得重大进展。同时，实施方案还要求将海洋生态文明建设贯穿于海洋事业发展的全过程和各方面，积极推动海洋资源开发方式由资源消耗型向循环利用型转变，实施海洋综合治理，开展海岸带、湿地及海岛等的生态环境修复工程，逐步实现海洋经济发展与海洋资源环境的协调发展。多元主体参与治理海洋生态环境、海洋产业发展与海洋生态环境耦合发展理念顺应了中国环境发展的大趋势，也为中国环境治理和改善做出了突出贡献。

一、宏观层面——发挥政府政策引导作用

（1）建立绿色经济核算体系。随着海洋资源紧缺与环境危机日益严峻、系统耦合发展理论研究体系的成熟，传统的以 GDP 为核心的核算体系已经不适应当前可持续发展的要求。传统的以牺牲资源、生态环境为代价换取经济高速增长使人们盲目地追求总量和速度的攀升，忽视了自然资源的衰竭、生境破坏及环境恶化。这也导致了某一地区 GDP 高速发展的背后，很可能是自然资源的损耗、生境的不可逆破坏，也就是所谓的虚假繁荣。海洋产业与海洋生态环境的耦合发展是要寻求一种更强有力的宏观调控手段，改进现有的国民经济核算体系，采用绿色 GDP 也就是可持续发展的经济增长来取代传统的 GDP 测算体系。

人类进行的海洋生产活动主要有两方面：一方面是为社会增加财富，也就是所谓的正面效应；另一方面则通过多种手段或方法阻碍社会生产力的进步与发展，也就是负面效应。现在执行的国民经济核算制度是不完整的，也是不符合可持续发展战略的，因为它仅仅反映了海洋经济活动的正面效应，并未体现海洋经济活动的负面效应。改革现在的国民经济核算体系，重新核算海洋环境资源，从现有的国民经济中除去海洋环境保护费用与海洋资源使用成本，这样计算出的结果就可以称为海洋绿色 GDP。绿色 GDP 实质上反映的是国民经济增长的净正效应，绿色 GDP 占整个 GDP 的比重越高，表明国民经济增长的正面效应越高于负面效应；反之一样。海洋绿色 GDP 将海洋环境成本计入发展成本中，建立起海洋资源环境保护与海洋经济发展的量化计算通道，兼顾了海洋生态环境保护与海洋经济发展，为海洋生态环境保护与海洋产业协调发展创造宏观条件，避免地方经济在发展过程中的短视行为。

（2）建立环境问责制。虽然各级政府已经开始重视海洋生态环境建设和保护，但海洋生态环境建设和保护工作一直未列入政府人员考核评价体系。传统的以海洋 GDP 为核心的政绩考核体系导致地方政府重经济、轻生态，在海洋经济

发展过程中盲目地追求经济增长速度，忽视海洋生态建设和环境保护。因此，应改进完善政府部门的考核评价指标体系，制定涵盖海洋环境、经济及社会发展诸多因素的综合评价体系，并对评价体系中的指标进行合理赋权，重点突出海洋生态建设、海洋环境保护在政绩考核体系中的权重；建立环境问责长效机制，杜绝海洋环境保护的短期行为，改变上下级之间相互推诿的局面，真正使海洋生态建设、海洋环境保护成为海洋经济发展理念。明确各级政府的海洋生态环境责任，建立各级政府及有关部门的海洋环境目标责任制和行政责任追究制，敦促各级政府在海洋经济发展中统筹协调海洋资源利用、海洋生态建设、海洋环境保护与海洋经济社会发展。

（3）建立海洋生态环境补偿机制。海洋生态环境补偿机制是以保护海洋生态环境、促进人与自然和谐共处为发展目标，基于海洋生态系统的承载力和服务价值、海洋生态维护成本、海洋经济发展机会成本等，综合运用多种手段，调整海洋生态环境保护和建设相关各方之间利益关系的环境经济政策。作为海洋资源环境保护的一种经济手段，海洋生态环境补偿一方面对保护生态资源者进行补助，另一方面对生态资源破坏者索取赔偿，是一项具有经济激励作用的海洋环境经济政策。

2010年，山东省在我国首次出台了《山东省海洋生态损害赔偿费和损失补偿费管理暂行办法》，这一办法的制定对海洋生态损害补偿和损失补偿做了明确的制度规定，不仅填补了长期以来海洋生态损害赔偿、损失补偿立法的空白，也为保护海洋生态环境、惩罚破坏海洋生态环境行为提供了执法依据。办法的颁布实施，为深入贯彻实施山东半岛蓝色经济区和黄河三角洲生态经济区发展战略规划、加强海洋生态环境保护、促进海洋经济与海洋生态环境协调发展将起到积极作用。不仅如此，办法还明确了海洋环境污染事故和违法开发海洋资源等行为——海洋溢油污染、违规围海填海、违规海洋倾废、海上热污染、高浓度盐卤污染等八种行为，明确了主张海洋生态损害赔偿和损失补偿的主体，确定了海洋生态损害赔偿和损失补偿的评估方法。海洋生态补偿机制通过政策手段使海洋生态环境的外部性实现内在化，让海洋生态环境损害者支付相应的费用，让海洋生态环境保护者得到应有的补助，提高人们对海洋生态环境保护的积极性和主动性，实现海洋生态资本的保值增值。

（4）构建海洋产业动态比较优势。构建海洋产业动态比较优势的重点在于，打破传统海洋产品附加值低的困境，在遵循比较优势动态转换的规律基础上，实现海洋产业结构优化升级与海洋产业价值链的延伸，增加海洋产品的国际竞争力。从海洋产业动态比较优势的形成机制看，首先需要基本的资源、资金、技术及劳动力等资源禀赋的投入，海洋产业动态比较优势的形成就是通过整合这些资源要素，实现资源禀赋的合理配置。但值得一提的是，充足的资源投入并不一定带来绝对的比较优势，为避免海洋产业动态比较优势这一过程落入"资源诅咒"陷阱，需要辅之以必要的转化机制与推进机制，真正将资源禀赋的数量优势转化为质量优势。在建立新的海洋产业动态比较优势过程中，由于市场经济体制的不完善及传统经济制度的痼疾，完全凭借市场及企业的自发行为难以实现，需要政府给予必要的补贴与支持，通过创新机制实现资源禀赋的升级以及比较优势的转换。因此，海洋产业动态比较优势的演变可以从要素禀赋的动态变化与具体海洋产业的动态转换来刻画。

（5）创新海洋经济发展方式。重点围绕创新、协调、绿色、开放及共享五个方面展开：在坚持创新发展方面，要创新海洋经济发展的体制机制，探索海洋经济融资模式和服务方式，完善海洋资源的市场化配置机制和海洋科技成果转化机制，创新发展"海洋＋互联网""海洋＋大数据"等模式，提高海洋产业化水平，打造高层级的现代化海洋产业体系。统筹发展海陆产业，创新海洋经济发展规划，合理布局海洋产业，推动海洋产业分工与合作，实现海洋产业融合发展。不断推进传统海洋产业优化升级，扶持新兴海洋产业发展，大力发展海洋第三产业如海洋服务业，推进海洋产业向中高端发展。在坚持开放发展方面，支持涉海企业"走出去"，推动建立一批双边或者多边海洋产业园区或示范基地，推进海上互联互通，提供海洋公共服务，维护海上通道安全。在坚持合作共享方面，要调节海洋经济发展方式，加快海洋领域供给侧结构性改革，构建海洋经济运行监测和评估体系，优化海域资源配置和使用，推动海洋生态环境补偿制度的建立。

（6）优化涉海劳动力结构。尽管"人口数量红利"在逐渐减弱，与国际相比高素质人才还比较缺乏，但我国涉海劳动力资源优势的转变在于能够随着中国海洋经济的发展而提供足够数量且具有相应教育程度的劳动力，这一"人口质量红利"的挖掘与再造将会是中国经济获取新的增长点的重要基础。优化劳动力结构并不是简单地提高教育水平或加大教育投入的问题，关键在于打破阻碍人力资本充分发挥的制度约束。我国长期存在着严重影响人力资本充分流动和有效配置的制度障碍，如户籍制度、就业制度、社会保障制度及劳动力市场分割等制度限制，而简单地进行制度改革并不能彻底解决这些问题，要以综合改革的思维进行规划统筹，建立统一的沟通协调机制，改善劳动力结构，提升生产效率，实现人力资本的合理流动和优化配置。

（7）实施差异化的海洋产业扶持政策。积极探索以生态友好型替代生态破坏型的海洋产业置换机制，将人们从单纯地依赖海洋环境资源消耗才能生存的传统落后海洋产业中解脱出来，将海洋产业发展、经济腾飞与海洋生态建设结合起来。构建新型海洋产业置换机制，根据沿海区域自然、人文资源和民俗特征，选择一种或几种能促进海洋生态建设和保护的生态型产业置换传统粗放式的海洋产业，并以海洋生态产业增量逐步取代海洋污染产业存量。同时，要根据当地的实际情况，所选择的海洋产业要具备形成海洋产业链的发展空间，带动与之相关的海洋生态产业的发展。

本书基于环境属性对海洋产业进行重新划分，得出应针对不同比较优势的海洋产业实施差异化的扶持政策：针对高需求的海洋产业，根据其污染程度的不同，鼓励扶持低污染的海洋产业，要以高技术含量、高产品附加值、高市场竞争力为目标，大力培育海洋信息服务业、海洋保险和涉海保障、海水利用业、海洋科学研究、海洋地质勘查业等海洋产业，不断完善政策、资金、技术和人才等方面的条件，为该类海洋产业创造良好的生长空间。适度发展海水养殖业、滨海旅游业、涉海电子及通信业等中度污染的海洋产业，注重海洋产业结构调整和技术改造同步推进，采用最新的海洋环境保护技术、生产工艺等，降低这类海洋产业的环境压力。严格规划高污染的海洋产业，充分重视高污染海洋产业对海洋生态环境造成的压力，大力推行清洁生产技术。海洋电力供应、海洋油气、海洋化工等产业属于基础产业，同时也是能耗大户，对这类产业应从原料选择、工业革新到提升管理等方面，降低产业能耗和物耗，减少产业废弃物的排放，控制和削减环境负荷，提升海洋经济的运行质量。

针对低需求的海洋产业，根据其污染程度的不同，稳步推进海洋捕捞业、海洋工程建筑业和低端涉海服务业等低污染海洋产业的发展，注重提高其产品附加值，使其向着高需求海洋产业发展，促进海洋产业结构的升级调整。控制发展中度污染的海洋产业，充分利用国内外两种资源、两个市场，有选择性地发展建设国外生产基地，对新建企业进行海洋环境影响质量评价，提高海洋资源的综合利用效率，增加企业产品种类，实现废弃物资源化。限制改造海滨砂矿、海洋非金属矿物制造等高污染排放的海洋产业，对这类海洋产业的需求相对较低，应适度限制其规模和数量，将开发重点放在对其内涵的挖掘上，依托高新技术对其进行更新改造，提高能源和资源的利用效率，减少对海洋环境的破坏程度，提高单位产品的附加值。

二、中观层面——调动企业参与的积极性

（1）绿色消费推动技术创新。根据马斯洛的需求层次理论，随着人们生活水平的提高，生态需求、绿色消费及其形成的市场成为涉海企业进行生态技术和绿色技术创新的强劲动力，绿色消费、生态消费逐渐成为全球持续增长的消费热点，推动生产技术的创新。

2012 年在巴西里约热内卢举行的联合国可持续发展大会（"里约 + 20"峰会）重申了可持续消费和生产是全球可持续发展的三大主要目标之一，也是可持续发展的基本要求，并通过了可持续消费和生产十年方案框架（10YFP），10YFP中确定了五个初步方案，包括消费者信息、可持续生活方式和教育、可持续政府采购、可持续建筑和建设以及可持续旅游（包括生态旅游），同时指出各个国家可根据需求开发建立其他方案，如可持续农产品、企业社会责任、杜绝浪费等。联合国中国可持续消费伙伴关系正是在这样的国际背景下，由联合国驻华系统于2012 年在中国建立，通过整合各方资源，主要包括联合国驻华机构（如国际劳工组织、联合国儿童基金会等）、国际国内非政府组织（如世界自然基金会、香港乐施会、中国连锁经营协会等）、优秀企业和相关主流媒体等，搭建信息交流和资源共享平台，并期望推动政策上更多的鼓励和支持行动。因此，我国应尽快制定国家可持续消费发展战略，推动消费绿色转型纳入"十三五"规划，制定和完善相关法律和政策并明确政策和监督保障机制。这对生产企业提出了更高的要求，要求企业尽快实践可持续生产和经营，其中也蕴藏着巨大的发展机遇，若企业率先踏上节能减排、环境友好和社会责任的可持续发展之路，这样的企业发展模式将得到政府政策的鼓励和支持，同时得到消费者的认可。健全绿色消费相关法律法规，引导公民进行绿色消费，促使涉海企业生态技术、绿色技术创新，并向生态型企业转型。

（2）缩短海洋技术产业化进程。加快海洋技术创新与推广是促进海洋产业发展的有效途径，也是高效整合海洋科技资源的重要方式。积极推进海洋技术产业化、加快海洋科技成果转化不仅是国家海洋科技的重点发展管理项目，也是海洋经济发展的必然要求。海洋科技成果转化能有效提升海洋产品的质量和产量，也能更好地满足消费者的需求。现阶段政府正在积极推进海洋科技成果转化，但海洋技术的供给者作为理性经济人，极易产生海洋技术的逆向选择。海洋技术外包模式能有效解决这个问题，在推动海洋技术产业化的同时，也能确保海洋技术

双方的利益。在这个过程中，政府也应鼓励和扶持海洋技术的开发和利用，在确保海洋技术供给双方的利益需求的同时，实现海洋产量的增加。积极采用并推广高新海洋技术成果，加强项目实施和设施的技术经济评价，构建海洋生态环境技术的供需信息网络体系，完善海洋技术信息市场。

（3）严格执行环保法规。环保法规是促进企业开展生态技术创新、环保技术创新的强劲推力，环境的立法和执法工作也直接作用于企业生态技术型、环保技术型产品的生产，矛头直指企业生态环境领域的产品研发。若企业的违法成本低，则生产水平较低、环境污染严重的企业就会纷纷上马，挤出生态技术含量高、成本低的生产企业，导致环境友好型的商品遭受淘汰，而环境污染商品会逐渐占领市场，从而取代环境友好型的商品，产生"柠檬效应"。因此应提高企业违法成本，逐步建立生产技术进步的激励机制。任何企业损害我国海洋生态环境都必将付出代价，现阶段由于企业操作不当引发的海洋溢油事故时有发生，为督促企业按照操作标准进行海上石油开采业务，国家海洋局将根据《海洋溢油生态损害评估技术导则》等标准对海洋溢油事故进行科学评估，估算溢油造成损害的生态赔偿金额，并代表国家向事故企业提出生态损害索赔要求。依法进行生态索赔，维护的不仅是法律法规的尊严，更彰显了国家保护生态环境安全的决心，在相关法规和维护海洋环境安全的决心面前，任何损害公众利益的企业和个人，都必须付出相应的代价。

（4）积极推进海洋产业融合。当前我国海洋产业附加值偏低的一个重要原因在于海洋产业主要集中在低端的加工环节，而在研发、设计、咨询服务等附加值高的生产性服务环节相对薄弱。从世界产业发展趋势来看，海洋第三产业在海洋生产中的比重越来越高，服务经济对整个海洋产业系统的渗透将越来越广泛，这一发展趋势已经超越了传统海洋产业结构调整与升级的内涵。海洋产业结构的调整与升级并非简单的海洋三次产业之间的递升以及发展海洋第三产业这一单线条的路径，而是呈现出海洋产业融合发展的螺旋形升级态势。在经济新常态背景下，我国海洋产业的发展模式应该是海洋第二产业与第三产业融合发展，传统产业与新兴产业融合发展，通过这些海洋产业互动融合发展，实现海洋产业螺旋上升发展态势。

海洋产业融合主要通过渗透型融合、互补型融合和重组型融合三种具体形式开展。其中，渗透型融合主要是发生在海洋高新技术产业与海洋传统产业的产业边界处的融合；互补型融合主要是发生在海洋三次产业间尤其是海洋第二和第三产业间的深化融合；重组型融合更多地表现为海洋产业链上下游产业的重组融合，与海洋产业纵向一体化有所区别的是，重组型融合会导致新的海洋产业形态出现，并最终推动海洋产业的升级换代。此外，金融支持实体经济发展是目前重要的发展方向，海洋第二、第三产业融合发展对金融体系提出新的要求，需要形成新兴的金融支持体系，积极探索新型的网络金融发展模式，以网络化投资支持新兴海洋经济发展的新路径，提高投融资效率，以网络化金融推进海洋产业融合发展。

三、微观层面——倡导低碳消费理念及生活方式

（1）培养全民海洋意识。一要培养全民海洋资源意识。随着陆域资源可供开采量的日益减少，海洋资源对于人类生存发展的意义就显得格外重要，海洋资源也是未来经济发展的引擎。二要培养全民海洋环保意识。在为实现经济增长而对海洋进行开发利用的过程中，要科学、合理、有序地对海洋资源进行开发和利用。坚持海洋资源开发与海洋环境保护并行的原则，协调好海洋开发与海洋管理的关系。随着经济社会的不断发展，一些污染严重的化工企业如造纸、纺织、制药等也逐渐转移到沿海区域，工业生产和居民生活产生的污染物大量排入近海，造成沿海海域生态系统结构失衡，生物多样性下降，海洋渔业资源衰退严重，沿海海洋生态环境系统已处于严重亚健康状态。不仅如此，海水增养殖过程中未被养殖产品吸收的饵料、药物残留等也对近海海洋生态环境造成不同程度的污染，部分海域水体呈富营养化状态，导致沿海海域赤潮、绿潮等海洋生态灾害频发。因此，加大海洋环境保护力度势在必行。三要培养全民海洋科技意识。由于海洋有其独特的开发特点，开发海洋资源所采用的技术及工程原料不同于陆地资源的开发，应根据海洋资源的特点科学地对海洋资源进行勘探开采。要重视并发展海洋科技，建设并升级高效率的入海污染物处理设备；在海水增养殖业污染防治上，积极推广使用微孔增氧等技术，加速养殖区域的有机物分解和利用过程，减少增养殖业养殖废水和污染物的排放情况。

（2）提高公民海洋生态环境保护意识。海洋生态环境意识涵盖面广，不仅包括对当前海洋环境污染、海洋环境破坏等状况的分析，还包括对未来海洋生态环境安全状况的海洋生态环境安全教育，以及人类应如何对待海洋环境的道德教育。从执行层面上主要有：倡导公民绿色出行及绿色消费、推广清洁能源的使用、满足人类的生态需求、组织群众海洋生态环境教育、扩大海洋生态环境保护宣传、普及海洋环境教育等，建立全民海洋生态环境保护意识。普及公众海洋生

态环境保护教育，促使公众正确认识海洋生态环境与自身利益的紧密联系，唤醒公众绿色消费及循环经济的意识，提高违法成本，使海洋环境保护与居住环境美化成为公众潜意识的自觉行为。

（3）实时公开海洋环境信息。为提高海洋环境质量信息透明度，保障公众知情权和监督权，更好地服务于社会经济发展，各级政府应采取多项措施，加大管辖海域的海洋环境质量信息公开力度，进一步提升为公众和海洋综合管理与决策服务的及时性、针对性和准确性。一是建立海洋监测定期报告制度，按照一事一评的原则，定期对海水质量、陆源入海排污、海洋环境监测项目、重点海水增养殖区、渔业生态建设区，以及重点用海项目海域使用等情况进行评价与分析；依托主流媒体或权威杂志，定期发布辖域内的海洋环境、渔业生态和海域使用状况，形成包括监测通报、季报、半年报和海洋公报在内的评价产品体系。二是细化信息发布内容，针对公众用海健康安全和关注的热点问题，细化海水养殖区、海洋工程建设项目、海洋溢油、赤（绿）潮等突发性海洋污染事故和海洋灾害等监测通报，增加特色养殖品种监测评价与分析。三是拓宽信息发布渠道。以各省份海洋与渔业信息网为主要发布平台，发挥报刊、电视等主流媒体的作用，多渠道向社会发布海洋环境信息。通过上述方案的实施，进一步保障公众的海洋环境知情权，促进社会力量共同保护和改善我国沿海海洋生态环境，为沿海省份海洋经济社会活动的开展提供服务。

第二节　海洋产业与海洋生态环境耦合发展优化对策

海洋生态安全在国家生态安全格局中具有重要地位，海洋生态环境质量的好坏将直接关系到我国中长期生态安全的总体水平和影响区域海洋生态环境质量的演变，并对毗邻国家的生态环境产生重要影响。因此，必须把生态建设和环境保护作为沿海区域重点产业发展的基本前提。以沿海区域社会经济发展要求，特别是重点海洋产业的现状和发展要求为对象，根据区域的资源禀赋条件、重点海洋产业资源环境承载力综合评估结果、中长期海洋环境影响和海洋生态风险评估结果，积极引导区域生产力优化布局，推动经济结构战略性调整，努力破解重点海洋产业空间布局与海洋生态安全格局、结构规模与海洋资源环境承载两大矛盾，要将发展作为解决一切问题的关键，也要充分发挥环境保护优化经济发展的重要作用。

一、构建典型的海洋生态产业链

海洋生态产业链是基于可持续发展思想和循环经济理论的重要实践工具，既有受市场驱动自发形成的自组织模式，又有政府主导形成的人为规划模式。其中，自组织模式下的海洋生态产业链更易获得成功，也是未来海洋生态产业发展的主要模式。自组织海洋生态产业链的本质是由多个利益相关者构成的关系网络组织，包含组织之间的物质和能量流动、资金和技术使用情况、信息沟通交流关系等。基于各企业的特点和其在海洋生态产业链中所处的位置，将自组织海洋生态产业链社会网络分为核心网络层、支持网络层和环境网络层（见图7－1）。核心网络层是基于企业共生关系形成的关系网络，包括物质和技术生产者（生产者）、加工生产者（消费者）和还原生产者（分解者），由它们共同组成海洋生态产业链和海洋产业共生网络系统的核心网络层，通过企业间的物质、能量、资金和技术等资源流动进行信息传递；支持网络层则通过投入所需的资金、技术和人力资源等为海洋生态产业网络组织提供必要的各项支持，使链条上的各个企业以及整个生态产业链都向着更加完善和丰富的方向发展；环境网络层主要负责为海洋生态产业链提供舆论监督和其他支撑条件。

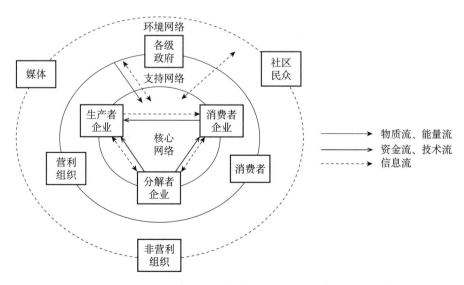

图7－1　自组织生态产业链社会网络模型

　　海洋生态产业链是海洋产业发展循环经济的重要载体，也是实现海洋经济效益与海洋生态环境效益协同发展的重要手段和保障。传统意义上的海洋产业发展模式仅仅是单纯地依赖单个层面上的经济效益，而忽视整个经济的生态效益，从而产生海洋生态环境外部化的问题。而海洋生态产业链能对海洋经济生产过程中产生的废弃物重新利用，将废弃物集中资源化，重新利用废弃物中还可利用的残余价值，对残余资源进行合理利用和循环使用，实现废弃物价值的循环增值。因此，海洋生态产业链是海洋经济转型升级的有效载体，能最大限度地利用海洋资源并将其高效转化，充分挖掘资源存在的经济价值。不仅如此，海洋生态产业链之间需要构建起高效的共生耦合机制，海洋生态产业链功能的充分发挥离不开相应的技术支撑和有机保证，只有将生态理性与经济理性充分整合，兼顾经济效益和环境效益，才能有效解决海洋生态环境外部性内部化的动力问题。海洋生态产业链条上有着若干通过资源、技术、信息及利益等的联结存在的利益相关者，因而这个链条具有较大的综合性和复杂性，因此，构建海洋生态产业链上高效的共生耦合动力机制就显得极为重要。

　　海洋生态产业链耦合机制包括海洋资源循环利用机制、海洋生态补偿机制以及利益分配机制，耦合机制是这三者的有机统一。其中，耦合机制有机统一体的基础是海洋资源循环利用机制，重要调控手段是海洋生态补偿机制，利益分配机制则是有机统一体存在的关键，因此，三者相辅相成，缺一不可。综合运用这三种机制并将其有效结合，才能促进海洋生态产业链的稳定运行，实现海洋经济效益、生态效益和社会效益的协同发展。为推动蓝色产业快速发展，山东省滨州市在"十二五"期间通过构建"一核两翼多节点"的蓝色经济发展格局，突出海域空间布局和海洋产业发展特色，大力培植海洋环保化工产业、海洋交通运输产业、海洋高新技术、生态能源、装备制造、现代海洋渔业、滨海旅游七大特色海洋产业。通过创新服务机制，推进涉海基础设施建设，在山东省试点实施潮间带高地用海项目审批和海域使用权"直通车"制度。培育海洋新兴产业，利用沿海滩涂和荒碱涝洼地资源，规划了黄河三角洲（滨州）75万亩水产健康养殖园区，建成了中国最大的50万亩绿色食品（水产品）生产基地，发展了半滑舌鳎、海参等海珍品工厂化育苗和养殖面积27万平方米。同时，指导涉海企业走"盐、化、养"一体化发展海洋经济新思路，形成海水"一水多用""梯次利用"等高效生态产业链。

　　在具体的实践环节上，需要积极推进以下几个方面的工作：一是要积极鼓励和重视关联度较高的海洋产业技术创新，为各海洋产业间的协同发展营造良好的技术环境与产业环境；二是要为海洋产业进一步协同发展创造相对宽松的制度环境，及时对已经发生变化的海洋产业放松经济型规制或进行制度性改革；三是要以市场经济为导向，促进不同市场环境下的海洋产业融合，鼓励企业积极开拓新的市场、挖掘新的经济增长点，提高企业间构建新价值网络的能力；四是要积极推进海洋产业协同发展机制的构建，包括组织协调机制、企业与中介服务机制等统筹部门、地区和行业关系的机制，促进海洋产业协同发展；五是要坚持开放性、市场化的原则，积极引进国内外的优势资源，大力发展核心技术链与产业链的整合，控制海洋产业协同发展的主导权，在此基础上增强对海洋产业链的创新能力与控制能力。

二、加大保护海洋生态环境力度

进一步加强区域海洋生态环境建设，全面遏制海洋生态环境质量下降，维护海洋生态系统平衡，重点进行重要海洋生态系统保护、珍稀濒危海洋野生物种保护、自然保护区建设、生态海岸建设、渔业资源保护和修复工程建设，促进区域海洋产业布局与海洋生态环境保护协调发展。

（1）重要海洋生态系统保护工程。针对"跑马圈地"式的海洋产业集聚区和港口开发模式，抢救性保护重要海洋生态系统和恢复海洋生态系统功能，全面开展沿海重要海洋生态系统调查，尤其是对珊瑚礁生态系统、红树林生态系统、海草场生态系统等敏感性生态系统进行全面调查，科学评估各类海洋生态系统受损程度、破碎度、评价海洋生态系统的敏感性、生态系统服务功能的重要性等。在资源调查的基础上，建立全国性的海洋生态系统评估地理信息系统，通过建立湿地公园、设立保护站点等方式对重要的生态系统实施保护。

（2）珍稀濒危野生海洋物种保护工程。加强珍稀、濒危海洋物种栖息地环境保护，全面调查我国海域珍稀、濒危物种濒危情况、地域分布及环境胁迫影响，建立全国性的海洋珍稀、濒危物种地理区划系统；重点保护海洋重要珍稀、濒危物种栖息海域及其生态环境。根据物种多样性和受胁迫程度以及对生物资源利用价值等判别标准，确定和提出需要重点保护的海洋珍稀、濒危野生物种的优先特别保护名录。

（3）自然保护区建设工程。加快海洋自然保护区建设，逐步提升海洋生态环境改善能力。2011年至今，已经从国家层面上划定各类海洋保护区260个，保护区标准化建设项目28个，海洋生态修复能力不断提升。同时，协调保护区与水利、交通、旅游、水产、建设等相关部门的关系，加强海域污染控制、海洋生态环境保护和落实海洋生态补偿工程建设；组织保护区管理队伍，指定管理守则和措施，建立健全基础资料收集和信息系统。努力建成以国家级海洋自然保护区为龙头、省级海洋自然保护区为骨干、市县级海洋自然保护区为通道的海洋自然保护区网络，确保海洋自然保护区的建设与管理工作的引领作用。

（4）生态海岸建设工程。通过综合治理手段，形成沿海滩涂自然景观区、湿地生态系统、红树林生态系统等海岸绿色景观区，通过海洋带生态系统与景观环境建设，创造与海洋产业发展相适应的滨海环境。严格限制围海造陆和围塘养殖，以保持其潮流通道已处于基本平衡状态的海洋动力场态势。对已有的海洋养殖区进行科学规划、合理布局，尽快清除妨碍航道、违规养殖以及不符合绿色发展的养殖情况。

（5）渔业资源保护和修复工程。上海于 2012 年召开的"水产科技论坛"将主题聚集在渔业资源保护与生态环境修复问题上，部分与会专家提出了自己的观点，作为渔业生产活动的物质载体和人类消费食物的重要供给，海洋生态系统对人类生产生活意义重大，任何微小的变化或波动发生在海洋生态系统都将直接影响到海洋渔业资源和人类未来生存发展。过去粗放式的海洋渔业资源捕捞方式，已经造成海洋生物多样性下降，全球海洋生物中尚有开发空间的种群比例下降明显，而由于过度开发濒临灭绝或已经灭绝的种群数量大幅上升。此外，不断加快的城市化进程及人类活动与气候变化也对海洋渔业资源的可持续发展造成威胁，如何实现海洋渔业资源及相关海洋产业的可持续健康发展，已经成为全球性的共同问题。

当前，随着对海洋渔业资源保护和修复研究的不断深入，研究对象已经从单一种群转向多个种群、多群落及多生态因子方面的跨学科研究，研究范围也不断扩大，从近海海域逐步延伸到大洋、极地以及湿地、江河湖泊等内部水域，研究重点也逐渐转移到影响海洋生态系统服务功能的影响因子和生态系统水平的海洋管理上，研究热点也逐渐聚焦到全球性的环境变化和人类对海洋渔业生态环境影响上。不仅如此，海洋渔业资源养护、养殖水域的污染防治、海洋生态灾害损失评估与海洋生态修复与重建等研究，也为海洋生态保护与修复工作提供了技术保障。

三、积极修复改善海洋生态环境

海洋生态修复是指利用海洋的自我修复能力，辅之以适当的人工措施，使受损的海洋生态系统恢复到原有或与原来近似的状态，确保海洋生态系统的结构和功能基本维持在相对稳定的状态。根据人工措施在海洋生态修复中的参与情况，大致上将海洋生态修复划分为三大类：自然生态修复、人工生态修复和生态系统重建。自然生态修复是指海洋生态环境受影响程度在海域承载力范围内，通过海洋的自我修复能力能基本消除生态压力，从而使海洋生态系统的结构和功能得到恢复；人工生态修复是指海洋生态环境受影响程度超出海域承载力范围，在海洋生态系统的自我修复能力基础上，通过物理、生物及化学等人工措施的干预促进海洋生态系统的恢复；当海洋生态环境受影响程度远远超出海域承载力范围，导致海洋生态系统完全退化或丧失，采取相应的措施重建新的海洋生态系统的过程即为生态环境重建。

海洋生态修复是帮助海洋生态系统实现自我恢复的过程，修复的最终目标是在不需要人工措施的干预下也可以维持海洋生态系统平衡。海洋生态修复过程是海洋生态系统的自我恢复、发展和提升的过程，在海洋生态修复中，海洋生态系统的结构和功能都在不断地转变，生态系统的结构更复杂、功能更多样，海洋生态修复对海洋生态系统维持平衡有着极其重要的作用。海洋生态修复并非对生态系统中单一物种的简单修复，而是对海洋生态系统结构、功能、物种多样性和可持续性等方面的综合恢复，因此，海洋生态修复过程能最大限度地减少人类对海洋环境的干扰程度，让海洋生态系统实现自我调节、恢复和进化功能。

海洋生态修复要坚持保护优先、科学开发、重在修复的原则，综合利用植物、生物技术和基因工程措施，促进海洋生态环境良性循环。植物在海域生态修复中发挥着重要的作用，但是对于植物的筛选工作也非常重要，海洋外来物种的入侵可能比海上石油泄漏的后果更为严重，物种入侵对海洋生态物种的多样性以及海域生态系统的威胁不容小觑，应综合考虑植物物种引入后引发的其他生态问题。此外，多种植物交错搭配进行海域生态修复及植物净化水体后的资源化利用问题仍有较大的研究空间。作为海洋生态修复的重要手段，微生物的生态修复作用不容小觑，应在微生物生态修复过程中对水体中原有的微生物菌群结构和其他水生植物的影响进行研究探讨，采用多学科交叉融合、多方位、多层次的科学研究手段，坚持理论和实践结合的方式，以提高微生物海域生态修复的成功率，营造健康稳定的海洋生态环境。分子生物学、分子工程学和基因工程等理论和方法的交叉综合运用，为海洋生态修复开辟了一条新的途径。因此，建立相关的检测与评价体系，深入探究基因工程菌株的降解机理，利用生物技术对海域生态修复的安全性和稳定性进行测评，对于利用生物工程治理沿海水域环境污染和生物工程技术的发展完善都具有长远的意义。

此外，在充分利用海洋自我修复能力的基础上，强化整治、修复和其他人工工程措施，加速海洋功能的恢复。利用生态补偿机制，促进沿海水域的生态修复；利用循环经济的理念指导海洋生物修复技术，可以选用经济价值高的养殖物种，通过最终的人工收获将海洋环境中的氮、磷和有机质以海产品的形式移除近海系统，对收获的养殖海产品加以资源利用，形成海洋环境生态修复的产业链延伸，实现海洋生态环境、经济效益和生态效益的循环经济，促进海洋资源的可持续开发利用。

四、推进海洋管理模式机制创新

全面加强对区域沿海海洋生态系统的环境保护，重点保护珊瑚礁、红树林、沿海滩涂、海岛及海湾等较为典型的海洋生态系统，逐步恢复受损、破碎海洋生态系统功能，加快进行海洋自然保护区建设工作，将生物多样性保护纳入各省的"十三五"规划和海洋生态环境保护规划。

（1）建设完善跨海域的海洋环境功能区监测网络，开展沿海省级和市县级监测机构能力建设，建设在线监测设备，实现海洋生态环境监督在全国范围内上线运行。完善近岸海域和重点河段控制性监测，形成覆盖全国的近岸海域功能区的环境监测网络，对海水环境质量、赤潮、绿潮及海洋溢油等海洋灾害等实施有效的监测监视，建成现代化的海洋生态环境立体监测体系。

（2）建立全国跨区域、跨部门的联防联控机制，统筹和协调各部门在海洋环境污染的管理、监测等方面的职能，统一协调和管理区域海洋生态环境，构建"统一规划、统一监测、统一监管、统一评估、统一协调"的区域联防联控工作机制，提升区域海洋污染防治整体水平。

（3）建立多部门联动的综合预警和应急响应机制，提升应急响应能力。逐步健全完善应急机制，从实战提升和机制保障两个方面提升整体水平。制定突发性海洋污染事故紧急预案处理措施，建设海洋环境污染事故应急队伍，确保区域海洋生态环境质量安全。建立海洋产业聚集区和区域的石化及其他涉重金属企业的事故应急预防体系，制定突发事件的应急响应机制，有效预防和处理海洋生态突发事件的环境风险事故。

（4）建立健全跨区域的海洋生态补偿机制，统筹协调区域海洋生态环境管理。在明确海洋生态环境保护的目标基础上，科学制定海洋生态补偿标准，根据区域海洋经济发展的特殊性，制定出海洋生态补偿的优先顺序。充分发挥区域政府的协调、指导作用，建立以财政税收横向转移支付为主导、专项资金补偿为辅佐、市场补偿为方向的投融资渠道，积极拓宽跨区域海洋生态补偿机制渠道。区域各级政府应合理安排，尝试采取灵活的财政转移支付政策，积极进行海洋生态环境保护和建设。对于市场补偿，区域各级政府应联合探索开征海洋生态环境建设税，综合考虑区域海洋经济状况及人均收入水平的高低，有差别地开征海洋生态环境建设税，统一用于海洋生态环境建设。

（5）建立海陆统筹的跨区域的环境管理机制，完善区域海洋环境保护协作联动机制，加强对跨区域、海域及海洋产业间的海洋生态环境问题的管理。建立海陆产业合作长效机制、海洋生态补偿机制与利益分享机制，推动海陆联动发展，构建海陆统一规划发展的保障机制。设立专门的管理机构综合管理海陆生态环境，协调好海陆产业的发展与海陆环境污染的治理。调整优化海陆产业结构，建设具有国际竞争力的海陆产业聚集群，构建海陆产业结构优化升级、海陆生态环境协调发展的支撑体系。联合开展重点海域的生态环境整治、海洋灾害防治预警预报、外来物种灾害监测与海洋资源生态建设，协同应对海洋生态环境重大突发事件应急处置与生态修复。

五、夯实海洋生态环境安全调控

我国沿海经济活动对海洋生态环境的影响趋势未得到根本性遏制，这与海洋产业发展的不合理性有着必然的联系。从世界经济发展历程来看，"经济结构服务化"是产业发展的必然趋势，服务全球化已经成为经济全球化进程中最典型的阶段性特征和标志，对于海洋产业的解释亦是如此。随着全球价值链融入广度和深度的不断加大，中国海洋产业发展过程的问题也逐渐暴露，总体表现在海洋产业发展仍处于全球价值链的中低端环节。在新一轮全球双边、多边投资贸易谈判不断深入的大背景下，中国必须主动从跨太平洋伙伴关系协议（TPP）、跨大西洋贸易与投资协议（TTIP）和多边服务业协议（PSA）中探索扩大开放的新途径，从新的国际分工规则下寻求新的经济增长点。为合理调控海洋生态环境发展方式，建议采取以下措施：

（1）提高劳动者的专业素质。沿海人口基数大，但资源相对有限，因此，如何妥善安置不断涌入沿海地区的劳动力成为一个亟待解决的问题。而劳动力素质高低与劳动力转移的程度是密切相关的，劳动力素质偏低也是制约劳动力转移的"瓶颈"。针对沿海省份人口密度不断攀升、城镇化发展速度滞后于人口增加速度的情况，应立足于各沿海省份的资源、环境条件和区域功能，逐步构建外来人口的统筹调控机制，合理引导人口流向。同时，开展劳动力职业技术培训，提高劳动者的各项就业技能，这也是实现沿海地区劳动力有序转移、增加劳动力有序供给的根本之策。通过开展劳动力职业技能培训，促进劳动力持续高效转移，是一项复杂的系统工程，需要长期有效的教育培训机制加以辅佐，实现劳动力就业与海洋资源环境、生态、经济和社会之间协调发展。

（2）合理开发海洋资源。在海域承载力范围内科学开发海洋资源，充分考虑到海洋资源的相对贫乏和独特的海洋资源禀赋，扬长避短发展特色海洋生态产业。以市场为导向，重视海洋生态保护和资源的可持续利用，大力发展蓝色经济，确保海洋生态安全，这也是充分发挥海洋资源生产潜力、提高海域承载力和保障海洋生态安全的有效途径。加快建设资源节约型社会，转变海洋经济发展模式，提高海洋资源的集约化利用程度，立足海洋资源环境的承载能力，合理开发海洋资源和岸线资源，确保海洋资源不超载、区域海洋生态功能不退化，走海洋资源节约与海洋生态环境友好的可持续发展道路。

（3）调整优化海洋产业结构。通过上述实证分析发现，海洋第一、第二产业和海洋生态环境相关性较高，且海洋产业结构与海洋生态环境存在长期动态均衡关系。其中，海洋第一产业对海洋环境影响的程度相对较大，海洋第一产业比重的增加会引起海洋生态环境较大幅度污染，且随着时间推移影响逐步增强；海洋第二产业比重的增加会引起入海工业废水排放量及工业固体废弃物排放量较大幅度增加，且影响程度随时间的推移保持相对稳定的态势；海洋第三产业比重的增加对海洋生态环境有一定程度的改善，改善作用随着时间的推移也维持相对平衡状态。进一步分析发现，海洋产业结构是影响海洋生态环境的关键因素，海洋产业结构演变对海洋生态环境的影响相对较大，而海洋生态环境的变化对海洋产业结构的影响相对较小，表明海洋产业结构变动对山东半岛蓝色经济区海洋生态环境产生越来越重要的影响。因此，在发展海洋产业过程中，应注重海洋产业结构与区域经济结构的融合发展，积极发展新能源、信息技术、医药产业、节能环保产业，提升高新技术产业及海洋第三产业的比重，加大对传统海洋产业的技术升级和改造，打造区域优势主导海洋产业，促进沿海地区的人员就业。

（4）稳步推进海洋资源环境领域的科技创新。海洋科技创新能力不仅是海洋强国建设的重要组成部分，还是新形势下我国面对国际竞争力的客观要求。通过构建海洋资源环境领域的科技创新机制，推进整合海洋科技资源，促使海洋科技不断创新，提升海洋资源开发与保护能力，加强海洋生态环境保护力度，加大海洋科技研发投入及海洋技术的产业化进程等。根据海洋生态安全对海洋科技的需求情况，遴选出海洋关键领域的战略性、前瞻性的科技，同时还要注重科技的自主创新和集成创新，加强多方合作。鼓励支持海洋新兴战略产业发展，提升企业海洋技术的创新能力和竞争力。

（5）建立绿色 GDP 核算制度。多年来，地方政府和官员最关心的经济数据就是当地 GDP 增速和当地税收情况，这两个方面完全是出于政府角度考虑，与改善民生和经济健康没多大关系。随着人们思想的不断成熟，新的考核体系不再以 GDP 为核心，而是多种社会经济指标集合的考核体系，涉及物价、就业、环保和债务等。1997 年，世界银行提出了"绿色 GDP"的概念，即扣除掉自然资源消耗之后的一国 GDP 的调整值，相关标准的折算办法为：

$$绿色 GDP = 名义 GDP - GDP1 - GDP2 - GDP3$$

其中，GDP1 指的是人类从大自然中索取资源而造成的生态环境资源可持续增长能力的减少额；GDP2 指的是人类生产和生活造成的污染所对应的生态环境损失值，这个损失值的计算依据是要修复原态的成本；GDP3 指的是因人文因素造成的非理性经济活动产生的不良 GDP，如金融服务放高利贷创造的"附加值"或者色情行业的性交易成交的 GDP。

建立绿色经济制度，促进海洋生态环境与海洋经济协调发展。调整区域海洋产业结构，建立以绿色海洋产业为主体的经济结构，限制高污染高能耗海洋产业发展，促进已有高污染高能耗海洋产业升级改造。推进节能减排，加强新型海洋产业研发力度，大力支持碳减排、清洁能源及开发可再生能源的新型海洋产业。制定海洋经济绿色发展的政策办法，严格遵守相关环境及资源保护法律法规，建立执法监督体系和机制。开展生态资产评估和环境污染损失核算，构建海洋生态保护与补偿制度。改变传统短视的政绩考核制度，建立海洋"绿色 GDP"核算制度，以绿色效率为核心构建新的考核体系和约束机制，以海洋绿色经济为导向的考核机制能兼顾海洋经济与海洋生态环境协调发展的需要，调动官员实现海洋产业与海洋生态环境协调发展的积极性。

第三节　本章小结

　　本章阐述了海洋产业与海洋生态环境耦合发展的优化路径和对策，优化路径从三个层面展开叙述：首先要发挥政府在宏观层面上的政策引导作用，通过构建绿色 GDP 核算体系、探索海洋生态环境补偿机制等途径加强政府层面的宏观调控；其次要调动企业在中观层面上的参与积极性，主要有实施绿色消费推动技术创新、缩短海洋技术产业化进程以及严格执行海洋环保法规等方式；最后是消费者在微观层面上的海洋环保理念及生活方式，通过培养全民海洋意识以及完善公众海洋环境信息获取渠道等角度进行探索。

　　实施层面制定面向不同主体的激励和约束措施，构建典型的海洋生态产业链，推动涉海企业生产技术创新；加大保护海洋生态环境力度，倡导绿色消费及循环经济生产模式；积极修复改善海洋生态环境，促进海洋资源的可持续开发利用；积极推进海洋管理模式机制创新，协同应对海洋生态环境突发事件的应急处置与生态修复；夯实生态环境安全调控，运用新的理念推动海洋产业与海洋生态环境的耦合发展。

第八章

结 语

　　本章作为全书的结束篇，主要对本书的研究结论进行了概括和总结，并对未来的研究方向进行了初步展望。海洋产业与海洋生态环境的耦合发展是个既古老又新鲜的课题，在对两者耦合发展的研究过程中，笔者深感海洋产业与海洋生态环境耦合发展的复杂性及必要性，如何科学合理引导两大系统耦合协调发展尚存在很大研究空间。学术研究无止境，唯有不断发现、不断思考、不断创新，才能在寻求真理的道路上不断跨越。另外，由于笔者时间和精力有限，本书仍存在许多尚待完善的地方，这些不足之处也是笔者未来进行深入研究的方向。尽管如此，本书还是在理论和实践上提出了一些有意义的结论。

第一节　研究结论

　　海洋经济的高速发展给海洋资源及环境带来极大的胁迫作用，如何权衡海洋经济发展与海洋资源及环境之间的关系成为海洋经济可持续发展的关键。作为海洋经济存在与发展的基础，海洋产业不仅是海洋经济发展的重要组成部分，也是海洋经济发展的动力所在。遵循海洋经济运行规律和海洋环境规律，并在此基础上从事海洋生产活动，对海洋资源进行循环利用，减少入海废弃物的排放，降低对海洋环境的胁迫作用，实现海洋产业与海洋生态环境的耦合发展，达到海洋经济效益、社会效益和生态效益的协调统一，也是实现海洋经济发展与海洋环境协调发展的终极目标。因此，厘清海洋产业系统与海洋生态环境系统之间的关系十分必要。

　　本书在系统总结国内外研究进展的基础上，研究海洋产业与海洋生态环境耦合发展的互动关系和演化机理的内在规律，建立起一套数据易得、操作简便的海洋产业与海洋生态环境耦合发展定量测度指标体系和协调性判断标准，从一般意义上提出海洋产业与海洋生态环境耦合发展的优化路径。运用前述结果，以山东省为例进行应用研究，并据此针对性地提出海洋产业与海洋生态环境协调发展的对策建议。经过理论架构和实证分析，主要研究结论有以下几点：

（1）海洋产业结构与海洋生态环境之间存在着互动演化关系：海洋资源禀赋与利用以及海洋生态环境本底是海洋产业发展的基础支撑，而海洋产业结构的发展演变是海洋生态环境演化的重要推动力，两者之间的互动演化作用构成了一个典型的开放系统。海洋产业系统与海洋生态环境系统之间的耦合就是两大系统内部各生产要素之间的非线性关系的总和。

（2）受海洋自然资源和海洋环境承载力约束，在特定的时间和条件下，海洋产业的发展遵循"S"型曲线的增长规律，有其自身的极限阈值。通过采取强有力的应对措施，如海洋产业发展模式转变以及海洋生态环境利用方式优化，使海洋产业发展对海洋生态环境水平演化的胁迫程度逐渐减弱，形成类似于环境库兹涅茨倒"U"型曲线的演化轨迹，也即通过海洋产业生态化，可以实现海洋产业结构的优化升级，最终实现海洋产业与海洋生态环境协调发展。

（3）海洋生态—产业共生的核心在于构造一个科学合理的海洋产业生态系统，实现海洋产业生态转型要求海洋产业发展不仅能满足沿海地区海洋经济发展和居民的物质文化生活需求，更要最大限度地减少其开发海洋资源的过度损耗和对海洋生态环境的破坏，提高海洋生态经济发展综合效率。通过建立海洋产业与海洋生态环境之间的物质、能量循环利用的网络组织关系，即海洋产业与海洋生态环境相互适应的共生关系，能有效推动海洋产业结构优化、优化改善海洋生态环境、促进海洋产业与海洋生态环境的耦合发展。

（4）海洋产业与海洋生态环境的耦合发展实质上是海洋产业系统与海洋生态环境系统两大子系统之间的协调发展。由于两大子系统本身有着方方面面的诸多因素，因此构建科学可行的指标体系进行评价是耦合发展评价的必然选择。本书基于协同论、系统论、控制论及自组织理论的思想，遵循科学性、时序性、阶段性、可操作性及相对独立性等原则，构建了一套定量测度海洋产业与海洋生态环境耦合发展的指标体系及耦合度判断标准。从目标层、系统层、指标层等三个层次构建耦合评价指标体系，以海洋生态环境质量的综合评价为目标选取 12 项指标，以海洋产业结构效益的综合评价为目标选取 12 项指标，测度海洋产业系统与海洋生态环境系统的耦合程度，并在此基础上建立了 27 个基本类型的海洋产业与海洋生态环境耦合发展类型分类体系及其判断标准。

（5）在具体实践应用方面，基于山东省 2002～2014 年时间序列数据，判定出山东省海洋产业与海洋生态环境耦合发展的阶段，并对山东省海洋产业与海洋生态环境耦合发展类型进行了界定。实证分析表明，山东省海洋产业结构与海洋生态环境之间的耦合度正向着转好趋势发展，逐步体现出海洋产业系统与海洋生态环境系统的区域耦合效应。值得注意的是，海洋产业与海洋生态环境两大子系统自身的发展并不协调：从海洋产业系统和海洋生态环境系统综合发展水平来看，2011 年以前山东海洋产业结构综合发展水平低于海洋生态环境质量水平，2012 年开始海洋产业发展水平超过海洋生态环境质量水平，海洋生态环境水平的发展滞后性应引起足够的重视。

（6）基于海洋产业与海洋生态环境"脱钩"的内涵，利用改进的 Tapio 脱钩模型研究了中国海洋产业与海洋生态环境脱钩关系的时空格局演变规律，结果表明：2002～2006 年中国海洋生态环境压力随海洋产业发展而不断增加，海洋经济对生态环境的依赖性较高；2006～2014 年海洋生态环境压力增长趋势减缓，海洋产业发展正逐步实现与海洋生态环境的脱钩。到 2014 年脱钩显著的区域呈现空间集聚的态势。同时，综合考虑生态环境、经济发展和社会发展等多种因素及其内部相互作用，构建了 37 个评价指标的中国海洋经济可持续发展协调能力评价指标体系，对中国海洋经济的可持续发展能力进行了测算。运用区位熵和集对分析方法两种方法测算的综合排名大致相同，将中国海洋经济可持续发展协调能力划分为三个层次：上海、天津两市的海洋经济协调能力最强，位居全国之首；福建、广东、山东、江苏、浙江、辽宁六省的海洋经济协调能力较强；海南、河北、广西的海洋经济协调能力最弱。沿海地区应充分利用自己的区位优势，提高海洋资源的利用效率，增加海洋科技研发投入，不断壮大海洋产业规模，提升海洋经济可持续发展水平。

第二节 研究展望

基于本书的研究，今后的研究展望如下：

（1）对于海洋产业的相关研究总体上比较成熟，而从系统论的角度出发将海洋产业系统与海洋生态环境系统结合在一起，对两大系统耦合发展的规律进行研究的为数不多，本书所起的只是抛砖引玉的作用，对系统耦合发展理论的运用、研究的视角等方面尚待进一步完善。况且，海洋产业与海洋生态环境耦合发展研究属于系统工程，既有基础研究，也有应用研究，需要研究和解决的问题颇多，本书只是做了初步探索。

（2）海洋产业与海洋生态环境耦合发展的评价指标体系和评价模型的构建对跨学科发展及海洋产业与海洋生态环境的实践方面均有非常重要的指导意义。构建科学可行的海洋生态—产业共生指标体系，选用合适的模型进行评价与验证是未来海洋产业生态化的研究方向。本书所构建的海洋生态—产业共生指标体系仅作为初步尝试，尚待进一步实践验证和完善。

（3）鉴于数据的可得性和时效性，本书仅采用山东省数据对其海洋产业与海洋生态环境的耦合情况进行了评价，并未对沿海其他省份的海洋产业与海洋生态环境耦合发展情况进行时空对比，这也是笔者未来的研究方向和研究重点。此外，在资料收集过程中，不同参考文献对同一指标的数据描述大相径庭，部分重要指标存在着统计口径不统一、数据记载不全及数据难获取等棘手问题，对本书的理论推广和实践指导有一定的限制。若能收集到更加详尽、充实的数据资料，本书的研究结果应更具指导意义。

参考文献

［1］毕岑岑，王铁宇，吕永龙．基于资源环境承载力的渤海滨海城市产业结构综合评价［J］．城市环境与城市生态，2011（2）：19 – 22.

［2］蔡先凤．浙江海洋经济发展与海洋生态安全保护：重大挑战与制度创新［J］．法治研究，2012（10）：108 – 116.

［3］曹洪华．生态文明视角下流域生态—经济系统耦合模式研究［D］．东北师范大学博士学位论文，2014.

［4］曹洪华．生态文明视角下流域生态经济系统耦合模式研究——以洱海流域为例［D］．东北师范大学博士学位论文，2014.

［5］曹忠祥，任东明，王文瑞等．区域海洋经济发展的结构性演进特征分析［J］．人文地理，2005（6）：29 – 33.

［6］曾华璧．台湾的环境治理（1950—2000）：基于生态现代化与生态国家理论的分析［J］．台湾史研究，2008（4）：121 – 148.

［7］曾庆丽．海洋生态安全治理的国际经验与启示［J］．哈尔滨市委党校学报，2013（4）：80 – 86.

［8］陈德辉，姚祚训，刘永定．从生态系统理论探析生态环境的内涵［J］．上海环境科学，2000（12）：547 – 549.

［9］陈可文．中国海洋经济学［M］．北京：海洋出版社，2003.

［10］陈琳．福建省海洋产业集聚与区域经济发展耦合评价研究［D］．福建农林大学硕士学位论文，2012.

［11］陈艳萍，吕立锋，李广庆．基于主成分分析的江苏海洋产业综合实力评价［J］．华东经济管理，2014（2）：10 – 14.

［12］陈瑜，谢富纪．基于 Lotka-Voterra 模型的光伏产业生态创新系统演化路径的仿生学研究［J］．研究与发展管理，2012（3）：74 – 84.

[13] 程娜. 可持续发展视阈下中国海洋经济发展研究 [D]. 吉林大学博士学位论文, 2013.

[14] 程钰. 人地关系地域系统演变与优化研究——以山东省为例 [D]. 山东师范大学硕士学位论文, 2013.

[15] 迟菲, 陈安. 突发事件耦合机理与应对策略研究 [J]. 中国安全科学学报, 2014 (2): 171 – 176.

[16] 仇方道, 蒋涛, 张纯敏等. 江苏省污染密集型产业空间转移及影响因素 [J]. 地理科学, 2013 (7): 789 – 796.

[17] 初建松. 大海洋生态系管理与评估指标体系研究 [J]. 中国软科学, 2012 (7): 186 – 192.

[18] 褚晓琳. 论海洋生物资源养护中的预警原则 [D]. 厦门大学博士学位论文, 2008.

[19] 崔旺来, 周达军, 刘洁等. 浙江省海洋产业就业效应的实证分析 [J]. 经济地理, 2011 (8): 1258 – 1263.

[20] 单宇, 李正炎. 海洋生态环境监测的指标体系研究 [J]. 海洋湖沼通报, 2007 (2): 52 – 56.

[21] 邓祥征, 刘纪远. 中国西部生态脆弱区产业结构调整的污染风险分析——以青海省为例 [J]. 中国人口·资源与环境, 2012 (5): 55 – 62.

[22] 狄乾斌, 韩雨汐, 曹可. 基于 PSR 模型的中国海洋生态安全评价研究 [J]. 海洋开发与管理, 2014 (7): 87 – 92.

[23] 狄乾斌, 韩雨汐. 熵视角下的中国海洋生态系统可持续发展能力分析 [J]. 地理科学, 2014 (6): 664 – 671.

[24] 狄乾斌, 刘欣欣, 曹可. 中国海洋经济发展的时空差异及其动态变化研究 [J]. 地理科学, 2013 (12): 1413 – 1420.

[25] 狄乾斌, 刘欣欣, 王萌. 我国海洋产业结构变动对海洋经济增长贡献的时空差异研究 [J]. 经济地理, 2014 (10): 98 – 103.

[26] 丁德文, 徐惠民, 丁永生等. 关于"国家海洋生态环境安全"问题的思考 [J]. 太平洋学报, 2005 (10): 60 – 64.

[27] 董锁成, 李泽红, 李斌等. 中国资源型城市经济转型问题与战略探索 [J]. 中国人口·资源与环境, 2007 (5): 12 – 17.

[28] 杜军, 鄢波. 基于"三轴图"分析法的我国海洋产业结构演进及优化分析 [J]. 生态经济, 2014 (1): 132 – 136.

［29］杜立彬，王军成，孙继昌. 区域性海洋灾害监测预警系统研究进展［J］. 山东科学，2009，22（03）：1－6.

［30］干春晖，郑若谷，余典范. 中国产业结构变迁对经济增长和波动的影响［J］. 经济研究，2011（5）：4－16.

［31］高乐华，高强. 海洋生态经济系统交互胁迫关系验证及其协调度测算［J］. 资源科学，2012（1）：173－184.

［32］高强，高乐华. 海洋生态经济协调发展研究综述［J］. 海洋环境科学，2012（2）：289－294.

［33］高强，苟露峰. 海洋生态修复中的产业替代理论研究［J］. 科学与管理，2014（6）：61－65.

［34］苟露峰，高强，高乐华. 基于BP神经网络方法的山东省海洋生态安全评价［J］. 海洋环境科学，2015（3）：427－432.

［35］苟露峰，高强，史磊. 我国海洋产业分类发凡［J］. 重庆社会科学，2015（7）：20－25.

［36］苟露峰，高强. 海洋生态灾害频发的根源：基于经济学视角的分析［J］. 生态经济，2014（8）：185－189.

［37］苟露峰，高强. 山东省海洋产业发展的生态环境响应演变及其影响因素［J］. 经济问题探索，2015（10）：55－60.

［38］苟露峰，王海龙，汪艳涛. 山东省海洋产业结构演变与生态环境系统耦合研究［J］. 华东经济管理，2015（4）：29－33.

［39］郭萍萍. 我国海洋生态法制研究［D］. 山东大学硕士学位论文，2007.

［40］郭永辉. 自组织生态产业链社会网络分析及治理策略——基于利益相关者的视角［J］. 中国人口·资源与环境，2014（11）：120－125.

［41］韩增林，王茂军，张学霞. 中国海洋产业发展的地区差距变动及空间集聚分析［J］. 地理研究，2003（3）：289－296.

［42］何广顺，王晓惠. 海洋及相关产业分类研究［J］. 海洋科学进展，2006（3）：365－370.

［43］赫尔曼·戴利. 超越增长：可持续发展的经济学［M］. 上海：上海译文出版社，2001.

［44］洪大用. 中国公众环境意识初探［M］. 北京：中国环境科学出版社，1998，45－46.

［45］胡晓鹏，李庆科．生产性服务业与制造业共生关系研究——对苏、浙、沪投入产出表的动态比较［J］．数量经济技术经济研究，2009（2）：33－46.

［46］黄建欢，杨晓光，胡毅．资源、环境和经济的协调度和不协调来源——基于 CREE-EIE 分析框架［J］．中国工业经济，2014（7）：17－30.

［47］黄淑贞，陈美惠，吴丽娜．论《管子》生态环境保护的思想［J］．人文与社会，2011（8）：23－55.

［48］简新华，于波．可持续发展与产业结构优化［J］．中国人口·资源与环境，2001（1）：31－34.

［49］姜欢欢，温国义，周艳荣等．我国海洋生态修复现状、存在的问题及展望［J］．海洋开发与管理，2013（1）：35－39.

［50］姜旭朝，毕毓洵．中国海洋产业结构变迁浅论［J］．山东社会科学，2009（4）：78－81.

［51］姜旭朝，黄聪．海洋产业演化理论研究动态［J］．经济学动态，2008（8）：94－98.

［52］蒋有绪．不必辨清"生态环境"是否科学［J］．科技术语研究，2005（2）：27.

［53］Kenneth White，朱凌，宋维玲．加拿大海洋经济与海洋产业研究［J］．经济资料译丛，2010（1）：73－103.

［54］康晓光，马庆斌．基于环境属性划分产业类型的全球城市体系环境演变研究［J］．中国软科学，2005（4）：43－51.

［55］兰冬东，马明辉，梁斌等．我国海洋生态环境安全面临的形式与对策研究［J］．海洋开发与管理，2013（2）：59－64

［56］黎祖交．建议用"生态建设和环境保护"替代"生态环境建设"［J］．科技术语研究，2005（2）：22－25.

［57］李纯厚，王学锋，王晓伟等．中国海水养殖环境质量及其生态修复技术研究进展［J］．农业环境科学学报，2006（25）：310－315.

［58］李芳，张杰，张凤丽．新疆产业结构调整的资源环境效应与响应的实证分析［J］．软科学，2013（11）：111－116.

［59］李凤宁．国际航运立法应对海洋生物多样性保护的新进展——以海洋生态安全为视角［J］．武汉大学学报（哲学社会科学版），2011（5）：76－81.

［60］李福柱，孙明艳，历梦泉．山东半岛蓝色经济区海洋产业结构异质性演进及路径研究［J］．华东经济管理，2011（3）：12－14，67.

［61］李刚．企业自主创新的自组织机理研究［J］．科技进步与对策，2007（9）：137－140．

［62］李琳，刘莹．中国区域经济协同发展的驱动因素——基于哈肯模型的分阶段实证研究［J］．地理研究，2014（9）：1603－1616．

［63］李强．环境规制与产业结构调整——基于 Baumol 模型的理论分析与实证研究［J］．经济评论，2013（5）：100－107．

［64］李善同，刘勇．环境与经济协调发展的经济学分析［J］．北京工业大学学报（社会科学版），2001（3）：1－6．

［65］李少林．资源环境约束下产业结构的变迁、优化与全要素生产率增长［D］．东北财经大学博士学位论文，2013．

［66］李文君，杨明川，史培军．唐山市资源型产业结构及其环境影响分析［J］．地理研究，2002（4）：511－518．

［67］李兴莉，申虎兰，冯玉广．Logistic 和 Lotka-Volterra 模型参数的灰色估计方法研究［J］．大学数学，2004（6）：82－87．

［68］李悦．产业经济学［M］．北京：中国人民大学出版社，2004．

［69］李志江．“生态环境”、“生态环境建设”的科技意义与社会应用［J］．科技术语研究，2005（2）：37－38．

［70］梁俊乾，周凯．深圳海洋产业可持续发展问题探讨［J］．海洋开发与管理，2010（8）：50－53．

［71］林超．东营市河口区海洋产业布局优化研究［D］．中国海洋大学硕士学位论文，2009．

［72］林香红，周洪军，刘彬等．海洋产业的国际标准分类研究［J］．海洋经济，2013（1）：54－57．

［73］林镇凯．厦门海洋产业及海洋相关产业间的相关性研究［J］．山东农业科学，2013（6）：138－141．

［74］吝涛，薛雄志，林剑艺．海岸带安全响应力评估与案例分析［J］．海洋环境科学，2009，28（5）：578－583．

［75］刘衡，王龙伟，李垣．竞合理论研究前沿探析［J］．外国经济与管理，2009（9）：1－8．

［76］刘剑，王怀成，张落成等．江苏海洋产业发展立地条件评价与布局优化［J］．海洋环境科学，2013（5）：693－697．

［77］刘康，姜国建．海洋产业界定与海洋经济统计分析［J］．中国海洋大

学学报（社会科学版），2006（3）：1 - 5.

[78] 刘曙光，赵明，王百峰. 青岛市海洋产业结构分析及优化对策 [J].
海洋开发与管理，2007（4）：117 - 121.

[79] 刘伟玲，朱京海，胡远满. 辽宁省及其沿海区域生态足迹的动态变化
[J]. 生态学杂志，2008，27（6）：968 - 973.

[80] 刘文新，张平宇，马延吉. 资源型城市产业结构演变的环境效应研
究——以鞍山市为例 [J]. 干旱区资源与环境，2007（2）：17 - 21.

[81] 刘晓丹，孙英兰. "生态环境" 内涵界定探讨 [J]. 生态学杂志，
2006（6）：722 - 724.

[82] 刘新刚. 广西北部湾海洋产业发展对策研究 [D]. 广西大学硕士学位
论文，2013.

[83] 刘艳军. 我国产业结构演变的城市化响应研究——基于东北地区的实
证分析 [D]. 东北师范大学博士学位论文，2009.

[84] 卢中原. 西部地区产业结构变动趋势、环境变化和调整思路 [J]. 经
济研究，2002（3）：83 - 90.

[85] 陆小成，罗新星. 集群企业竞争演化的 Lotka-Volterra 模型及其对策研
究 [J]. 科技管理研究，2008（7）：544 - 546.

[86] 路文海，曾容，向先全. 沿海地区海洋生态健康评价研究 [J]. 海洋
通报，2013，32（5）：580 - 585.

[87] 栾维新，杜利楠. 我国海洋产业结构的现状及演变趋势 [J]. 太平洋
学报，2015（8）：80 - 89.

[88] 栾维新，宋薇. 我国海洋产业吸纳劳动力潜力研究 [J]. 经济地理，
2003（4）：529 - 533.

[89] 吕伟. 烟台市海洋产业结构调整及发展战略研究 [D]. 山东师范大学
硕士学位论文，2013.

[90] 马庆斌. 北京市环境演变的产业基础研究 [J]. 干旱区地理，2007
（2）：307 - 310.

[91] 马仁锋，李加林，赵建吉等. 中国海洋产业的结构与布局研究展望
[J]. 地理研究，2013（5）：902 - 914.

[92] 宁凌，胡婷，滕达. 中国海洋产业结构演变趋势及升级对策研究
[J]. 经济问题探索，2013（7）：67 - 75.

[93] 彭建，王仰麟，叶敏婷等. 区域产业结构变化及其生态环境效应——

以云南省丽江市为例 [J]. 地理学报, 2005 (5): 798 - 806.

[94] 乔标, 方创琳. 城市化与生态环境协调发展的动态耦合模型及其在干旱区的应用 [J]. 生态学报, 2005 (11): 211 - 217.

[95] 任玉琨. 基于博弈模型的资源型城市产业转型分析——以油气资源型城市产业转型为例 [J]. 经济问题探索, 2009 (4): 55 - 60.

[96] 施刚. 宁波市海洋产业空间布局和结构优化研究 [D]. 浙江工业大学硕士学位论文, 2013.

[97] 石秋艳. 我国海洋产业结构演化的过程研究 [J]. 广东海洋大学学报, 2014 (2): 38 - 43.

[98] 宋建波, 武春友. 城市化与生态环境协调发展评价研究 [J]. 中国软科学, 2010 (2): 78 - 87.

[99] 宋欣茹. 大连海洋产业发展分析及结构优化升级对策研究 [J]. 海洋开发与管理, 2011 (11): 112 - 116.

[100] 苏伟, 沈贵生, 陈明辉. 环境约束下的产业结构政策评析 [A]. 中国环境科学学会. 2011 中国环境科学学会学术年会论文集 (第三卷) [C]. 中国环境科学学会, 2011: 6.

[101] 孙才志, 杨羽頔, 邹玮. 海洋经济调整优化背景下的环渤海海洋产业布局研究 [J]. 中国软科学, 2013 (10): 83 - 95.

[102] 汤斌. 产业结构演进的理论与实证分析——以安徽省为例 [D]. 西南财经大学博士学位论文, 2005.

[103] 唐正康. 基于偏离份额模型的海洋产业结构分析——以江苏为例 [J]. 技术经济与管理研究, 2011 (12): 97 - 100.

[104] 滕欣. 海陆产业耦合系统分析与评价研究 [D]. 天津大学博士学位论文, 2013.

[105] 童兰, 胡求光. 海洋产业的评估分析及其发展路径研究——以宁波为例 [J]. 农业经济问题, 2013 (1): 92 - 98.

[106] 王翠, 谢正观. 山东省海洋产业结构比较分析及其优化升级研究 [J]. 中国科学院大学学报, 2013 (5): 657 - 663.

[107] 王丹, 张耀光, 陈爽. 辽宁省海洋经济产业结构及空间模式演变 [J]. 经济地理, 2010 (3): 443 - 448.

[108] 王菲, 董锁成, 毛琦梁等. 宁蒙沿黄地带产业结构的环境污染特征演变分析 [J]. 资源科学, 2014 (3): 620 - 631.

[109] 王海英. 资源综论海洋资源开发与海洋产业结构发展重点与方向 [J]. 海洋开发与管理，2002（4）：23-28.

[110] 王金南，杨金田，曹东等. 中国排污收费标准体系的改革设计 [J]. 环境科学研究，1998（5）：4-10.

[111] 王礼先. 关于"生态环境建设"的内涵 [J]. 科技术语研究，2005（2）：33.

[112] 王丽娟，陈兴鹏. 产业结构对城市生态环境影响的实证研究 [J]. 甘肃省经济管理干部学院学报，2003（4）：22-24.

[113] 王孟本. "生态环境"概念的起源与内涵 [J]. 生态学报，2003（9）：1910-1914.

[114] 王琦. 产业集群与区域经济空间耦合机理研究 [D]. 东北师范大学博士学位论文，2008.

[115] 王如松. 生态环境内涵的回顾与思考 [J]. 科技术语研究，2005（2）：28-31.

[116] 王双，刘鸣. 韩国海洋产业的发展及其对中国的启示 [J]. 东北亚论坛，2011（6）：10-17.

[117] 王婷婷. 上海海洋产业结构优化趋势研究 [D]. 上海海洋大学硕士学位论文，2012.

[118] 王晓红，李适宇，彭人勇. 南海北部大陆架海洋生态系统演变的 Ecopath 模型比较分析 [J]. 海洋环境科学，2009，28（3）：288-292.

[119] 王艳明，刘弈，王静. 海洋产业集聚与生态环境耦合研究——基于山东半岛蓝色经济区 [J]. 经济统计学（季刊），2014（1）：123-136.

[120] 王珍珍，鲍星华. 产业共生理论发展现状及应用研究 [J]. 华东经济管理，2012（10）：131-136.

[121] 王铮，孙翊. 中国主体功能区协调发展与产业结构演化 [J]. 地理科学，2013（6）：641-648.

[122] 闻新. MATLAB 神经网络应用设计 [M]. 北京：科学出版社，2001.

[123] 吴次方，鲍海君，徐保根. 我国沿海城市的生态危机与调控机制 [J]. 中国人口·资源与环境，2005，15（3）：32-37.

[124] 吴泓，顾朝林. 基于共生理论的区域旅游竞合研究——以淮海经济区为例 [J]. 经济地理，2004（1）：104-109.

[125] 吴健鹏. 广东省海洋产业发展的结构分析与策略探讨 [D]. 暨南大

学硕士学位论文，2008.

［126］吴彤．自组织方法论论纲［J］．系统辩证学学报，2001（2）：4-10.

［127］伍业锋．中国海洋经济区域竞争力测度指标体系研究［J］．统计研究，2014（11）：29-34.

［128］夏章英．海洋环境管理［M］．北京：海洋出版社，2014：1-2.

［129］向吉英．自组织理论的自然观与方法论启示［J］．哲学动态，1994（9）：35-36.

［130］谢子远，闫国庆．澳大利亚发展海洋经济的经验及我国的战略选择［J］．中国软科学，2011（9）：18-29.

［131］熊建新，陈端吕，彭保发等．基于产业结构变化的区域生态环境效应分析与评价——以湖南省常德市为例［J］．中国农学通报，2013（2）：65-69.

［132］徐丛春．中美海洋产业分类比较研究［J］．海洋经济，2011（5）：57-62.

［133］徐敬俊．海洋产业布局的基本理论研究暨实证分析［D］．中国海洋大学博士学位论文，2010.

［134］徐增让，成升魁．不同省区内部煤炭产业流动及资源环境效应［J］．经济地理，2009（3）：425-430.

［135］杨红．生态农业与生态旅游业耦合机制研究——以三峡库区为例［D］．重庆大学博士学位论文，2009.

［136］杨红．生态农业与生态旅游业耦合系统产权管理博弈机制分析［J］．管理世界，2010（6）：177-178.

［137］杨家伟，乔家君．河南省产业结构演进与机理探究［J］．经济地理，2013（9）：93-100.

［138］杨坚．山东海洋产业转型升级研究［D］．兰州大学硕士学位论文，2013.

［139］杨建强，崔文林，张洪亮等．莱州湾西部海域海洋生态系统健康评价的结构功能指标法［J］．海洋通报，2003，22（5）：58-63.

［140］杨金森．海洋生态经济系统的危机分析［J］．海洋开发与管理，1999（4）：73-78.

［141］杨丽花．松花江流域（吉林省段）经济环境效应与产业空间组织研究［D］．中国科学院大学博士学位论文，2013.

［142］杨晓优．国际区域竞合理论与实践的演变及启示［J］．中南林业科技

大学学报（社会科学版），2007（2）：104 – 106，127.

［143］杨玉珍. 区域 EEES 耦合系统演化机理与协同发展研究［D］. 天津大学硕士学位论文，2011.

［144］杨振姣，王娟，王刚等. 非传统安全体系中海洋生态安全的地位与意义［J］. 中国渔业经济，2012，30（4）：143 – 149.

［145］杨志峰，徐琳瑜，毛建素等. 城市生态安全评估与调控［M］. 北京：科学出版社，2013.

［146］叶波，李洁琼. 海南省海洋产业结构状态与发展特点研究［J］. 海南大学学报（人文社会科学版），2011（4）：1 – 6.

［147］殷克东，马景灏. 中国海洋经济波动监测预警技术研究［J］. 统计与决策，2010（21）：43 – 46.

［148］殷艳. 天津市海洋产业结构优化战略研究［D］. 辽宁师范大学硕士学位论文，2008.

［149］迁婕. 山东省海洋产业结构升级的财政影响效应研究［D］. 中国海洋大学硕士学位论文，2013.

［150］于谨凯，刘炎. 基于"三轴图"法的山东半岛蓝区海洋产业结构演进研究［J］. 中国海洋大学学报（社会科学版），2014（5）：1 – 7.

［151］于谨凯，杨志坤，单春红. 基于可拓物元模型的我国海洋油气业安全评价及预警机制研究［J］. 软科学，2011，25（8）：22 – 26.

［152］余晓泓. 日本产业结构从环境污染型到环境友好型演变分析［J］. 上海环境科学，2005（4）：169 – 172.

［153］袁飚，陈雪梅. 基于耗散结构理论的生态产业链形成机理研究［J］. 内蒙古社会科学（汉文版），2010（6）：101 – 105.

［154］袁纯清. 共生理论——兼论小型经济［M］. 北京：经济科学出版社，1998.

［155］岳书平. 可持续发展与产业结构调整——以济南市为例［J］. 国土与自然资源研究，2004（2）：21 – 22.

［156］张海峰，白永平，王保宏等. 青海省产业结构变化及其生态环境效应［J］. 经济地理，2008（5）：748 – 751.

［157］张浩川，麻瑞. 日本海洋产业发展经验探析［J］. 现代日本经济，2015（2）：63 – 71.

［158］张金珍，张敏新. 海洋产业结构理论研究综述［J］. 安徽农业科学，

2010（34）：19727 - 19728.

[159] 张金珍. 潍坊海洋产业绩效评估及主导产业选择研究 [D]. 南京林业大学博士学位论文，2011.

[160] 张静，韩立民. 试论海洋产业结构的演进规律 [J]. 中国海洋大学学报（社会科学版），2006（6）：1 - 3.

[161] 张平，李军，刘容子. 英国海洋产业增长战略概述 [J]. 海洋开发与管理，2014（5）：75 - 77.

[162] 张权. 河北省海洋经济发展研究 [D]. 天津大学硕士学位论文，2003.

[163] 张式军. 海洋生态安全立法研究 [J]. 山东大学法律评论，2004（00）：99 - 109.

[164] 张耀光，韩增林，刘锴等. 辽宁省主导海洋产业的确定 [J]. 资源科学，2009（12）：2192 - 2200.

[165] 张耀光，刘岩，李春平等. 中国海洋油气资源开发与国家石油安全战略对策 [J]. 地理研究，2003（3）：297 - 304.

[166] 张耀光. 中国海洋产业结构特点与今后发展重点探讨 [J]. 海洋技术，1995（4）：5 - 11.

[167] 张智光. 基于生态—产业共生关系的林业生态安全测度方法构想 [J]. 生态学报，2013（4）：1326 - 1336.

[168] 张智光. 林业生态安全的共生耦合测度模型与判据 [J]. 中国人口·资源与环境，2014（8）：90 - 99.

[169] 章穗，张梅，迟国泰. 基于熵权法的科学技术评价模型及其实证研究 [J]. 管理学报，2010（1）：34 - 42.

[170] 赵克勤. 集对分析及其初步应用 [J]. 大自然探索，1994（1）：67 - 72.

[171] 赵锐. 美国海洋经济研究 [J]. 海洋经济，2014（2）：53 - 62.

[172] 赵彤，丁萍. 区域产业结构转变对生态环境影响的实证分析——以江苏省为例 [J]. 工业技术经济，2008（12）：90 - 93.

[173] 赵雪雁，周健，王录仓. 黑河流域产业结构与生态环境耦合关系辨识 [J]. 中国人口·资源与环境，2005（4）：69 - 73.

[174] 郑贵斌. 海洋新兴产业：演进趋势、机理与政策 [J]. 山东社会科学，2004（6）：77 - 81.

［175］周昌仕，杨钊，陈涛．湛江市海洋产业发展的资金支持研究［J］．广东海洋大学学报，2014（2）：8-13.

［176］周建安．环境约束与我国产业结构演进生态发展路径的实证研究［J］．经济论坛，2009（16）：22-26.

［177］周甜甜，王文平．基于 Lotka-Volterra 模型的省域产业生态经济系统协调性研究［J］．中国管理科学，2014（S1）：240-246.

［178］朱坚真，孙鹏．海洋产业演变路径特殊性问题探讨［J］．农业经济问题，2010（8）：97-103.

［179］Ahmadjian V，Paracer S. Symbiosis：An Introduction to Biological Associations［J］. Quarterly Review of Biology，2000，89（4）：461-71.

［180］Akita T，Miyata S. The Bi-dimensional Decomposition of Regional Inequality Based on The Weighted Coefficient of Variation［J］. Letters in Spatial & Resource Sciences，2010，3（3）：91-100.

［181］Barff R A，Iii P L K. Dynamic Shift-Share Analysis［J］. Growth& Change，1988，19（2）：1-10.

［182］Batty M. Less Is More，More Is Different：Complexity，Morphology，Cities，and Emergence［J］. 2000，27（2）：167-168.

［183］Bekhet H A. Output，Income and Employment Multipliers in Malaysian Economy：Input-Output Approach［J］. International Business Research，2010，5（1）：208.

［184］Beverley Morris. Can Differences in Industrial Structure Explain Divergences in Regional Economic Growth?［J］. Bank of England Quarterly Bulletin，2005.

［185］Bolam S G，Rees H L，Somerfield P，et al. Ecological Consequences of Dredged Material Disposal in The Marine Environment：A Holistic Assessment of Activities around The England and Wales Coastline［J］. Marine Pollution Bulletin，2006，52（4）：415-426.

［186］Borgersen T A，King R M. Industrial Structure and Jobless Growth in Transition Economies［J］. Post-Communist Economies，2016，28（4）：520-536.

［187］Borja A，Bricker S B，Dauer D M，et al. Overview of Integrative Tools and Methods in Assessing Ecological Integrity in Estuarine and Coastal Systems Worldwide［J］. Marine Pollution Bulletin，2008，56（9）：1519-1537.

［188］Borja A，Elliott M. Marine Monitoring during an Economic Crisis：The

Cure Is Worse than The Disease. [J]. Marine Pollution Bulletin, 2013, 68 (1 –2): 1 –3.

[189] Boulding K E. The Economics of The Coming Spaceship Earth [J]. Environmental Quantity in A Grouting, 1966, 58 (4): 947 – 957.

[190] Brandenburger A M, Nalebuff B J. Co-Opetition: A Revolution Mindset That Combines Competition and Cooperation [J]. 1996.

[191] Bruyn S M D, Opschoor J B. Developments in The Throughput-income Relationship: Theoretical and Empirical Observations [J]. Ecological Economics, 1997, 20 (3): 255 –268.

[192] Cabral R, Cruz-Trinidad A, Geronimo R, et al. Crisis Sentinel Indicators: Averting A Potential Meltdown in The Coral Triangle [J]. Marine Policy, 2013, 39 (1): 241 –247.

[193] Carver S. Integrating Multi-criteria Evaluation with Geographical Information Systems [J]. International Journal of Geographical Information Systems, 1991, 5 (3): 321 –339.

[194] Chang Y C, Hong F W, Lee M T. A System Dynamic Based DSS for Sustainable Coral Reef Management in Kenting Coastal Zone, Taiwan [J]. Ecological Modelling, 2008, 211 (1): 153 –168.

[195] Cicin-Sain B, Belfiore S. Linking Marine Protected Areas to Integrated Coastal and Ocean Management: A review of Theory and Practice [J]. Ocean&Coastal Management, 2005, 48 (11): 847 –868.

[196] Clausen R, York R. Global Biodiversity Decline of Marine and Freshwater Fish: A cross-National Analysis of Economic, Demographic, and Ecological Influences [J]. Social Science Research, 2008, 37 (4): 1310 –1320.

[197] Costanza R, Andrade F, Antunes P, et al. Ecological Economics and Sustainable Governance of The Oceans [J]. Ecological Economics, 1999, 31 (2): 171 –187.

[198] Costanza R, Farley J. Ecological Economics of Coastal Disasters: Introduction to The Special Issue [J]. Ecological Economics, 2007, 63 (2): 249 –253.

[199] Costanza R. The Ecological, Economic, and Social Importance of The Oceans [J]. Ecological Economics, 1999, 31 (2): 199 –213.

[200] Coughlin C C, Terza J V, Arromdee V. State Characteristics and the Lo-

cation of Foreign Direct Investment within the United States [J]. Review of Economics&Statistics, 1991, 73 (4): 675 –683.

[201] Day V, Paxinos R, Emmett J, et al. The Marine Planning Framework for South Australia: A New Ecosystem-based Zoning Policy for Marine Management [J]. Marine Policy, 2008, 32 (4): 535 –543.

[202] Dowell G, Hart S, Yeung B. Do Corporate Global Environmental Standards Create or Destroy Market Value? [J]. Management Science, 2000, 46 (8): 1059 –1074.

[203] Fernández I, Ruiz M C. Descriptive Model and Evaluation System to Locate Sustainable Industrial Areas [J]. Journal of Cleaner Production, 2009, 17 (1): 87 –100.

[204] Garmendia E, Gamboa G, Franco J, et al. Social Multi-criteria Evaluation as A Decision Support Tool for Integrated Coastal Zone Management [J]. Ocean&Coastal Management, 2010, 53 (7): 385 –403.

[205] Grigg N S. Integrated Water Resources Management: Balancing Views and Improving Practice [J]. Water International, 2008, 33 (3): 279 –292.

[206] Hamel G. Collaborate with Your Competitors and Win [J]. Harvard Business Review, 1989, 67 (1): 133 –139.

[207] Hanel P. Interindustry Flows of Technology: An Analysis of The Canadian Patent Matrix and Input-Output Matrix for 1978 – 1989 [J]. Cahiers De Recherche, 1993, 14 (8): 529 –548.

[208] Hanham R Q, Banasick S. Shift - Share Analysis and Changes in Japanese Manufacturing Employment [J]. Growth & Change, 2010, 31 (1): 108 –123.

[209] Heeres R R, Vermeulen W J V, Walle F B D. Eco-industrial Park Initiatives in The USA and the Netherlands: First Lessons [J]. Journal of Cleaner Production, 2004, 12 (8): 985 –995.

[210] Hu T J, Wang H W. Application of Environmental Indicators to Improve Bei-Gang River Environment in Taiwan [J]. Journal of Taiwan Agricultural Engineering, 2012, 58 (2): 54 –65.

[211] Kildow J T, Mcilgorm A. The Importance of Estimating The Contribution of The Oceans to National Economies [J]. Marine Policy, 2010, 34 (3): 367 –374.

［212］ Knudsen D C. Shift-share Analysis: Further Examination of Models for The Description of Economic Change ［J］. Socio-Economic Planning Sciences, 2005, 34 (3): 177 – 198.

［213］ Kogut B. The Stability of Joint Ventures: Reciprocity and Competitive Rivalry ［J］. Journal of Industrial Economics, 1989, 38 (2): 183 – 198.

［214］ Lado A A, Boyd N G, Hanlon S C. Competition, Cooperation, and the Search for Economic Rents: A Syncretic Model ［J］. Academy of Management Review, 1997, 22 (1): 110 – 141.

［215］ Li S, Zhang J, Ma Y. Financial Development, Environmental Quality and Economic Growth ［J］. Sustainability, 2015, 7 (7): 9395 – 9416.

［216］ Lindmark M. An EKC-pattern in Historical Perspective: Carbon Dioxide Emissions, Technology, Fuel Prices and Growth in Sweden 1870 – 1997 ［J］. Ecological Economics, 2002, 42 (1): 333 – 347.

［217］ Mano Y, Otsuka K. Agglomeration Economies and Geographical Concentration of Industries: A Case Study of Manufacturing Sectors in Postwar Japan ［J］. Journal of the Japanese & International Economies, 2000, 14 (3): 189 – 203.

［218］ Mcdonald G W, Patterson M G. Ecological Footprints and Interdependencies of New Zealand Regions ［J］. Ecological Economics, 2004, 49 (1): 49 – 67.

［219］ Miller D G M, Slicer N M, Hanich Q. Monitoring, Control and Surveillance of Protected Areas and Specially Managed Areas in The Marine Domain ［J］. Marine Policy, 2013, 39 (39): 64 – 71.

［220］ Monteforte L. Aggregation Bias in Macro Models: Does It Matter for The Euro Area? ［J］. Economic Modelling, 2007, 24 (2): 236 – 261.

［221］ Montobbio F. An Evolutionary Model of Industrial Growth and Structural change ［J］. Structural Change & Economic Dynamics, 2002, 13 (4): 387 – 414.

［222］ Moore J F. Predators and Prey: A New Ecology of Competition ［J］. Harvard Business Review, 1993, 71 (3): 75.

［223］ Norgaard R B. Economic Indicators of Resource Scarcity: A Critical Essay ［J］. Journal of Environmental Economics & Management, 1990, 19 (1): 19 – 25.

［224］ Orubu C O, Omotor D G. Environmental Quality and Economic Growth: Searching for Environmental Kuznets Curves for Air and Water Pollutants in Africa ［J］. Energy Policy, 2011, 39 (7): 4178 – 4188.

［225］Otsuka A. Regional Energy Demand in Japan：Dynamic Shift-share Analysis［J］. Energy Sustainability & Society, 2016, 6（1）：10.

［226］Padula G, Dagnino G B. Untangling the Rise of Coopetition：The Intrusion of Competition in a Cooperative Game Structure［J］. International Studies of Management & Organization, 2007, 37（2）：32 – 52.

［227］Park S H, Russo M V. When Competition Eclipses Cooperation：An Event History Analysis of Joint Venture Failure［J］. Management Science, 1996, 42（6）：875 – 890.

［228］Pasche M. Technical Progress, Structural Change, and The Environmental Kuznets Curve［J］. Ecological Economics, 2002, 42（3）：381 – 389.

［229］Peneder M. Industrial Structure and Aggregate Growth［J］. Structural Change & Economic Dynamics, 2003, 14（4）：427 – 448.

［230］Piotr J. Integrating Geographical Information Systems and Multiple Criteria Decision-making Methods［C］. Int. J. Geographical Information Systems, 2007：251 – 273.

［231］Radetzki M. Economic growth and environment［J］. 1992.

［232］Rees W E. Ecological Footprints and Appropriated Carrying Capacity：What Urban Economics Leaves Out［J］. Focus, 1992, 6（2）：121 – 130.

［233］Richardson H W. The State of Regional Economics：A Review［J］. International Regional Science Review, 1978, 3（1）：1 – 48.

［234］Rogers A, Brierley A, Croot P, et al. Delving Deeper：Critical Challenges for 21st Century Deep-sea Research［J］. Position Paper of the European Marine Board, 2015.

［235］Ruiz M C, Romero E, Pérez M A, et al. Development and Application of A Multi-criteria Spatial Decision Support System for Planning Sustainable Industrial Areas in Northern Spain［J］. Automation in Construction, 2012, 22（4）：320 – 333.

［236］Shao K T. Marine Biodiversity and Fishery Sustainability.［J］. Asia Pacific Journal of Clinical Nutrition, 2009, 18（4）：527 – 531.

［237］Shorrocks A F. Inequality Decomposition by Factor Components［J］. Econometrica, 2000, 50（1）：193 – 211.

［238］Shorrocks A F. The Class of Additively Decomposable Inequality Measures［J］. Econometrica, 1980, 48（3）：613 – 625.

[239] Stagl S. Delinking Economic Growth from Environmental Degradation? A Literature Survey on the Environmental Kuznets Curve Hypothesis [J]. Working Papers, 1999, 13 (3): 96 – 99.

[240] Stojanovic T A, Farmer C J Q. The Development of World Oceans & Coasts and Concepts of Sustainability [J]. Marine Policy, 2013 (42): 157 – 165.

[241] Sylvie C, Andrea P. Developing Internationalization Capability through Industry Groups: The Experience of a Telecommunications Joint Action Group [J]. Journal of Strategic Marketing, 2002, 10 (1): 69 – 89.

[242] Tsai W. Social Structure of "Coopetition" Within a Multiunit Organization: Coordination, Competition, and Intraorganizational Knowledge Sharing [J]. Organization Science, 2002, 13 (2): 179 – 190.

[243] Tsuneishi T. The Regional Development Policy of Thailand and Its Economic Cooperation with Neighboring Countries [J]. Ide Discussion Papers, 2005.

[244] Twomey J, Taylor J. Regional Policy and The Interregional Movement of Manufacturing Industry in Great Britain [J]. Scottish Journal of Political Economy, 2010, 32 (3): 257 – 277.

[245] Vassallo P, Fabiano M, Vezzulli L, et al. Assessing The Health of Coastal Marine Ecosystems: A Holistic Approach Based on Sediment Micro and Meio-benthic Measures [J]. Ecological Indicators, 2006, 6 (3): 525 – 542.

[246] Verbeke T, De Clercq M. Environmental Quality and Economic Growth [J]. Ssrn Electronic Journal, 2002.

[247] Wang H L, Ho Y F, Wu C I. Dynamics Model of Eco-Security Surveillance System for River Tamsui in Taipei City [J]. 2011.

[248] Wu C I, Liu C C, Tsai P Y. The Research for Simulation Model of River Eco-Security: A Case Study for Danshui River in Taipei City [J]. Applied Mechanics&Materials, 2011 (71 – 78): 5094 – 5098.

[249] Zhang Z G. Green China (Ⅱ): Mode of Green Symbiosis Supply Chain. Beijing [M]. China Environmental Science Press, 2011.